COU
POUR
TOUS

calcul et géométrie

L. CHAMBADAL

HACHETTE
Éducation

DANS LA MÊME COLLECTION

Orthographe

E. BLED et O. BLED

Grammaire

A. HAMON

Histoire

J.-M. LAMBIN

J.-L. CARTON, R. DAMIANI, J.-P. NOTÉ et J.-L. VILLETTE

Conception de la maquette intérieure : Médiamax
Réalisation de la maquette intérieure : Lambda-barre
Réalisation des schémas : Christiane Bourbon
Réalisation du schéma page 140 : Bernard Sullerot
Cartes page 164 : © Michelin
Couverture : Sacha Kleinberg

ISBN 2 01 1667836

79, boulevard Saint-Germain F – 75006 PARIS

SOMMAIRE

Arithmétique et arithmétique commerciale

Géométrie et mesures

AVANT-PROPOS

À minuit trente-cinq, Zéphyrin plie soigneusement le torchon sur une chaise, tout en se parlant à lui-même : « D'où je tire évidemment, dit-il, la valeur de l'angle A. »

Puis il essuie consciencieusement le tableau avec son bel habit : « Il s'agit maintenant, dit-il, de trouver le rapport de cosinus B à sinus D. »

À trois heures et demie, le docteur découvre la valeur de x, l'inconnue cherchée ; ce qui lui cause une joie sans mélange. — Nous prions les esprits superficiels de s'abstenir de toute réflexion sur la valeur de x, et de ne point prétendre que Zéphyrin a beaucoup travaillé pour peu de chose.

Colomb, extrait de *L'Idée fixe du savant Cosinus*, Armand Colin.

Les dessins ci-dessus montrent clairement que le calcul n'est pas une affaire de polytechniciens. C'est en fait la préoccupation de tout le monde, dans une civilisation mécanisée et informatisée.

Disons d'emblée qu'il ne s'agit pas ici d'un livre de mathématiques (classiques) : il n'a pas été fait place au calcul algébrique, aux équations et aux inconnues. Les formules sont commentées, suivies de moyens mnémotechniques et d'exemples numériques, mais elles ne sont qu'exceptionnellement démontrées. Il s'agit encore moins d'un livre de mathématique (moderne) : les mots *ensemble*, *élément*, *cardinal*, ainsi que les diagrammes de Venn, ont été soigneusement évités.

Ce livre a deux objectifs très voisins :

— formation permanente pour tous ceux qui ont bénéficié d'un enseignement traditionnel, mais qui n'ont plus en mémoire la preuve par neuf ou les divers moyens de calculer la superficie d'un triangle ;

— formation initiale pour les générations suivantes, privées de l'apprentissage du calcul mental et des notions fondamentales en géométrie.

On voit ainsi le caractère provocateur du présent ouvrage : apprendre ou réapprendre à calculer, comme on le faisait il y a un demi-siècle.

Cependant, les applications du calcul à la vie quotidienne nécessitent la connaissance des principales unités physiques. Par exemple, en informatique, on fait appel à la microseconde, voire à la nanoseconde. Savez-vous ce que représente un décanewton-mètre, un pascal ? Savez-vous que l'emploi du stère, du quintal, du cheval-vapeur, de l'angström est interdit ? Savez-vous que, depuis 1974, la millième partie du millimètre ne s'appelle plus micron ? De manière générale, toutes les unités de mesure ont changé de nom ou de définition depuis 1960.

Les questions examinées dans ce livre ont trait à des domaines extrêmement variés. Citons-en quelques-uns :

— code à barres sur les produits de grande consommation ;

— code magnétique et clefs de contrôle sur les chèques ;

— calcul des impôts, de la TVA, des retenues de Sécurité sociale, des droits de succession ;

— choix d'un plan d'épargne logement ;

— détermination du format A4 du papier commercial, du format A3 du dessin industriel ;

— calcul du développement d'un vélo ;

— calcul de la puissance administrative de votre voiture (avec l'incidence d'un cinquième rapport sur la boîte de vitesses).

Enfin, l'accent est mis bien entendu sur les aspects complémentaires du calcul mental et des calculatrices de poche. On trouvera de très nombreux exercices accompagnés de leur solution ou des réponses, au cours du texte et à la fin de chaque chapitre. Il va sans dire que la lecture de ce livre doit se faire avec un crayon à bille et beaucoup de feuilles de papier…

Lucien CHAMBADAL

ARITHMÉTIQUE
et
ARITHMÉTIQUE COMMERCIALE

REPRÉSENTATION DES NOMBRES ENTIERS NATURELS

■ Chiffres arabes

Les *nombres entiers naturels* sont les nombres zéro, un, deux,…, dix, onze, douze, etc.

En pratique, on dit souvent *nombre* ou *entier* au lieu de « nombre entier naturel ». L'intérêt de la précision apportée par le mot « naturel » apparaîtra dans le cas des nombres négatifs (voir p. 60).

L'habitude de compter de dix en dix remonte à la plus haute Antiquité ; elle provient naturellement du fait que nous avons dix doigts. Cependant, ce n'est que vers le Xe siècle qu'est apparu en Europe l'usage de ne faire appel qu'à dix symboles, les *chiffres* 0, 1, 2, 3, 4, 5, 6, 7, 8 et 9, pour représenter n'importe quel entier.

■ Par exemple, les numérations hébraïque et grecque emploient les premières lettres de l'alphabet pour représenter les chiffres de 1 à 9, les lettres suivantes pour les dizaines et les premières centaines.

■ On compte à partir du nombre un : 1, 2, 3, 4, etc. Le *chiffre* 0 a servi initialement pour noter 10, 20, 30,…, 100, 101, etc. Le *nombre* zéro (représenté par un 0 tout seul) n'a été introduit que vers le XIIIe siècle. Cela paraît surprenant à notre époque où tous les compteurs (compteurs kilométriques, compteurs de vitesse, compteurs de litres ou de francs sur les pompes à essence…) partent de 0.

■ La représentation des nombres avec les chiffres de 0 à 9, faisant jouer un rôle fondamental au nombre dix, est appelée *numération décimale*, ou *numération de base dix*.

■ En informatique, on emploie la base deux (voir p. 32) et éventuellement la base huit (voir p. 34).

■ Les chiffres que nous utilisons sont dits « arabes » ; en fait, ils ont été d'abord introduits par les mathématiciens indiens. En outre, depuis mille ans, ces chiffres se sont nettement déformés (et de manières différentes en Occident et dans le monde arabe).

Déchiffrer les chiffres des Arabes

Quelques minutes suffisent pour apprendre à traduire les chiffres des Arabes en nos chiffres habituels, à condition de retenir les règles suivantes :

– seuls le ١ et le ٩ ont conservé leur forme ;

– le ٥ n'est pas notre 0, mais le 5. Le 0 est représenté par ٠;

– le ٢, ressemblant à un 7 renversé, est le 2. Le trait horizontal comporte deux pointes ;

١	٢	٣	٤	٥
1	2	3	4	5
٦	٧	٨	٩	٠
6	7	8	9	0

– le ٣ est analogue au 2 arabe. La branche horizontale comportant trois pointes, il s'agit du chiffre 3 ;

– le ٤ ressemble à un 3 à l'envers (ou à la lettre grecque « epsilon ») ; c'est en fait le chiffre 4.

– le ٦ n'est pas un 7, mais le 6 ;

– les chiffres 7 et 8 sont représentés respectivement par ٧ et ٨ (un V à l'endroit et un V à l'envers).

> L'intérêt de ces règles apparaît le jour où l'on doit se souvenir du numéro de son fiacre au Moyen-Orient.

Séparation des nombres en tranches

Pour faciliter la lecture, on sépare les nombres en tranches de trois chiffres à partir de la droite, par un espace de largeur au plus égale à celle d'un chiffre.

Exemples : 212 825 191   1 357 200   24 305

On ne doit en aucun cas employer le point ou la virgule pour marquer la séparation des tranches de chiffres.

> ■ Le cas des nombres comprenant une partie décimale, ou nombres à virgule, sera examiné p. 71.
>
> ■ Le point prête à confusion avec le symbole de la multiplication (voir p. 21). De plus, dans l'usage anglo-saxon (intervenant en informatique), le point joue le rôle de notre virgule.

Signalons des exceptions importantes, consacrées par l'usage. On ne sépare pas les quatre chiffres d'un millésime. On écrira 1995 pour une date (et 1 995 dans un calcul). La suppression de l'espacement des tranches de trois chiffres est tolérée dans le cas des traitements informatiques. Les numéros de téléphone sont groupés par tranches de deux chiffres, séparées par un espace.

Exemple : 46 36 86 34 (et non pas 46 368 634), et 01 46 36 86 34 à partir du printemps 1996. Mais les numéros verts échappent à cette règle, pour faire apparaître le groupement 05 ; ainsi : 05 475 475.

Milliers, millions et milliards

Le nombre 1 000 se lit « mille ».

> Rappelons que, dans cette acception, le mot *mille* est invariable. Penser à l'expression : « Des mille et des cents ».

Le nombre 1 000 000 se lit « un million ». Le nombre 1 000 000 000 (un millier de millions) se lit « un milliard ».

■ Le mot anglais *billion* se traduit par *milliard*, alors qu'en français *billion* désigne le million de millions.

■ En pratique, on note les grands nombres (distances astronomiques, budgets, déficits, etc.) avec des puissances de 10 (voir p. 30).

Comparaison des nombres

■ Soient a et b des nombres entiers naturels. L'un au moins est inférieur à l'autre (au sens large). La relation $b \leqslant a$ se lit « b inférieur à a » ; elle équivaut à $a \geqslant b$ (lire : a supérieur à b).

La relation $b < a$ se lit « b strictement inférieur à a » ; elle signifie que b est inférieur à a sans lui être égal. Cette relation équivaut à $a > b$ (lire : a strictement supérieur à b).

■ Avant 1963, les symboles $\leqslant$ et $<$ se lisaient respectivement « inférieur ou égal » et « inférieur ». Au bout de trois décennies, la confusion perdure…

■ La relation $b < a$ équivaut à $b \leqslant a - 1$. Cette propriété ne s'étendra pas au cas des nombres rationnels.

Si à la fois $b \leqslant a$ et $a \leqslant b$, les nombres a et b sont égaux.

Si $b \leqslant a$ et $c \leqslant b$, alors $c \leqslant a$.

■ Soient a et b des nombres entiers naturels non nuls, écrits en numération décimale.

Si la représentation de a admet au moins un chiffre de plus que celle de b, alors $b \leqslant a$.

Exemple : 9 287 $\leqslant$ 10 001.

Si a et b ont autant de chiffres l'un que l'autre, on compare les chiffres les plus à gauche. Lorsque ces chiffres sont différents, a et b sont dans le même ordre que leur premier chiffre.

Exemple : 7 985 $\leqslant$ 8 142.

Lorsque ces chiffres sont égaux, on compare les deuxièmes chiffres à partir de la gauche, puis les troisièmes chiffres, etc.

Exemples : 7 889 $\leqslant$ 7 903 ; 7 880 $\leqslant$ 7 882.

Si a et b ont les mêmes chiffres, alors $a = b$. (Dans ce cas, $b \leqslant a$ et $a \leqslant b$.)

■ Chiffres romains

La numération romaine, utilisée depuis bien plus de deux mille ans, comporte seulement sept symboles, lesquels sont tout simplement des lettres majuscules :

I	V	X	L	C	D	M
un	cinq	dix	cinquante	cent	cinq cents	mille

1	2	3	4	5	6	7	8	9	10
I	II	III	IV	V	VI	VII	VIII	IX	X
11	12	13	14	15	16	17	18	19	20
XI	XII	XIII	XIV	XV	XVI	XVII	XVIII	XIX	XX

30	40	50	60	70	80	90	100
XXX	XL	L	LX	LXX	LXXX	XC	C

200	300	400	500	600	700	800	900	1 000
CC	CCC	CD	D	DC	DCC	DCCC	CM	M

Correspondance entre chiffres romains et chiffres arabes

La lettre I peut s'interpréter comme un bâton ; la lettre V représenterait une main ouverte et la lettre X, deux V superposés. Les lettres C et M sont les initiales de *cent* et de *mille* (ou, plus exactement, de *centum* et de *milia*).

La représentation d'un nombre en chiffres romains repose sur les conventions suivantes.

a. Des chiffres égaux écrits à la suite s'ajoutent :

II	XXX	CCC	MM
deux	trente	trois cents	deux mille

b. Un chiffre placé à la droite d'un chiffre plus élevé s'ajoute à celui-ci :

XI	CXV	MCCXXI
onze	cent quinze	mille deux cent vingt et un

c. Un chiffre placé à la gauche d'un chiffre plus élevé se retranche de celui-ci :

IX	XC	CM
neuf	quatre-vingt dix	neuf cents

■ Cette convention permet d'éviter de répéter quatre fois le même symbole. Ainsi, 90 s'écrit XC au lieu de LXXXX.

■ On remarquera que le nombre 49 se représente XLIX ; il n'est pas permis de lui substituer un équivalent plus simple, tel que IL. De même, 495 se note CDXCV, et non VD.

Exemples : VII, XII, DLXI, MCMLXXXIII signifient respectivement 7, 12, 561 et 1 983. Inversement, 2 328 s'écrira MMCCCXXVIII.

Les chiffres romains se prêtent très mal au calcul ; ils ont constitué un obstacle certain au développement de l'arithmétique. Cependant, l'influence de la civilisation romaine antique sur notre culture a conduit à conserver les chiffres romains dans les cas suivants :

— arrondissements (le Ve arrondissement de Paris) ;

— siècles et millénaires (le XIXe siècle, le IIIe millénaire av. J-C.) ;

— numéros des rois : Charles VII, Henri IV, Louis XIV ;

— numéros des pages de la préface d'un livre, des illustrations : la page XII, la planche IX ;
— numéros des actes d'une pièce de théâtre : acte III, scène 5 ;
— calendrier républicain : le 18 brumaire an VIII.

On rencontre encore les chiffres romains pour marquer les dates de construction des monuments, ou de parution d'un livre. On trouve enfin les chiffres romains sur les cadrans des montres et des pendules, systématiquement jusqu'au début du XXe siècle, et même de nos jours sur des montres.

Dans le cas des cadrans, le chiffre 4 est généralement représenté par IIII, et non par IV (probablement pour éviter une confusion avec le chiffre 6, noté VI).

EXERCICES

1. Classer les nombres suivants du plus petit au plus grand :
62, 19, 24, 1 825, 512, 3.

2. Quel est le plus petit nombre de 4 chiffres ? le plus grand ?

3. Écrire en chiffres les nombres suivants :
trente-trois, soixante-dix-huit, deux mille huit cent vingt-cinq, mille onze.

4. Quel est le nombre qui précède 25 ? 2 350 ? 15 000 ?

5. Écrire les nombres suivants en chiffres romains : 18, 59, 925, 2 949.

6. Écrire les nombres suivants en chiffres arabes :
XXV, LXIII, MCCCXI, MCMXCIX.

CALCUL MENTAL ET CALCULATRICE DE POCHE

Le calcul mental est de plus en plus négligé, sous le fallacieux prétexte qu'il existe des calculatrices de poche.

Cet ouvrage est consacré au calcul sous tous ses aspects et dans toutes ses interventions dans la vie quotidienne. Nous mettrons en valeur dans chaque cas les aspects complémentaires du calcul mental et de la calculatrice de poche.

Le calcul mental est souvent plus rapide et plus sûr : pour de petits nombres, on a plus vite fait d'obtenir le résultat de tête que de retrouver sa calculatrice. Il y a en outre de l'ostentation à employer une machine pour trouver la valeur de 1 + 2 + 3. Le calcul mental est discret : il serait peu courtois de sortir sa calculatrice au restaurant pour vérifier l'addition.

Enfin, les partisans des calculatrices ne reconnaissent pas volontiers que, s'ils savent bien se servir de leurs machines, c'est parce qu'ils ont été rompus aux méthodes du calcul mental dès leur plus jeune âge.

Signalons pour mémoire la règle à calcul, instrument permettant naguère de reconnaître les ingénieurs et les techniciens. La règle fournissait une précision dérisoire, jointe à un apprentissage délicat, un encombrement démesuré et un prix non négligeable.

Calculatrices quatre opérations et calculatrices scientifiques

Les calculatrices les plus simples se limitent aux opérations de l'arithmétique : addition, soustraction, multiplication et division ; elles permettent presque toutes d'extraire les racines carrées.

Les calculatrices dites « scientifiques » comportent de nombreuses touches correspondant aux diverses fonctions usuelles. Le mot *scientifique* ne doit pas dérouter l'utilisateur débutant. En effet, nous verrons dans ce livre élémentaire l'usage d'à peu près toutes les touches, à propos de calculs qui ne sont pas vraiment scientifiques.

La touche $1/x$ fournit directement l'inverse d'un nombre ; elle évite de devoir introduire le nombre 1 et d'effectuer ensuite une division. La touche x^2 permet de trouver directement le produit d'un nombre par lui-même, sans que l'on doive introduire deux fois ce nombre dans la calculatrice. La touche $\sqrt{x}$ remplace avantageusement une table de racines carrées. Les touches → H et → H.MS simplifient très considérablement les calculs sur les heures, minutes et secondes, ainsi que sur les angles en degrés, minutes et secondes. La touche π évite de retenir 3,141 59... pour calculer la longueur du cercle. Les touches SIN, COS, TAN (ainsi que les touches SIN^{-1}, COS^{-1} et TAN^{-1}) sont très utiles dans les calculs d'angles, de distances et d'aires ; elles évitent le recours à une table trigonométrique. Nous n'exposerons pas les rôles des touches 10^x, e^x, LN et LOG ; en effet, il suffit de savoir employer la touche y^x, laquelle est indispensable dans les calculs d'intérêts composés (ou dans la détermination de la puissance administrative de votre voiture).

Calculatrices programmables

Les calculatrices scientifiques sont de plus en plus programmables. Cela veut dire qu'on peut leur confier dans un premier temps la liste des instructions, dans un second temps les données numériques.

Cette possibilité paraît n'avoir d'intérêt que dans un problème revenant constamment : par exemple, calcul d'un prix de revient avec des coefficients constants et des prix unitaires variables d'un jour à l'autre. En fait, l'avantage incontestable des calculatrices programmables est de dissocier la réflexion et l'introduction des données.

De bons conseils

N'achetez pas une « quatre opérations », aux possibilités trop limitées. N'achetez pas pour autant la calculatrice la plus chère ; une telle calculatrice offrira un très grand nombre de mémoires et des facilités de programmation dont vous ne profiterez jamais. En revanche, son emploi sera beaucoup moins commode pour la résolution de problèmes élémentaires. L'analogie avec l'automobile s'impose : une Twingo présente des avantages certains sur une « six cylindres » au moment de se ranger dans un créneau.

Ne considérez pas l'achat d'une calculatrice comme un investissement à vie. Depuis 1973, les machines se périment en trois ou quatre ans, et la moindre réparation représente une proportion non négligeable du prix d'une machine neuve, plus plate et d'emploi plus facile.

Inversement, ne changez pas constamment de calculatrice et n'empruntez pas une machine différente de la vôtre. Pour se servir efficacement d'une calculatrice, il est indispensable d'acquérir des automatismes. Or, d'une marque à l'autre, d'un modèle à l'autre dans une même marque, la disposition des touches varie. Les cas d'exception peuvent différer : une calculatrice donnera $(-2)^3 = -8$, et elle aura bien raison, tandis que le modèle précédent affiche dans les mêmes circonstances le mot *Error*, aisément traduisible en français.

Pour ces mêmes raisons, nous devons renvoyer le lecteur au mode d'emploi de sa calculatrice : les procédures sont extrêmement différentes sur une « quatre opérations », sur une calculatrice à notation directe et sur une calculatrice à notation polonaise inverse (que nous ne saurions trop recommander).

Une fois en possession de votre calculatrice de poche, prenez un crayon (il vaut mieux en prévoir plusieurs) ainsi que des feuilles de papier, et reconstituez tous les exemples présentés dans cet ouvrage, aussi bien à la main qu'à l'aide de la calculatrice. Vous vous entraînerez à résoudre les exercices proposés et vous contrôlerez les résultats grâce aux solutions ou aux réponses données en fin de volume. C'est le seul moyen d'apprendre à bien calculer.

ADDITION

L'*addition* est l'opération qui à deux nombres a et b associe leur *somme*, notée $a + b$. Le résultat ne dépend pas de l'ordre des termes :

$$b + a = a + b.$$

On calcule de proche en proche la somme de plusieurs termes. Ainsi, $a + b + c$ est par définition $(a + b) + c$; de même, $a + b + c + d$ désigne $((a + b) + c) + d$, c'est-à-dire la somme de $a + b + c$ et de d.

On ne change pas le résultat en modifiant l'ordre des termes, ou en effectuant des regroupements : $a + b + c + d = a + (b + c) + d$.

Calcul de la somme

Dans le cas de deux nombres à un seul chiffre, on utilise la table d'addition décimale. Cette table est bien entendu à savoir par cœur.

+	0	1	2	3	4	5	6	7	8	9
0	0	1	2	3	4	5	6	7	8	9
1	1	2	3	4	5	6	7	8	9	10
2	2	3	4	5	6	7	8	9	10	11
3	3	4	5	6	7	8	9	10	11	12
4	4	5	6	7	8	9	10	11	12	13
5	5	6	7	8	9	10	11	12	13	14
6	6	7	8	9	10	11	12	13	14	15
7	7	8	9	10	11	12	13	14	15	16
8	8	9	10	11	12	13	14	15	16	17
9	9	10	11	12	13	14	15	16	17	18

On lit par exemple la somme de 3 et de 8 (soit 11) à l'intersection de la ligne contenant 3 et de la colonne contenant 8 (ou de la ligne contenant 8 et de la colonne contenant 3).

Examinons maintenant le cas général : deux ou plusieurs nombres.

On écrit les nombres les uns au-dessous des autres, les chiffres de même ordre dans une même colonne. En procédant de droite à gauche, on ajoute les unités de chaque colonne, de haut en bas. Si un total ne dépasse pas 9, on l'écrit sous la même colonne ; dans le cas contraire, on reporte le nombre des dizaines de ce total dans la colonne suivante à gauche — c'est ce qu'on appelle faire une retenue — et l'on écrit le chiffre des unités sous la colonne considérée.

Dans le cas de la somme de deux nombres, la retenue ne peut être que 1. Dans le cas de plusieurs nombres, la retenue peut prendre n'importe quelle valeur.

Exemples :

$$\begin{array}{r} 16\,048 \\ +\ \ 2\,684 \\ \hline 18\,732 \end{array} \qquad\qquad \begin{array}{r} 745 \\ +\ \ \ 84 \\ +\ 1397 \\ \hline 2\,226 \end{array}$$

On contrôle les résultats en recommençant les additions de bas en haut.

Calcul mental

On regroupe les termes donnant une somme partielle simple.

Exemple : **47 + 12 + 25 + 18 + 23 = (47 + 23) + (12 + 18) + 25**
= (70 + 30) + 25
= 125.

On peut commencer par les plus hautes unités (de gauche à droite), et effectuer ensuite les retenues.

Exemple : **74 + 27 = (70 + 20) + (4 + 7)**
= 90 + 11
= 101.

On peut aussi écrire : **74 + 27 = (74 + 20) + 7**
= 94 + 7
= 101.

Si l'on commet une erreur sur une retenue, on obtient au moins un ordre de grandeur correct. La méthode précédente permet de contrôler de tête les résultats obtenus à la main ou avec une calculatrice de poche.

Dans le cas d'une addition très longue, il vaut mieux fractionner les calculs.

Exemple : Pour calculer la somme des quatorze nombres ci-dessous, on peut faire la somme des six premiers, puis celle des huit derniers, et enfin la somme des deux résultats partiels ainsi obtenus.

$$
\begin{array}{rr}
7\,125 & \\
+\ 43\,245 & \\
+\ 5\,120 & \\
+\ 3\,415 & \\
+\ 11\,825 & \\
+\ 770 & 71\,500 \\
+\ 985 & \\
+\ 1\,720 & \\
+\ 3\,500 & \\
+\ 26\,400 & \\
+\ 1\,995 & \\
+\ 895 & \\
+\ 11\,620 & \\
+\ 4\,350 & +\ 51\,465 \\
\hline
122\,965 & 122\,965
\end{array}
$$

On vérifie que le résultat obtenu directement, à savoir 122 965, est bien la somme des sommes partielles 71 500 et 51 465.

On peut décomposer les nombres donnés en parties dont l'addition est aisée, notamment en parties dont la somme se termine par un zéro.

Exemple : **587 + 425 = (580 + 420) + 7 + 5 = 1 000 + 12 = 1 012.**

On peut enfin ajouter et retrancher (voir ci-dessous) un même nombre.

Exemples : **74 + 98 = (74 – 2) + (98 + 2) = 72 + 100 = 172**
992 + 1 230 = (992 + 8) + (1 230 – 8) = 2 222.

Emploi d'une calculatrice de poche

La calculatrice de poche évite tout calcul de retenue ; elle permet en outre d'effectuer la somme de plusieurs termes.

SOUSTRACTION

La *différence* de deux nombres a et b est le nombre qu'il faut ajouter à b pour obtenir a. La différence de a et de b se note $a - b$. Ainsi, les relations $a - b = c$ et $a = b + c$ sont équivalentes.

> La différence de a et b n'existe que si $a \geqslant b$. Pour pouvoir définir la différence de deux nombres quelconques, on introduit les nombres négatifs (voir p. 60).

L'opération qui aux nombres a et b, où $a \geqslant b$, associe leur différence s'appelle *soustraction*. On dit que l'on *retranche* b de a.

Calcul de la différence

On écrit le plus petit nombre sous le plus grand, les chiffres de même ordre l'un en dessous de l'autre. En procédant de droite à gauche, on retranche chaque chiffre du plus petit nombre du chiffre placé au-dessus. Si l'un des chiffres du plus grand nombre est strictement inférieur à celui que l'on doit en retrancher, on lui ajoute 10 unités du même ordre, à condition d'ajouter une unité (retenue) au chiffre suivant du petit nombre.

Exemple :

$$\begin{array}{r} 4\ 275 \\ -\quad 387 \\ \hline 3\ 888 \end{array}$$

Il a fallu faire trois retenues de suite.
On contrôle le résultat en ajoutant le second nombre à la différence, c'est-à-dire en calculant la somme 387 + 3 888.

Calcul mental

En ajoutant ou en retranchant un même nombre aux deux termes, on ne change pas leur différence.

Exemples :
1. Calculer 1745 – 1703.
Enlevons 1 700 aux deux nombres. Nous sommes ramenés à calculer 45 – 3, ce qui donne, de tête, le nombre 42.
2. Calculer 1 593 – 587.
En ajoutant 7 aux deux nombres, on se ramène à 1600 – 594, soit 1 006.

La méthode des commerçants pour rendre la monnaie consiste à revenir à la définition.

Exemple : Pour calculer 100 – 37, on commence par dire 37 + 3 = 40, puis 40 + 60 = 100. La différence cherchée est donc 3 + 60 = 63.

Pour trouver de tête le complément à 1 000, à 10 000, etc., on emploie la règle suivante :

On prend le complément à 10 du premier chiffre non nul (à partir de la droite), le complément à 9 de chacun des chiffres suivants.

Exemple :

$$\begin{array}{r} 100\ 000\ 000 \\ -\ 82\ 217\ 900 \\ \hline 17\ 782\ 100 \end{array}$$

Détaillons : le complément à 10 de 9 est 1, le complément à 9 de 7 est 2, le complément à 9 de 1 est 8, le complément à 9 de 2 est 7 (deux fois de suite), le complément à 9 de 8 est 1.

Plus généralement, pour calculer $a - b$, on peut compléter b à un nombre simple (1 000 ou 10 000 par exemple), pour se ramener à une addition.

Exemple : Soustraire 728 de 3 411.
On commence par former le complément à 1 000 de 728, ce qui donne 272. Il reste à ajouter ce dernier nombre à 3 411 – 1 000, c'est-à-dire à 2 411. On trouve ainsi 272 + 2 411 = 2 683.

Cas où il n'y a pas de retenue

On voit du premier coup d'œil s'il n'y a aucune retenue à effectuer ; c'est le cas lorsque chaque chiffre de a est supérieur au chiffre correspondant de b. (Si b a moins de chiffres que a, on complète mentalement b par des zéros.) Dans ces conditions, on peut effectuer la soustraction chiffre par chiffre, dans un ordre arbitraire (de gauche à droite par exemple).

Exemple :

$$\begin{array}{r} \mathbf{128\,647} \\ -\quad \mathbf{6\,631} \\ \hline \mathbf{122\,016} \end{array}$$

Emploi d'une calculatrice de poche

En notation directe, on affiche successivement la valeur de a, le signe –, la valeur de b et le signe =. En notation inverse, on entre a en mémoire, on affiche b et on appuie sur la touche –.

> Si $a < b$, la calculatrice ne signale pas *Error* ; elle donne la valeur de la différence $b - a$, précédée du signe – (voir p. 60).

Nombre de pages d'un chapitre

Exemple : Un chapitre d'un livre commence en page 35 et se termine avec la page 92. Le nombre de pages de ce chapitre est :

92 – 35 + 1 = 58.

> Une erreur fréquente consiste à former seulement 92 – 35 = 57. Il ne faut pas oublier que la page 35 fait partie du chapitre en question.

Nombre de jours de vacances

Exemple : Une personne part en vacances le 7 août et revient le 22 de ce mois. Quelle est la durée de ses vacances (jours de voyage compris) ?
Le nombre de jours est 22 – 7 + 1 = 16.

On retiendra la règle suivante :
Le nombre d'entiers supérieurs à b et inférieurs à a est $a - b + 1$.

> ■ Du 21 avril 1994 au 21 avril 1995, il s'est écoulé, non un an, mais un an et un jour.

■ L'expression « prendre huit jours de congé » date de l'époque où l'on travaillait le samedi. Une semaine de vacances avec un dimanche à chaque bout dure effectivement huit jours. De même pour la quinzaine. L'expression « lundi en huit » s'explique par des raisons analogues.

■ Le cas des vacances scolaires est très différent. Ainsi, lorsque le ministère de l'Éducation (nationale) indique un congé du 11 au 20 février, il est sous-entendu que les vacances commencent après les cours de l'après-midi du 11 et se terminent avant les cours de la matinée du 20. Autrement dit, les vacances durent du 12 au 19, soit $19 - 12 + 1 = 8$ jours (et non $20 - 11 + 1 = 10$ jours, suivant la règle générale).

MULTIPLICATION ■

Soient a et b des nombres entiers naturels. Le *produit* de a par b est la somme de b nombres égaux à a.

Si $b = 1$, le produit est a. Si $b = 0$, le produit est 0.

Le nombre a s'appelle *multiplicande*, le nombre b s'appelle *multiplicateur*. La *multiplication* est l'opération qui aux nombres a et b associe leur produit, noté ab (ou parfois $a \cdot b$).

Dans le cas du produit de nombres écrits en chiffres, on doit employer le signe × (et non pas le point ou la lettre x). Mais pour le produit de deux nombres dont l'un au moins est représenté par une lettre, ne pas employer le signe ×.

Exemples : $a(b + c)$ $3\,a$ mais 31×250.

Le produit ne dépend pas de l'ordre des facteurs :

$$\boldsymbol{ba = ab.}$$

On calcule de proche en proche le produit de plusieurs facteurs. Ainsi, abc est par définition le produit de ab par c. De même, $abcd$ est le produit de abc par d.

Exemple : Le produit $3 \times 4 \times 5$ désigne $(3 \times 4) \times 5$, c'est-à-dire 12×5 ou encore 60.

Le produit d'un nombre par la somme de deux autres se ramène à deux multiplications, suivies d'une addition :

$$\boldsymbol{a(b + c) = ab + ac.}$$

Il en est de même pour une différence :

$$\boldsymbol{a(b - c) = ab - ac.}$$

Exemple : Pour calculer $12 \times 13 + 12 \times 17$, on remarque que $13 + 17 = 30$; par suite :

$$\mathbf{12 \times 13 + 12 \times 17 = 12 \times 30 = 360.}$$

■ Calcul du produit de deux nombres

Dans le cas de deux nombres à un seul chiffre, on utilise la table de multiplication décimale, dite *table de Pythagore* :

×	1	2	3	4	5	6	7	8	9
1	1	2	3	4	5	6	7	8	9
2	2	4	6	8	10	12	14	16	18
3	3	6	9	12	15	18	21	24	27
4	4	8	12	16	20	24	28	32	36
5	5	10	15	20	25	30	35	40	45
6	6	12	18	24	30	36	42	48	54
7	7	14	21	28	35	42	49	56	63
8	8	16	24	32	40	48	56	64	72
9	9	18	27	36	45	54	63	72	81

■ On lit par exemple le produit de 3 et de 8 (égal à 24) à l'intersection de la troisième ligne et de la huitième colonne (ou de la huitième ligne et de la troisième colonne).

■ La table de multiplication (ainsi que la table d'addition) est symétrique. On la rétablit ligne par ligne ; on contrôle à l'aide des colonnes.

■ On retient la colonne des multiples de 9 en notant que *la somme des chiffres est toujours 9*. On évite ainsi toute hésitation pour retrouver 8 fois 9 ou 9 fois 9.

■ La table de multiplication figurant traditionnellement sur les cahiers d'écolier a été à juste titre l'objet de moqueries. En effet, on doit retenir des énoncés comme « deux fois deux font quatre », ce qui détourne l'attention des difficultés véritables (table des huit, table des neuf) tout en diluant l'information.

Lorsque le multiplicateur n'a qu'un chiffre, on multiplie chaque chiffre du multiplicande par ce chiffre, à partir de la droite. Si le produit ne dépasse pas 9, on l'écrit en dessous du chiffre du multiplicande ; dans le cas contraire, on n'écrit que le chiffre des unités et l'on fait une retenue.

Cas général

On multiplie successivement le multiplicande par chacun des chiffres du multiplicateur, en commençant par la droite. On écrit les divers produits les uns en dessous des autres, en les décalant chaque fois d'une colonne. On ajoute enfin les produits partiels.

Exemple :

$$\begin{array}{r} 4\,363 \\ \times 697 \\ \hline 30\,541 \\ 392\,67 \\ 2\,617\,8 \\ \hline 3\,041\,011 \end{array}$$

Lorsque le multiplicateur comporte un zéro comme chiffre intermédiaire, on décale les produits partiels de deux colonnes à la fois. (Dans le cas de deux zéros consécutifs, on décale de trois colonnes, etc.)

Lorsque le multiplicateur ou le multiplicande se terminent par des zéros, on effectue la multiplication sans tenir compte de ces zéros. On écrit ensuite à la droite du résultat autant de zéros qu'il y en a dans les deux facteurs.

Exemple : Calculer 7 400 × 240.
On calcule seulement 74 × 24 (ce qui donne 1 776). On multiplie ensuite ce produit par 100 x 10, ce qui revient à écrire trois fois le chiffre zéro :

7 400 × 240 = 1 776 000.

Calcul mental et calcul rapide

De manière générale, pour multiplier un nombre par 10, par 100, par 1 000, il suffit d'écrire un zéro, deux zéros, trois zéros à la droite du nombre considéré.

La multiplication par 5 s'en déduit. On multiplie par 10 et l'on divise le résultat par 2 (voir p. 24). De même, pour multiplier par 25, on multiplie par 100 et l'on divise le résultat par 4. Pour multiplier par 9, par 99, par 999, on multiplie par 10, par 100, par 1 000 et l'on retranche le multiplicande du résultat obtenu. De même, pour multiplier par 11, par 101, par 1 001, on multiplie par 10, par 100, par 1 000 et l'on ajoute le multiplicande au résultat obtenu.

Exemples :
240 × 9 = 2 400 – 240 = 2 160
37 × 99 = 3 700 – 37 = 3 663
256 × 999 = 256 000 – 256 = 255 744
329 × 11 = 3 290 + 329 = 3 619
248 × 101 = 24 800 + 248 = 25 048
1 579 × 1 001 = 1 579 000 + 1 579 = 1 580 579.

Les égalités remarquables (voir p. 29) fournissent d'autres méthodes pratiques.

Dans le cas de plusieurs facteurs, on examine la possibilité de regrouper des termes.

Exemple : Calculer 25 × 7 × 4 × 13.
On commence par grouper 25 et 4. On se ramène à :

7 × 13 × 100 = 91 × 100 = 9 100.

Emploi d'une calculatrice de poche

L'intérêt essentiel des calculatrices de poche est de permettre des calculs « en chaîne », c'est-à-dire une suite d'additions, de soustractions et de multiplications, sans qu'il soit nécessaire de noter les résultats intermédiaires. Dans le cas de la notation directe, il convient de faire attention aux règles de priorité ; dans le cas de la notation inverse, cette difficulté disparaît. Lisez attentivement la notice de votre calculatrice sur ces questions.

Soient a et b des nombres entiers naturels non nuls, appelés *dividende* et *diviseur.* On peut écrire le nombre a d'une manière et d'une seule sous la forme :

$$\boldsymbol{a = bq + r, \qquad r < b.}$$

Les nombres q et r s'appellent *quotient* et *reste* dans la *division euclidienne* de a par b.

Dans le cas où $r = 0$ (c'est-à-dire où la division tombe juste), on dit que a est *divisible* par b (voir p. 36). Le nombre q se note alors a/b ou $\frac{a}{b}$.

> Le mot *diviseur* est équivoque. Si r n'est pas nul, b n'est pas un diviseur de a (au sens de la p. 36).

Pratique de la division

• ***Premier cas.*** **Le diviseur et le quotient n'ont qu'un chiffre. On obtient le quotient grâce à la table de Pythagore.**

Exemple : Diviser 64 par 9.
On remarque que $9 \times 7 = 63 \leqslant 64$, tandis que $9 \times 8 = 72 > 64$. Le quotient est $q = 7$, et le reste est $r = 64 - 63 = 1$.

• ***Deuxième cas.*** **Le diviseur est quelconque, le quotient n'a qu'un chiffre.**
Ce cas se présente lorsque $10\,b > a$.

Lorsque le quotient n'a qu'un chiffre, on divise par le chiffre le plus à gauche du diviseur le nombre des unités de même ordre du dividende. Le nombre ainsi trouvé est soit le quotient, soit un chiffre trop élevé.

On multiplie le diviseur par ce chiffre. Si le produit est inférieur au dividende, le chiffre est le quotient cherché. Sinon, on essaie le chiffre diminué de 1, jusqu'à ce qu'on obtienne un produit inférieur à *a*.

Exemple : Diviser 2 384 par 632.
Le quotient n'a qu'un chiffre, car 6 320 > 2 384. Il n'est pas nécessaire d'essayer successivement 9, 8, etc. On commence par diviser 23 par 6. Le quotient est 3. Le quotient de la division initiale est donc soit 3, soit 2 ou 1. Formons le produit de 632 par 3 ; nous obtenons $632 \times 3 = 1\,896$. Ce produit étant inférieur à 2 384, le quotient est effectivement 3. Le reste est $2\,384 - 1\,896 = 488$.
En résumé :

$$\mathbf{2\,384 = 632 \times 3 + 488.}$$

Disposition habituelle :

2 384	**632**
– 1 896	**3**
488	

On peut effectuer la soustraction de tête : on forme chaque produit partiel et les soustractions au fur et à mesure : 3 fois 2, 6, ôté de 4, je pose 8 et je retiens 1, etc. Cette méthode, souvent enseignée, est à déconseiller.
— C'est une source d'erreurs dans les retenues, et les erreurs deviennent très fréquentes, car ce procédé est fatigant.
— Les calculs intermédiaires n'étant pas explicités, il est impossible de déceler une erreur sans devoir recommencer toute la suite des calculs.

• *Cas général.* **On sépare à la gauche du dividende le plus petit nombre de chiffres nécessaire pour obtenir un nombre supérieur au diviseur. On divise ce nombre par le diviseur ; le quotient de cette division est le premier chiffre du quotient cherché. On écrit le reste de cette division en dessous du nombre que l'on vient de diviser.**
On abaisse à la droite de ce reste le chiffre du dividende qui suit la partie divisée. Le quotient par le diviseur du nombre ainsi formé est le deuxième chiffre du quotient cherché.
On continue ainsi jusqu'à ce qu'on ait abaissé tous les chiffres du dividende. Le dernier reste trouvé est le reste de l'opération.

Exemple : Diviser 35 437 par 78.

$$
\begin{array}{r|l}
35\,437 & 78 \\ \cline{2-2}
-\underline{31\,2} & 454 \\
4\,23 & \\
-\underline{3\,90} & \\
337 & \\
-\underline{312} & \\
25 &
\end{array}
$$

35 437 = 78 × 454 + 25.

■ Quand un reste partiel est strictement inférieur au diviseur, on met un 0 au quotient et l'on abaisse le chiffre suivant.

■ Dans le cas d'une division assez longue, il est avantageux d'écrire d'abord la liste des produits du diviseur par 2, 3,..., 9 ; il suffit alors de comparer ces produits aux restes partiels, ce qui supprime les essais. Cette remarque s'applique à plus forte raison au cas où l'on doit effectuer plusieurs divisions avec un *même diviseur*.

■ Pour la vérification de la division, on calcule le produit bq ; en ajoutant r, on doit retrouver le dividende. On peut aussi employer la preuve par neuf (voir p. 40).

■ Calcul mental et calcul rapide

Les règles pratiques ne se rapportent qu'au seul cas où la division tombe juste ; il s'agit en fait de règles sur la divisibilité (voir p. 36).

Emploi d'une calculatrice de poche

La touche ÷ ne donne pas le quotient et le reste, mais seulement une valeur décimale approchée du quotient (voir p. 79).
Les calculatrices scientifiques actuelles permettent cependant de trouver en une seule étape le quotient de la division euclidienne (partie entière du résultat précédent, voir p. 72) et le reste.

CARRÉS

On appelle *carré* d'un nombre a et on note a^2 le produit de ce nombre par lui-même :

$$a^2 = a \cdot a.$$

Le nom de *carré* provient du fait que l'aire du carré de côté a est égale à a^2 (voir p. 155).

Exemples :
Le produit de 3 par lui-même est $3 \times 3 = 9$; autrement dit, 9 est le carré de 3.
Le produit de 25 par lui-même est 625 ; ainsi, le nombre 625 est le carré de 25.
Noter que $0^2 = 0$ et $1^2 = 1$; les nombres 0 et 1 sont leur propre carré.
Le carré de 10 est 100 ; c'est pourquoi le nombre 100 se note encore 10^2.

Calculs sur les carrés

Le carré d'un produit est le produit des carrés des facteurs :

$$(ab)^2 = a^2 b^2.$$

Exemple : Pour calculer le carré de 250, il suffit de connaître les carrés de 25 et de 10. En effet :

$$250^2 = (25 \times 10)^2 = 25^2 \times 10^2.$$

Nous avons vu que $25^2 = 625$ et $10^2 = 100$. Par conséquent :

$$250^2 = 625 \times 100 = 62\,500.$$

Égalités remarquables

Carré d'une somme

$$(a + b)^2 = a^2 + 2\,ab + b^2.$$

Le carré d'une somme est la somme des carrés de chaque terme, augmentée de leur double produit.

Carré d'une différence

$$(a - b)^2 = a^2 - 2\,ab + b^2.$$

Le carré d'une différence est la somme des carrés de chaque terme, diminuée de leur double produit.

Différence de deux carrés

$$a^2 - b^2 = (a + b)(a - b).$$

La différence des carrés de deux nombres est le produit de la somme et de la différence de ces nombres.

Applications au calcul mental

Les formules donnant le carré d'une somme et d'une différence sont très utiles pour calculer de tête le carré d'un nombre de deux chiffres.

Exemples :

$$11^2 = (10 + 1)^2 = 10^2 + 2 \times 10 + 1^2 = 100 + 20 + 1 = 121$$
$$18^2 = (20 - 2)^2 = 20^2 - 2 \times 2 \times 20 + 2^2 = 400 - 80 + 4 = 324$$
$$29^2 = (30 - 1)^2 = 30^2 - 2 \times 1 \times 30 + 1^2 = 900 - 60 + 1 = 841.$$

Le calcul d'un produit peut toujours se ramener à des calculs sur les carrés, puisque :

$$ab = \frac{(a+b)^2 - (a-b)^2}{4}.$$

Exemple : Le calcul de 23 × 7 se ramène au calcul des carrés de 30 et de 16. En effet :

$$23 \times 7 = \frac{30^2 - 16^2}{4} = \frac{900 - 256}{4} = \frac{900}{4} - \frac{256}{4} = 225 - 64 = 161.$$

Pour calculer le produit de deux nombres à deux chiffres avec le même chiffre des dizaines et dont la somme des chiffres des unités est 10, on peut encore utiliser la règle suivante : on obtient le nombre des centaines en multipliant le chiffre des dizaines par lui-même augmenté d'une unité ; on obtient les dizaines et les unités en effectuant le produit des chiffres des unités.

Exemples :

$$33 \times 37 = 3 \times 4 \times 100 + 3 \times 7 = 1\,200 + 21 = 1\,221$$
$$54 \times 56 = 5 \times 6 \times 100 + 4 \times 6 = 3\,000 + 24 = 3\,024.$$

Dans de nombreux cas, on peut se ramener à la différence de deux carrés.

Exemples :

$$31 \times 29 = (30 + 1)(30 - 1) = 30^2 - 1^2 = 900 - 1 = 899$$
$$18 \times 22 = (20 - 2)(20 + 2) = 20^2 - 2^2 = 400 - 4 = 396.$$

Il est donc indispensable de connaître par cœur les carrés des premiers entiers.

Carré d'un nombre terminé par un 5

Considérons un nombre n terminé par un 5. Notons d le nombre des dizaines. Alors $n = 10\,d + 5$. D'où le carré de n :

$$n^2 = (10\,d + 5)^2 = 100\,d^2 + 100\,d + 25 = 100\,d(d + 1) + 25.$$

Le résultat se termine par 25. Nous obtenons les autres chiffres en multipliant d par $d + 1$.

Exemples :

$$65^2 = 6 \times 7 \times 100 + 25 = 4\,225$$
$$55^2 = 5 \times 6 \times 100 + 25 = 3\,025$$
$$115^2 = 11 \times 12 \times 100 + 25 = 13\,225.$$

Emploi d'une calculatrice de poche

Sur toute calculatrice, on obtient le carré d'un nombre en effectuant le produit de deux facteurs égaux. Sur les calculatrices scientifiques, la touche x^2 fournit aussitôt le résultat (sans que l'on soit obligé d'introduire deux fois le nombre considéré).

CUBES

On appelle *cube* d'un nombre a, et on note a^3, le produit de trois facteurs égaux à ce nombre :

$$a^3 = a \cdot a \cdot a.$$

Le nom de *cube* provient du fait que le volume du cube de côté a est égal à a^3 (voir p. 215).

Exemples : Le produit de trois nombres égaux à 4 est $4 \times 4 \times 4 = 64$. Le nombre 64 est donc le cube de 4. De même, 729 est le cube de 9.
Noter que $0^3 = 0$ et $1^3 = 1$. Les nombres 0 et 1 sont leur propre cube. Le cube de 10 est 1 000 ; c'est pourquoi le nombre 1 000 se note encore 10^3.

Pour calculer le cube de a, on commence par calculer le carré de a ; on multiplie alors a par son carré :

$$a^3 = a^2 \cdot a.$$

Exemple : Pour calculer le cube de 12, on commence par calculer le carré de 12, ce qui donne 144. Il reste à effectuer le produit de 144 par 12 :

$$144 \times 12 = 1\,728.$$

Calculs sur les cubes

Le cube d'un produit est le produit des cubes des facteurs :

$$(ab)^3 = a^3 b^3.$$

Exemple : Le cube de 36 est $4^3 \times 9^3 = 64 \times 729$; ce produit vaut 46 656.

Égalités remarquables

Cube d'une somme	$(a + b)^3 = a^3 + 3\,a^2b + 3\,ab^2 + b^3$
Cube d'une différence	$(a - b)^3 = a^3 - 3\,a^2b + 3\,ab^2 - b^3$
Somme de deux cubes	$a^3 + b^3 = (a + b)(a^2 - ab + b^2)$
Différence de deux cubes	$a^3 - b^3 = (a - b)(a^2 + ab + b^2)$

Pour ne pas confondre ces deux dernières formules, retenir les deux points suivants :
— dans chaque cas, on trouve un signe + et un signe – ;
— dans la somme de deux cubes, on met la somme des termes en facteur, tandis que dans la différence de deux cubes, on met la différence des termes en facteur.

Exemples :

$$\begin{aligned} 11^3 &= (10 + 1)^3 = 10^3 + 3 \times 10^2 + 3 \times 10 + 1 \\ &= 1\,000 + 3 \times 100 + 30 + 1 = 1\,331 \end{aligned}$$

$$\begin{aligned} 19^3 &= (20 - 1)^3 = 20^3 - 3 \times 20^2 + 3 \times 20 - 1 \\ &= 8\,000 + 60 - 1\,200 - 1 = 6\,859. \end{aligned}$$

Mettre ensemble tous les termes affectés du signe +, puis tous les termes affectés du signe –, afin de ne faire qu'une seule soustraction.

$$\begin{aligned} 9^3 - 7^3 &= (9 - 7)(9^2 + 9 \times 7 + 7^2) \\ &= 2(81 + 63 + 49) = 2 \times 193 = 386. \end{aligned}$$

Emploi d'une calculatrice de poche

Même sur les calculatrices de poche scientifiques, il n'y a pas de touche x^3. Cependant, on peut éviter d'introduire trois fois de suite le même nombre en utilisant la touche y^x, avec $x = 3$ (voir p. 111). On peut aussi effectuer le produit de x^2 par x.

Puissances d'un nombre

Nous venons de rencontrer les symboles a^2 et a^3, produits de deux facteurs égaux, de trois facteurs égaux. On pose de même :

$$a^4 = a \cdot a^3,\ a^5 = a \cdot a^4,\ \text{etc.}$$

Les symboles a^4 et a^5 se lisent : *a* puissance quatre, *a* puissance cinq. Les nombres 2, 3, 4, 5, etc., s'appellent *exposants*.

Pour éviter des cas d'exception, on convient qu'un nombre non nul à la puissance 0 signifie 1. Par exemple, $2^0 = 1$, $10^0 = 1$, $1^0 = 1$.

Puissances de 10. Les premières puissances de 10 sont :

$$10^1 = 10 \qquad 10^2 = 100 \qquad 10^3 = 1\,000$$
$$10^4 = 10\,000 \qquad 10^5 = 100\,000 \qquad 10^6 = 1\,000\,000$$

D'une façon générale, le nombre 10^n s'écrit avec un 1 suivi de *n* zéros.

■ L'écriture 10^n est plus rapide et, avec un peu d'habitude, plus lisible ; aussi l'emploie-t-on de préférence quand il s'agit de très grands nombres.

■ On trouvera deux généralisations : le cas des exposants négatifs (voir p. 76) et celui des exposants fractionnaires (voir p. 110).

EXERCICES

1. Un livre possède 352 pages. Combien a-t-on utilisé de chiffres pour numéroter les pages ?

2. Si l'indicatif téléphonique se compose de huit chiffres, combien d'abonnés peut-on desservir ? Même question avec dix chiffres. (En fait, toutes les possibilités ne sont pas exploitées. Par exemple, aucun numéro à huit chiffres ne peut commencer par un numéro d'urgence comme 15, 17 ou 18.)

3. Trouver combien on peut immatriculer de véhicules dans un département donné :

a) avec un numéro d'au plus quatre chiffres suivi de deux lettres (à l'exclusion de TT et de WW) ;

b) avec un numéro d'au plus trois chiffres suivi de trois lettres. (Les lettres I et O, prêtant à confusion avec 1 et 0, ne sont pas employées en France. Il en est désormais de même pour D et U. Par ailleurs, certains arrangements malsonnants sont parfois exclus ; on n'en tiendra pas compte ici, car leur liste n'est pas dressée à l'avance.)

4. On divise un nombre entier par 4, le reste de la division est 3. Si l'on divise le même nombre par 5, le quotient diminue de 2, et le reste de la division est toujours 3. Quel est ce nombre ?

5. On augmente le dividende de 145 et le diviseur de 2. Le quotient ne change pas, et le reste augmente de 3. Trouver le quotient.

6. On augmente le dividende de 52 et le diviseur de 4. Le quotient et le reste ne changent pas. Trouver le quotient.

7. Déterminer deux nombres entiers consécutifs sachant que la différence de leurs carrés est égale à 321.

8. Calculer le nombre théorique d'ascendants d'un individu (en admettant que ne figure jamais deux fois le même aïeul) à la 26e génération, à la 36e génération.

NUMÉRATIONS BINAIRE ET OCTALE

NUMÉRATION BINAIRE

La *numération binaire* est la numération de base deux ; elle n'utilise que les chiffres 0 et 1, appelés *bits* (abréviation de l'anglais *binary digit*, signifiant chiffre binaire).

La numération binaire est la numération employée en informatique et en automatique, mais l'époque est révolue où l'on devait travailler en base deux pour converser avec les machines.

Passage de la numération binaire à la numération décimale

On revient tout simplement à la définition, à condition de connaître par cœur les premières puissances de 2.

$2^0 = 1$	$2^8 = 256$
$2^1 = 2$	$2^9 = 512$
$2^2 = 4$	$2^{10} = 1\,024$
$2^3 = 8$	$2^{11} = 2\,048$
$2^4 = 16$	$2^{12} = 4\,096$
$2^5 = 32$	$2^{13} = 8\,192$
$2^6 = 64$	$2^{14} = 16\,384$
$2^7 = 128$	$2^{15} = 32\,768$

Ces nombres reviennent constamment en informatique, car ils jouent le rôle des nombres « ronds » de la numération décimale tels que 100, 1 000, 10 000, 100 000 ou 1 000 000.

Exemples :

1. L'écriture binaire 1 011 signifie :

$$1 \times 2^0 + 1 \times 2^1 + 0 \times 2^2 + 1 \times 2^3 = 1 \times 1 + 1 \times 2 + 0 \times 4 + 1 \times 8$$

(si on lit les chiffres de droite à gauche), c'est-à-dire $1 + 2 + 8 = 11$.

2. L'écriture binaire 100 101 signifie de même $1 + 1 \times 2^2 + 1 \times 2^5$, c'est-à-dire $1 + 4 + 32 = 37$.

Des nombres très simples en numération décimale prennent très vite un aspect démesuré en binaire : il faut environ trois fois plus de bits que de chiffres décimaux.

Passage de la numération décimale à la numération binaire

Première méthode. On détermine les bits de gauche à droite en cherchant d'abord la plus grande puissance de 2 inférieure au nombre proposé ; puis la plus grande puissance de 2 inférieure à la différence des deux nombres précédents, etc.

Exemple : Cherchons la représentation binaire de 1 335.
La plus grande puissance de 2 inférieure à 1 335 est 1 024 = 2^{10}. Le premier chiffre à partir de la gauche (un 1) est en onzième position à partir de la droite. Recommençons avec la différence 1 335 – 1 024, égale à 311. La plus grande puissance de 2 inférieure à 311 est 256 = 2^8. D'où le bit 1 en neuvième position à partir de la droite, ou en troisième position à partir de la gauche. (Entre les deux bits 1, on trouve le bit 0, car 2^9 = 512 était trop grand.) Nous recommençons encore cinq fois :

$$\begin{array}{rcl} 311 - 256 = 55 & \quad & 32 \leqslant 55 < 64 \\ 55 - 32 = 23 & & 16 \leqslant 23 < 32 \\ 23 - 16 = 7 & & 4 \leqslant 7 < 8 \\ 7 - 4 = 3 & & 2 \leqslant 3 < 4 \\ 3 - 2 = 1 & & 1 \leqslant 1 < 2 \end{array}$$

Ainsi :
$$\begin{aligned} 1\,335 &= 1\,024 + 256 + 64 + 4 + 2 + 1 \\ &= 2^{10} + 2^8 + 2^5 + 2^4 + 2^2 + 2 + 1. \end{aligned}$$

Nous pouvons encore écrire ce nombre sous la forme :
$$1\,335 = 1 \times 2^{10} + 0 \times 2^9 + 1 \times 2^8 + 0 \times 2^7 + 0 \times 2^6 + 1 \times 2^5 + 1 \times 2^4 + 0 \times 2^3 + 1 \times 2^2 + 1 \times 2^1 + 1 \times 2^0.$$

L'équivalent binaire est donc : **10 100 110 111.**
(Les puissances de 2 présentes dans la décomposition donnent le bit 1 ; le bit 0 sert à noter les puissances de 2 absentes, à savoir 2^3, 2^6 , 2^7 et 2^9.)

Seconde méthode. On divise le nombre donné par 2 ; le reste est le premier bit à partir de la droite. On divise le quotient par 2 ; le nouveau reste est le deuxième bit à partir de la droite, etc.

Exemple : Reprenons le cas de 1 335.

$$\begin{array}{rcl} 1\,335 = 2 \times 667 + 1 & \quad & 667 = 2 \times 333 + 1 \\ 333 = 2 \times 166 + 1 & & 166 = 2 \times 83 + 0 \\ 83 = 2 \times 41 + 1 & & 41 = 2 \times 20 + 1 \\ 20 = 2 \times 10 + 0 & & 10 = 2 \times 5 + 0 \\ 5 = 2 \times 2 + 1 & & 2 = 2 \times 1 + 0 \end{array}$$

On obtient ainsi tous les bits à partir de la droite. Le dernier quotient, représentant le coefficient de 2^{10}, est le bit le plus à gauche (c'est-à-dire en onzième position). On retrouve ainsi 10 100 110 111.

Octets

En informatique et en bureautique, on prend pour unité l'*octet*, groupement de huit bits. Le multiple, le kilo-octet, noté K, ne représente pas 1 000 octets, mais 1 024 octets, soit encore 8 192 bits. (Rappelons que 1 024 est la dixième puissance de 2.)

On obtient $2^8 = 256$ éventualités différentes avec un seul octet. Les 256 cas servent par exemple pour coder :
— les dix chiffres de 0 à 9 ;
— les vingt-six lettres de l'alphabet ;
— les signes de ponctuation (point, virgule, point d'interrogation, etc.) ;
— les symboles typographiques ou monétaires (trait d'union, parenthèses, crochets, astérisque, § pour paragraphe, $ pour dollar, £ pour livre) ;
— des lettres grecques utilisées en électricité (μ, Ω) ;
— des symboles mathématiques comme =, < et >.
Chaque caractère typographique est alors associé à un octet.
Code ASCII. Le code ASCII (*American Standard for Information Interchange*) constitue un début de normalisation : sur les 256 possibilités, la moitié reçoivent une signification universelle, quel que soit le support et quelle que soit la langue. Il s'agit des caractères numérotés de 32 à 159. Les autres possibilités sont à la disposition des fabricants d'ordinateurs ou des concepteurs de logiciels. En français, cette situation crée des difficultés pour les lettres accentuées (à, é, À, etc.) et pour le ç, pour passer d'un matériel à l'autre, d'un logiciel à l'autre. Les accords passés entre IBM et Apple devraient mettre fin à de tels problèmes.

NUMÉRATION OCTALE

La numération *octale* est un intermédiaire commode entre la numération binaire et la numération décimale. Les chiffres sont 0, 1, 2, 3, 4, 5, 6 et 7.

Pour passer de la numération binaire à la numération octale, on groupe les bits par paquets de trois, en convertissant chaque paquet grâce à la table ci-contre.

binaire	octal	binaire	octal
000	0	100	4
001	1	101	5
010	2	110	6
011	3	111	7

Exemple : Trouver l'équivalent octal de 1 335.
Passons par l'intermédiaire de l'écriture binaire 10 100 110 111. Les équivalents octaux de 111, 110, 100 et 010 sont respectivement 7, 6, 4 et 2. Le nombre octal cherché est donc 2 467.

Inversement, pour passer de la numération octale à la numération binaire, on remplace chaque chiffre octal par un triplet de bits, grâce au tableau précédent.

Exemple : Convertir le nombre octal 725 241 en binaire.
On obtient aussitôt : 111 010 101 010 100 001.

La numération octale, se lisant aussi facilement que la numération décimale, a servi à visualiser les écritures binaires sur les consoles des ordinateurs. Nous rencontrerons un exemple d'écriture octale dans le codage numérique des lettres (voir p. 53).

EXERCICES

1. **a)** Écrire dans le système de base huit le nombre qui s'écrit 159 dans le système décimal.
b) Écrire dans le système décimal le nombre qui s'écrit 341 dans le système de base huit.

2. **a)** On donne les nombres $a = 146$ et $b = 55$ écrits dans le système de numération de base huit. Calculer directement en base huit la somme $a + b$.
b) Vérification : écrire les nombres a et b dans le système décimal, calculer alors $a + b$ et transformer le résultat dans le système de base huit.

3. **a)** Effectuer le produit des nombres $a = 63$ et $b = 77$ écrits dans le système de numération de base huit.
b) Vérifier le résultat obtenu en écrivant les nombres précédents et leur produit dans le système décimal.

4. On appelle « nombre de trois chiffres » dans un système de numération donné tout nombre entier naturel écrit, dans ce système, au moyen de trois chiffres, distincts ou non, le premier étant non nul. (Ainsi, dans le système décimal, 133 est un nombre de trois chiffres, 033 n'en est pas un.)
a) Combien existe-t-il de nombres de trois chiffres dans le système décimal ?
b) Combien existe-t-il de nombres de trois chiffres dans le système de base huit ?
N.B. On donnera les réponses dans le système décimal.

MULTIPLES ET DIVISEURS

On appelle *multiple* d'un nombre le produit de ce nombre par un nombre entier naturel.

Exemple : Les multiples de 6 sont 0, 6, 12, 18, 24, etc.

Ne pas oublier que 0 et 1 sont des entiers naturels ; ainsi, $0 = 0 \times 6$ et $6 = 1 \times 6$.

On appelle *diviseur* d'un nombre entier naturel non nul tout entier naturel dont le nombre donné est un multiple.

Exemple : Les diviseurs de 12 sont 1, 2, 3, 4, 6 et 12.

Soient a et b des nombres entiers naturels non nuls. Le nombre b est un diviseur de a si et seulement si le reste de la division euclidienne de a par b est nul. On dit alors que a est *divisible* par b.

CARACTÈRES DE DIVISIBILITÉ

Un *caractère de divisibilité* est une règle permettant de reconnaître si un nombre entier, représenté en numération décimale, est divisible par un nombre entier donné.

- Une telle règle permet d'affirmer que le reste dans la division euclidienne par le nombre donné est nul, sans que l'on doive effectuer cette division.
- Les règles de divisibilité sont à l'origine de la preuve par neuf (voir p. 40).
- Les règles de divisibilité servent pour la création de clefs de contrôle des numéros matricules (voir p. 50).

Divisibilité par 10, par 100, par 1 000

Pour qu'un nombre soit divisible par 10, il faut et il suffit qu'il se termine par un zéro.

Exemples : Le nombre 240 est divisible par 10 ; il en est de même pour 23 000. En revanche, 2 001 n'est pas divisible par 10.

Pour qu'un nombre soit divisible par 100, il faut et il suffit qu'il se termine par deux zéros.

Pour qu'un nombre soit divisible par 1 000, il faut et il suffit qu'il se termine par trois zéros.

Exemples : Le nombre 13 000 est divisible par 1 000 (et à plus forte raison par 100 et par 10). Le nombre 12 500 est divisible par 100 (et donc par 10), mais non par 1 000. Le nombre 7 520 n'est pas divisible par 100 (bien qu'il soit divisible par 10).

■ Divisibilité par 2, par 4

Pour qu'un nombre soit divisible par 2, il faut et il suffit que son dernier chiffre soit 0, 2, 4, 6 ou 8.

Exemples : Les nombres 20, 12, 34 et 58 sont divisibles par 2. Les nombres 21, 37, 43 et 69 ne sont pas divisibles par 2.

Les nombres divisibles par 2 sont appelés *nombres pairs* ; ceux qui ne sont pas divisibles par 2 sont dits *impairs*. Ainsi, pour qu'un nombre soit pair, il faut et il suffit que son chiffre des unités soit pair.

Le nombre 0 est divisible par 2, puisque $0 = 2 \times 0$; le chiffre 0 doit donc être considéré comme un chiffre pair.

De deux nombres entiers consécutifs, l'un est pair, l'autre est impair.

La somme des nombres entiers naturels de 1 à n est donnée par la formule :

$$\mathbf{1 + 2 + \cdots + n = \frac{n(n+1)}{2}}.$$

On trouve effectivement un nombre entier au second membre, car l'un des nombres n et $n + 1$ est divisible par 2.
Par exemple, la somme des entiers de 1 à 12 est : $\frac{12 \times 13}{2} = 6 \times 13 = 78$.

Pour qu'un nombre soit divisible par 4, il faut et il suffit que ses deux derniers chiffres forment un multiple de 4.

■ Voici la liste des multiples de 4 entre 0 et 99 :
0 4 8 12 16 20 24 28 32 36 40 44 48 52 56 60 64 68 72 76 80 84 88 92 96.

■ La divisibilité par 4 intervient dans la détermination des années bissextiles (voir p. 142).

Exemples : Le nombre 146 n'est pas divisible par 4 (bien qu'il soit pair) ; en effet, 46 n'est pas divisible par 4. Le nombre 252 est divisible par 4, car $52 = 4 \times 13$.

On peut énoncer une règle analogue pour la divisibilité par 8, en considérant cette fois le nombre formé par les trois derniers chiffres.

■ Divisibilité par 5, par 25

Pour qu'un nombre soit divisible par 5, il faut et il suffit que son dernier chiffre soit 0 ou 5.

Exemples : Les nombres 235 et 1 440 sont divisibles par 5. Le nombre 126 n'est pas divisible par 5.

Pour qu'un nombre soit divisible par 25, il faut et il suffit que ses deux derniers chiffres forment un multiple de 25.

Cela revient à dire que le nombre se termine par 00, 25, 50 ou 75.

Exemples : Les nombres 1 935 et 8 682 ne sont pas divisibles par 25. Les nombres 22 225, 8 650 et 9 000 sont divisibles par 25.

■ Divisibilité par 3, par 9

Pour qu'un nombre soit divisible par 3, il faut et il suffit que la somme de ses chiffres soit divisible par 3.

Exemples : Le nombre 3 762 est divisible par 3, car $3 + 7 + 6 + 2 = 18 = 3 \times 6$. Le nombre 431 n'est pas divisible par 3 ; en effet, $4 + 3 + 1 = 8$, et 8 n'est pas divisible par 3. Le nombre 6 423 est divisible par 3, car $6 + 4 + 2 + 3 = 15 = 3 \times 5$.

Il n'est pas nécessaire d'effectuer la somme de tous les chiffres : on obtient la même conclusion si l'on néglige les chiffres multiples de 3 (c'est-à-dire 3, 6 et 9, le chiffre 0 n'intervenant pas dans l'addition). Ainsi, pour 3 762, on peut se contenter de calculer $7 + 2 = 9 = 3 \times 3$. Pour 431, on forme de même $4 + 1 = 5$, en négligeant le chiffre 3. Pour 6 423, on écrit seulement $4 + 2 = 6 = 3 \times 2$.

Pour qu'un nombre soit divisible par 9, il faut et il suffit que la somme de ses chiffres soit divisible par 9.

La règle est donc exactement aussi simple que pour la divisibilité par 3.

■ Noter qu'un nombre divisible par 9 est divisible par 3. Si la somme des chiffres est divisible par 9, elle l'est à plus forte raison par 3.

■ À propos de la table de Pythagore (voir p. 22), nous avons déjà remarqué que la somme des chiffres des produits de 9 par 1, 2, 3,..., 9 est égale à 9.

Exemples : Le nombre 9 432 est divisible par 9, car $9 + 4 + 3 + 2 = 18 = 9 \times 2$. Le nombre 6 423 n'est pas divisible par 9 (bien qu'il soit divisible par 3).

Ici non plus, il n'est pas nécessaire d'effectuer la somme de tous les chiffres : on peut remplacer 9 par 0 ; en outre, dès qu'une somme partielle est égale à 9, on peut remplacer les chiffres correspondants par 0. Ainsi, dans le cas de 6 423, la somme des chiffres extrêmes est 6 + 3 = 9 ; on ne tient pas compte de ces chiffres, et on se limite à former 4 + 2.

Divisibilité par 11

Pour qu'un nombre soit divisible par 11, il faut et il suffit que la différence entre la somme de ses chiffres de rang pair et la somme de ses chiffres de rang impair (ou le contraire) soit divisible par 11.

On ne sait pas d'avance quelle est la plus grande des deux sommes.

Exemples :

1. Le nombre 53 245 est-il divisible par 11 ?
La somme des chiffres de rang impair est 5 + 2 + 5 = 12. La somme des chiffres de rang pair est 3 + 4 = 7. La différence est 12 – 7 = 5. Comme 5 n'est pas divisible par 11, le nombre donné n'est pas non plus divisible par 11.

2. Même question pour le nombre 987 250.
On obtient cette fois les sommes 8 + 2 + 0 = 10 et 9 + 7 + 5 = 21. La différence étant 21 – 10 = 11, le nombre donné est divisible par 11.

■ Il n'y a pas de règle simple concernant la divisibilité par 7. (Cependant, en numération octale, un nombre est divisible par 7 si et seulement si la somme de tous ses chiffres est divisible par 7.)

■ Pour les règles de divisibilité par un produit, voir p. 47.

PREUVE PAR 9

La preuve par 9 permet de contrôler rapidement les multiplications et les divisions.

■ La preuve par 9 n'est jamais utilisée pour les additions et les soustractions.

■ Le principe de la preuve par 9 consiste à dire que, si une égalité est vérifiée par des nombres, elle l'est encore par les restes des divisions euclidiennes de ces nombres par 9.

Multiplication

On veut contrôler l'égalité du produit présumé p avec la valeur exacte du produit ab. À cet effet, on calcule la somme de tous les chiffres de a, en remplaçant systématiquement 9 par 0, et en retranchant 9 chaque fois qu'on le

peut du résultat. On recommence avec *b* et avec *p*. On dispose les résultats en croix. On calcule par ailleurs le produit des nombres trouvés pour *a* et *b*, et on retranche 9 autant de fois qu'il est possible. On écrit le résultat à gauche de la croix. Les nombres à gauche et à droite doivent être égaux.

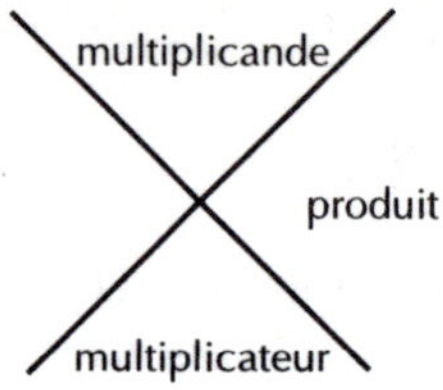

Exemple : **4 363 × 697 = 3 041 011.**

> Si *a* ou *b* est divisible par 9, on doit trouver trois fois le chiffre 0 dans la croix. En effet, le produit par n'importe quel nombre d'un multiple de 9 est encore un multiple de 9.

Division

On procède de même avec les nombres *a*, *b*, *q* et *r*. On dispose encore les résultats en croix. On effectue par ailleurs le produit des nombres obtenus pour le diviseur et le quotient ; on lui ajoute le nombre obtenu pour le reste, et on retranche 9 autant de fois qu'il est possible. On place le résultat à gauche de la croix. Les nombres à gauche et à droite doivent être égaux.

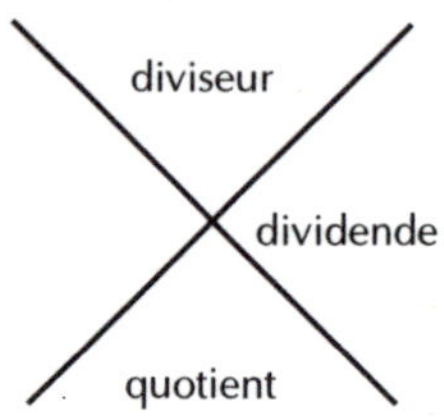

Exemple : **35 437 = 78 × 454 + 25.**

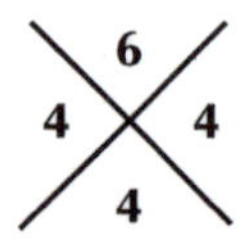

La preuve par 9 fait intervenir tous les chiffres des nombres considérés ; elle a l'avantage d'être très rapide. On pourrait énoncer une preuve par 11 (d'application moins commode), ou une preuve par 3 (moins sûre).

> ■ La preuve par 9 ne fournit pas une certitude : par exemple, elle ne permet pas de détecter l'interversion de deux chiffres d'un même nombre.
>
> ■ Si les nombres obtenus à gauche et à droite sont différents, l'opération n'est pas nécessairement fausse. Ne pas perdre de vue que l'on peut aussi commettre une erreur dans l'exécution de la preuve !

On appelle *nombre premier* un nombre entier naturel différent de 0 et de 1, n'admettant pas d'autre diviseur que lui-même et l'unité.

Le nombre 1 n'est pas premier. Cette convention a été retenue pour assurer l'unicité de la décomposition en facteurs premiers (voir p. 42).

Exemples : Les nombres 2, 3, 5, 7 et 11 sont premiers. Le nombre 12, étant divisible par 2, 3, 4 et 6, n'est pas premier. Le nombre 33, égal à 3×11, n'est pas premier.

Ne pas confondre *nombre premier* et *nombre impair*. Les nombres pairs sont divisibles par 2 ; un nombre pair autre que 2 n'est donc pas premier. Cependant, le nombre 2, étant divisible seulement par 1 et par 2, est premier.

Crible d'Ératosthène

La liste des nombres premiers est illimitée, et l'on ne connaît pas de règle permettant de trouver tous les nombres premiers. Il y a toutefois un procédé pratique pour trouver les nombres premiers inférieurs à un entier donné.

Pour obtenir les nombres premiers inférieurs à 100, par exemple, on écrit la liste de tous les entiers de 1 à 100. On barre 1, qui n'est pas premier, puis les multiples de 2 autres que 2, les multiples de 3 autres que 3. (Les multiples pairs de 3, c'est-à-dire 6, 12, 18, etc., ont déjà été barrés.) Le premier nombre qui reste est 5. Ce nombre est premier ; barrons les multiples de 5 autres que 5. Recommençons avec les multiples de 7 autres que 7. Tous les nombres restants sont premiers.

~~1~~ **2** **3** ~~4~~ **5** ~~6~~ **7** ~~8~~ ~~9~~ ~~10~~ **11** ~~12~~ **13** ~~14~~ ~~15~~ ~~16~~ **17** ~~18~~ **19** ~~20~~
~~21~~ ~~22~~ **23** ~~24~~ ~~25~~ ~~26~~ ~~27~~ ~~28~~ **29** ~~30~~ **31** ~~32~~ ~~33~~ ~~34~~ ~~35~~ ~~36~~ **37** ~~38~~ ~~39~~ ~~40~~
41 ~~42~~ **43** ~~44~~ ~~45~~ ~~46~~ **47** ~~48~~ ~~49~~ ~~50~~ ~~51~~ ~~52~~ **53** ~~54~~ ~~55~~ ~~56~~ ~~57~~ ~~58~~ **59** ~~60~~
61 ~~62~~ ~~63~~ ~~64~~ ~~65~~ ~~66~~ **67** ~~68~~ ~~69~~ ~~70~~ **71** ~~72~~ **73** ~~74~~ ~~75~~ ~~76~~ ~~77~~ ~~78~~ **79** ~~80~~
~~81~~ ~~82~~ **83** ~~84~~ ~~85~~ ~~86~~ ~~87~~ ~~88~~ **89** ~~90~~ ~~91~~ ~~92~~ ~~93~~ ~~94~~ ~~95~~ ~~96~~ **97** ~~98~~ ~~99~~ ~~100~~

■ En effet, si un nombre n restant dans le tableau n'était pas premier, on pourrait l'écrire sous la forme du produit de deux facteurs a et b. Supposons par exemple que a est supérieur à 10 ; alors le quotient b de n par a serait inférieur à 10, car $100 = 10^2$.

■ Plus généralement, pour former une table de nombres premiers, il suffit de supprimer les produits par 2, par 3, etc., des nombres premiers dont le carré est inférieur au plus grand nombre de la table.

Nombres premiers de 1 à 1 000 :

2	11	101	211	307	401	503	601	701	809	907
3	13	103	223	311	409	509	607	709	811	911
5	17	107	227	313	419	521	613	719	821	919
7	19	109	229	317	421	523	617	727	823	929
	23	113	233	331	431	541	619	733	827	937
	29	127	239	337	433	547	631	739	829	941
	31	131	241	347	439	557	641	743	839	947
	37	137	251	349	443	563	643	751	853	953
	41	139	257	353	449	569	647	757	857	967
	43	149	263	359	457	571	653	761	859	971
	47	151	269	367	461	577	659	769	863	977
	53	157	271	373	463	587	661	773	877	983
	59	163	277	379	467	593	673	787	881	991
	61	167	281	383	479	599	677	797	883	997
	67	173	283	389	487		683		887	
	71	179	293	397	491		691			
	73	181			499					
	79	191								
	83	193								
	89	197								
	97	199								

Décomposition d'un nombre en facteurs premiers

Tout nombre entier supérieur à 2 peut se décomposer d'une manière et d'une seule en un produit de facteurs premiers.

Dans le cas d'un nombre premier, ce produit se réduit à un seul facteur.

Pour obtenir la décomposition d'un nombre en facteurs premiers, on commence par voir si ce nombre est divisible par 2. Si oui, on recommence avec le quotient. Sinon, on essaie de voir si ce nombre est divisible par 3, etc.

Ce procédé permet aussi de déterminer si un nombre est premier.

Disposition pratique : On écrit le nombre et les quotients successifs dans une colonne, les facteurs premiers dans une autre colonne. On continue jusqu'à ce que le quotient soit 1.

Exemple : Décomposer 360 en facteurs premiers.

360	**2**
180	**2**
90	**2**
45	**3**
15	**3**
5	**5**
1	

Détaillons les opérations. Le nombre 360 est divisible par 2 ; le quotient est 180. De même, 180 est divisible par 2, et le quotient est 90. Ce nombre est encore divisible par 2, et le quotient est 45. On peut diviser 45 deux fois de suite par 3, ce qui donne $45 = 3 \times 15$ et $15 = 3 \times 5$. Enfin, on écrit 5 sous la forme $5 = 5 \times 1$. On rassemble les résultats en employant des exposants (voir p. 30) :

$$360 = 2^3 \times 3^2 \times 5.$$

Calcul rapide : On gagne un temps considérable si l'on connaît par cœur quelques résultats remarquables, tels que :

$4 = 2^2$	$9 = 3^2$	$25 = 5^2$	$10 = 2 \times 5$
$8 = 2^3$	$27 = 3^3$	$125 = 5^3$	$100 = 2^2 \times 5^2$.

Exemples :

$$180 = 18 \times 10 = 2 \times 9 \times 10 = 2^2 \times 3^2 \times 5$$
$$2\,700 = 27 \times 100 = 2^2 \times 3^3 \times 5^2$$
$$81\,000 = 9^2 \times 10^3 = 3^4 \times 2^3 \times 5^3.$$

Formation de tous les diviseurs d'un nombre

On obtient tous les diviseurs d'un nombre en combinant de toutes les façons possibles les facteurs premiers de ce nombre.

Exemple : Trouver tous les diviseurs de 360.
Nous savons que $360 = 2^3 \times 3^2 \times 5$. On doit prendre 2 avec l'un des exposants 0, 1, 2 et 3 (avec la convention $2^0 = 1$), puis 3 avec l'un des exposants 0, 1 et 2, et enfin 5 avec l'exposant 0 ou 1. Au total $4 \times 3 \times 2 = 24$ possibilités. On obtient d'abord :

1	2	2^2	2^3,

les produits de ces nombres par 3 et par 3^2 :

3	2×3	$2^2 \times 3$	$2^3 \times 3$,
3^2	2×3^2	$2^2 \times 3^2$	$2^3 \times 3^2$,

enfin, les produits de chacun des nombres précédents par 5 :

5	2×5	$2^2 \times 5$	$2^3 \times 5$
3×5	$2 \times 3 \times 5$	$2^2 \times 3 \times 5$	$2^3 \times 3 \times 5$
$3^2 \times 5$	$2 \times 3^2 \times 5$	$2^2 \times 3^2 \times 5$	$2^3 \times 3^2 \times 5$.

En résumé, nous avons trouvé les vingt-quatre nombres :

1	**2**	**4**	**8**	**3**	**6**	**12**	**24**
9	**18**	**36**	**72**	**5**	**10**	**20**	**40**
15	**30**	**60**	**120**	**45**	**90**	**180**	**360.**

PLUS GRAND COMMUN DIVISEUR

Soient a et b des nombres entiers naturels non nuls. Parmi les diviseurs communs à a et à b, il en est un et un seul qui est multiple de tous les autres ; on l'appelle le *plus grand commun diviseur* de a et de b, et on le note PGCD (a, b), ou encore d.

■ On dit aussi *plus grand diviseur commun* à a et b ; on note alors PGDC (a, b).

■ La notion de PGCD intervient souvent dans les calculs : obtention de règles de divisibilité (voir p. 47), simplification des fractions (voir p. 65).

Exemple : Le PGCD de 63 et de 42 est 21.

La définition s'étend au cas du plus grand commun diviseur de deux ou de plusieurs nombres.

Recherche du PGCD

Première méthode. Décomposition en facteurs premiers

Pour calculer le PGCD de plusieurs nombres, on décompose chacun d'eux en facteurs premiers. On forme ensuite le produit des facteurs premiers communs à tous les nombres, chaque facteur étant affecté du plus petit des exposants qu'il a dans ces nombres.

Exemples :

1. Calculer le PGCD de 630, 840 et 420.
Décomposons ces nombres en produits de facteurs premiers. On trouve aisément :

$$\mathbf{630 = 2 \times 3^2 \times 5 \times 7}$$
$$\mathbf{840 = 2^3 \times 3 \times 5 \times 7}$$
$$\mathbf{420 = 2^2 \times 3 \times 5 \times 7.}$$

Les nombres premiers 2, 3, 5 et 7 divisent tous trois les nombres donnés. Dans chaque cas, le plus petit des exposants est 1. Le PGCD est donc :

$$\mathbf{2 \times 3 \times 5 \times 7 = 210.}$$

2. Calculer le PGCD de 3 480, 8 250 et 45 045.
Décomposons encore les nombres donnés en produits de facteurs premiers :

$$\mathbf{3\,480 = 2^3 \times 3 \times 5 \times 29}$$
$$\mathbf{8\,250 = 2 \times 3 \times 5^3 \times 11}$$
$$\mathbf{45\,045 = 3^2 \times 5 \times 7 \times 11 \times 13.}$$

Seuls les facteurs 3 et 5 sont communs. Ici encore, le plus petit des exposants est dans chaque cas 1. Le PGCD est donc :

$$\mathbf{3 \times 5 = 15.}$$

3. Calculer le PGCD des nombres $2^3 \times 3^5 \times 5^2 \times 11^2$, $2^4 \times 3^4 \times 5^3 \times 7^2 \times 11^3$ et $2^2 \times 3^4 \times 5^3 \times 13 \times 19$.
Le PGCD est : $\mathbf{2^2 \times 3^4 \times 5^2 = 8\,100.}$

Seconde méthode. Algorithme d'Euclide

Cherchons le PGCD de a et de b, où $a \geqslant b$. On effectue la division euclidienne de a par b :

$$a = bq + r, \quad r < b.$$

On effectue ensuite la division euclidienne de b par r ; on continue ce processus jusqu'à ce qu'on obtienne un reste nul. Le dernier reste non nul est le PGCD cherché.

Disposition pratique : On présente les divisions successives les unes à côté des autres, pour ne pas recopier les nombres. On écrit les quotients au-dessus des diviseurs, pour laisser la place nécessaire à la division suivante.

> L'intérêt de cette méthode est d'éviter la décomposition préalable de a et de b en facteurs premiers.

Exemple : Calculer le PGCD de 28 420 et de 4 116.

	6	1	9	2
28 420	**4 116**	**3 724**	**392**	**196**
– 24 696	**– 3 724**	**– 3 528**	**– 392**	
3 724	**392**	**196**	**0**	

Le PGCD est 196.

Dans le cas de plusieurs nombres, on cherche le PGCD des deux premiers, puis le PGCD du nombre ainsi obtenu et du troisième, etc.

Exemple : Calculer le PGCD de 28 420, 4 116 et 14 210.
Nous venons de voir que le PGCD de 28 420 et de 4 116 est 196. Cherchons donc le PGCD de 14 210 et de 196.

	72	2
14 210	**196**	**98**
– 1 372	**– 196**	
490	**0**	
– 392		
98		

Le dernier reste non nul est 98 ; c'est le PGCD des trois nombres donnés.

Propriétés du PGCD

Si b divise a, alors b est le PGCD de a et de b.

Exemple : Le PGCD de 192 et de 96 est 96.

Si l'on divise deux nombres par un même diviseur, le PGCD des quotients obtenus est égal au quotient par le même diviseur du PGCD des nombres donnés.

Si l'on multiplie deux nombres par un même facteur, le PGCD des produits obtenus est égal au produit par ce facteur du PGCD des nombres donnés.

NOMBRES PREMIERS ENTRE EUX

On dit que deux nombres sont *premiers entre eux* s'ils n'ont pas de diviseur commun autre que 1 ; cela revient à dire que leur PGCD est égal à 1.

Exemples : Les nombres 15 et 8 sont premiers entre eux. En effet, les diviseurs de 15 sont 1, 3 et 5, tandis que les diviseurs de 8 sont 1, 2, 4 et 8.
Les nombres 28 et 35 ne sont pas premiers entre eux, car ils sont tous deux multiples de 7.

Tout nombre premier est premier avec les nombres qui ne sont pas ses multiples.

La définition s'étend au cas de plusieurs nombres : on dit que des nombres sont *premiers entre eux dans leur ensemble* s'ils n'ont pas de diviseur commun autre que 1.

Cela ne signifie pas que ces nombres sont premiers entre eux deux à deux.

Exemples : Les nombres 12, 15 et 25 sont premiers entre eux dans leur ensemble, car ils n'ont pas de diviseur commun autre que 1. Cependant, 12 et 15 ne sont pas premiers entre eux, puisqu'ils sont tous deux divisibles par 3 ; de même,15 et 25, étant divisibles par 5, ne sont pas premiers entre eux.
En revanche, les nombres 12, 25 et 49 sont premiers entre eux deux à deux ; à plus forte raison, ils sont premiers entre eux dans leur ensemble.

Les quotients de deux nombres par leur PGCD sont des nombres premiers entre eux.

Cette propriété sera utilisée pour simplifier les fractions (voir p. 65).

Exemple : Le PGCD de 3 780 et de 2 970 est 270. Les quotients de ces nombres par 270 sont 14 et 11. On vérifie que 14 et 11 sont premiers entre eux.

Calcul mental

Les règles de calcul sur les PGCD permettent de trouver très rapidement le PGCD de deux nombres, grâce à des mises en facteur.

Exemple : Pour trouver le PGCD de 360 et de 630, on commence par mettre 10 en facteur. On est ramené au cas de 36 et de 63. Ces derniers nombres sont des multiples de 9 :

$$36 = 9 \times 4 \qquad 63 = 9 \times 7.$$

Enfin, 4 et 7 sont premiers entre eux. Le PGCD de 36 et 63 est 9 ; celui de 360 et de 630 est 90.

Divisibilité par un produit

Pour qu'un nombre soit divisible par un produit de deux facteurs premiers entre eux, il faut et il suffit qu'il soit divisible par chacun d'eux.

On obtient ainsi d'autres caractères de divisibilité :

Un nombre est divisible par 6 si et seulement s'il est divisible par 2 et 3.

Un nombre est divisible par 12 si et seulement s'il est divisible par 3 et 4.

On énoncera des règles analogues pour la divisibilité par 15, par 18, etc.

> Ne pas oublier qu'il s'agit de facteurs premiers entre eux. Il serait faux de dire qu'un nombre est divisible par 18 s'il est divisible par 3 et par 6. (Penser au cas de $12 = 3 \times 4 = 6 \times 2$.)

La propriété s'étend au cas de plusieurs facteurs premiers entre eux deux à deux.

Exemple : Le nombre 42 636 est divisible par 3, par 4 et par 11 ; il est donc divisible par $3 \times 4 \times 11 = 132$.

■ Tout nombre qui divise un produit de deux facteurs et qui est premier avec l'un d'eux divise l'autre.

■ Tout nombre premier qui divise un produit de facteurs divise au moins l'un d'eux.

■ Tout nombre premier qui divise un produit de facteurs premiers est égal à l'un d'eux.

■ Tout nombre premier qui divise une puissance d'un nombre divise ce nombre.

PLUS PETIT COMMUN MULTIPLE

Soient a et b des nombres entiers naturels non nuls. Parmi les multiples communs à a et à b, il en est un et un seul qui divise tous les autres ; on l'appelle le *plus petit commun multiple* à a et à b, et on le note PPCM (a, b), ou encore m.

■ On dit aussi *plus petit multiple commun* à a et b ; on note alors PPMC (a, b).

■ La notion de PPCM intervient dans la réduction des fractions au même dénominateur (voir p. 66).

Exemple : Le PPCM de 63 et 42 est 126.

La définition s'étend au cas du plus petit commun multiple de plusieurs nombres.

Recherche du PPCM

Pour calculer le PPCM de plusieurs nombres, on décompose chacun d'eux en facteurs premiers. On forme ensuite le produit des facteurs premiers d'au moins l'un des nombres, chaque facteur étant affecté du plus grand des exposants qu'il a dans ces nombres.

Exemple : Calculer le PPCM de 630, 840 et 420.
La décomposition de ces nombres en facteurs premiers (voir p. 42) montre que :

$$\boldsymbol{m = 2^3 \times 3^2 \times 5 \times 7 = 2\ 520.}$$

Il n'y a pas de règle analogue à l'algorithme d'Euclide. Cependant, la connaissance du PGCD de deux nombres permet d'obtenir aussitôt leur PPCM.

Le produit de deux nombres est égal au produit de leur PGCD et de leur PPCM :

$$\boldsymbol{ab = md.}$$

Exemple : Le PGCD de 3 780 et de 2 970 est 270. On en déduit que leur PPCM est : $\boldsymbol{m = 14 \times 2\ 970 = 41\ 580.}$

Calcul mental

Si b divise a, le PPCM de a et b est a.

Exemple : Le PPCM de 96 et 192 est 192.

Si a et b sont premiers entre eux, leur PPCM est leur produit.

Exemple : Le PPCM de 15 et 22 est $15 \times 22 = 330$.

La recherche du PPCM se simplifie lorsqu'on divise les nombres donnés par leur PGCD.

Exemple : Les nombres 360 et 75 sont divisibles par 3 et par 5, donc par 15. Les quotients sont 24 et 5, nombres premiers entre eux. Le PPCM est donc :

$$\boldsymbol{24 \times 5 \times 15 = 1\ 800.}$$

EXERCICES

1. Reconnaître si les nombres suivants sont premiers, et trouver leur plus petit diviseur premier :
79 89 83 97 101 107 149 167 179 187 911 181 283 193
4 913 1 081 8 281 4 761.

2. Décomposer en facteurs premiers les nombres suivants :
380 176 605 4 774 2 424 1 200 108×65
$24^2 \times 33^4 \times 7^3$ 8776 4 500 5 740 10 530.

3. On considère le nombre 504.
a) Décomposer ce nombre en un produit de nombres premiers.
b) Trouver tous les diviseurs de 504.

4. Le dividende et le reste d'une division sont 169 et 8. Trouver le diviseur et le quotient.

5. Trouver le plus petit commun multiple des nombres :
120 et 160 ; 150 et 225 ; 128 et 230 ; 156 et 144 ; 972 et 1 134 ; 168, 252 et 336 ; 110, 77 et 22 ; 38, 57 et 95.

6. Trouver le plus petit des nombres entiers qui, divisés par 2, 5, 11 et 26, donnent toujours 1 pour reste.

7. Trouver le plus petit nombre divisible à la fois par les entiers de 2 à 12.

8. On considère les nombres 400 et 375. Trouver leur PGCD et leur PPCM.

9. Trouver deux nombres entiers, sachant que leur produit est 32 928 et que leur PGCD est 28.

10. On veut planter le long d'un champ triangulaire des arbres équidistants, de telle sorte qu'il y ait un arbre à chaque sommet. Les longueurs des côtés sont 128 m, 144 m et 192 m. Quel est le plus grand intervalle possible entre deux arbres ? Combien d'arbres faut-il alors planter ?

IMMATRICULATION ET CLEF DE CONTRÔLE

NUMÉRO INSEE ET NUMÉRO SIRENE

Pour représenter un individu ou un établissement, on utilise le numéro matricule déterminé par l'Institut national de la Statistique et des Études économiques (INSEE) ou par le Système informatique pour la Représentation des Entreprises et des Établissements (SIRENE).

Numéro INSEE

Le numéro matricule d'un individu comporte 13 chiffres.

Le premier chiffre à partir de la gauche est 1 pour un homme, 2 pour une femme. Les deux chiffres suivants sont les deux derniers chiffres du millésime de naissance ; les deux chiffres d'après désignent le mois de naissance (de 01 à 12) ; le troisième groupe de deux chiffres est constitué du numéro de département du lieu de naissance.

Les deux groupes de trois chiffres représentent la commune de naissance — ou pour Paris, 1 suivi du numéro de l'arrondissement — et le numéro d'inscription sur le registre d'état civil le mois considéré. (Un code d'extension du numéro de la commune est utilisé lorsqu'il y a plus de 1 000 naissances dans le mois, compte tenu des naissances un siècle avant !)

Enfin, le matricule est accompagné d'une *clef de contrôle*. Il s'agit d'un nombre de deux chiffres, de 01 à 97, permettant de déceler une erreur éventuelle. C'est le complément à 97 du reste de la division par 97 du nombre formé par les 13 premiers chiffres.

Un nombre de 15 chiffres permet en principe l'immatriculation de 10^{15} individus (soit un million de milliards). En fait, le code offre :

2 possibilités pour le sexe	95 pour le département
100 pour l'année	999 pour la commune
12 pour le mois	999 pour le numéro d'inscription.

Au total : $\mathbf{2 \times 100 \times 12 \times 95 \times 999 \times 999 = 227\ 544\ 228\ 000}$,

c'est-à-dire seulement un peu moins de 228 milliards. Bien que deux Français nés après 1890 ne puissent jamais porter le même numéro à 15 chiffres, le matricule ne contient pas suffisamment d'informations : la preuve en est que toute feuille de maladie comporte, outre la demande du matricule, celle de la date de naissance. (Le quantième du mois n'a pas été pris en compte par l'INSEE.)

Exemple :
1 35 03 75 109 019 50
Sexe masculin.
Année de naissance : 1935.
Mois de naissance : mars.
Département : Paris.
Ville : Paris (IXe arrondissement).
Dix-neuvième personne inscrite sur les registres de l'état civil de la mairie du IXe en mars 1935.
Le nombre 50 est la clef de contrôle.
On vérifiera que :

$$\mathbf{1\ 350\ 375\ 109\ 019 = 97 \times 13\ 921\ 392\ 876 + 47.}$$

Le complément à 97 du reste est 97 – 47 = 50.

Les calculatrices de poche ne permettent pas d'écrire un nombre à 15 chiffres ; la division par 97 ne peut donc se faire directement. Notons cependant que :

$$\mathbf{100 = 1 \times 97 + 3}$$
$$\mathbf{10\ 000 = 103 \times 97 + 9}$$
$$\mathbf{1\ 000\ 000 = 10\ 309 \times 97 + 27.}$$

On peut, par exemple, commencer par diviser le matricule par 10^6 (ce qui revient à séparer les 6 derniers chiffres). Ainsi :

$$\mathbf{1\ 350\ 375\ 109\ 019 = 1\ 350\ 375 \times 10^6 + 109\ 019.}$$

Le reste de la division par 97 est le même que pour :

$$\mathbf{109\ 019 + 27 \times 1\ 350\ 375 = 36\ 569\ 144.}$$

On est donc ramené à un nombre entrant dans la calculatrice. D'où le reste :

$$\mathbf{36\ 569\ 144 = 97 \times 377\ 001 + 47.}$$

(Ce procédé ne donne pas le quotient, mais seulement le reste, ce qui suffit pour trouver la clef de contrôle.)

Numéros SIREN et SIRET

Le numéro SIREN d'une entreprise comporte 9 chiffres. Le numéro interne de classement (ou NIC), caractérisant l'établissement dans l'entreprise, comporte 5 chiffres. L'ensemble des 14 chiffres constitue le numéro SIRET de l'entreprise.

- Pour éviter toute confusion avec un numéro INSEE, le numéro SIREN ne commence jamais par un 1 ou un 2.
- L'identification est complétée par le code APE (activité principale exercée), de trois chiffres et une lettre, établi en fonction de la nouvelle nomenclature des activités et produits.

Le numéro SIRET d'un établissement est pourvu de deux clefs de contrôle, en 9e et en 14e position.

Le principe de contrôle est le même, qu'il s'agisse du numéro SIREN ou SIRET. On effectue la somme des chiffres de rang pair à partir de la droite (le chiffre de contrôle étant exclu). On multiplie les chiffres de rang impair par 2 et on effectue la somme des chiffres des nombres ainsi obtenus. On ajoute les deux sommes entre elles. Le chiffre de contrôle est le nombre que l'on doit ajouter pour obtenir un multiple de 10. Ce mode de calcul s'appelle *formule de Luhn* ; nous le retrouverons à propos des clefs bancaires (cas de la Société Générale, voir p. 54). On l'emploie aussi pour les cartes de crédit.

Exemple : Considérons le numéro SIRET 353 446 321 02902.
Le matricule SIREN est 353 446 321, et le NIC est 02902. Les chiffres de contrôle sont 1 et 2.
Le numéro SIREN, sans la clef, se réduit à 35344632. La somme des chiffres de rang pair est 3 + 4 + 3 + 3 = 13. Pour les chiffres de rang impair, on obtient 4 + (1 + 2) + 8 + (1 + 0) = 16. (Remplacer 2 × 6 par 12, puis par 1 + 2 ; de même, 5 doit être remplacé par 10, puis par 1 + 0.)
On obtient finalement 13 + 16 = 29. Le chiffre de contrôle doit donc être 1. On retrouve donc le matricule SIREN à 9 chiffres :

353 446 321.

Pour trouver le second chiffre de contrôle, recommençons les opérations en adjoignant les quatre chiffres suivants :

353 446 321 0290.

Les chiffres de rang pair donnent **9 + 0 + 2 + 6 + 4 + 5 = 26.**
Les chiffres de rang impair conduisent à **0 + 4 + 2 + 6 + 8 + 6 + 6 = 32.**
(Le calcul est plus simple que la première fois, car il n'y a pas de retenue.) Au total : 26 + 32 = 58. La seconde clef de contrôle (ou 14e chiffre) est donc 2.

CLEFS BANCAIRES

Clef RIB

Le *relevé d'identité bancaire* (en abrégé RIB) comporte :
— le code de la banque (5 chiffres) ;
— le code du guichet (5 chiffres) ;
— le numéro de compte du client (11 chiffres) ;
— la clef RIB (2 chiffres).

> La clef RIB sert à contrôler les numéros des comptes bancaires, pour déceler d'éventuelles erreurs de transcription. Le principe est couvert par le secret bancaire, afin de décourager les fraudeurs. En l'occurrence, il s'agit du secret de Polichinelle, car la règle est exactement la même que pour le numéro INSEE (voir p. 50).

On écrit à la suite les 21 chiffres du code banque, du code guichet et du numéro de compte, puis deux fois le chiffre 0 (ce qui revient à multiplier par 100). On divise le nombre ainsi obtenu par 97 ; la clef RIB est le complément à 97 du reste.

En pratique, on procède comme pour le numéro INSEE. On décompose le nombre de 23 chiffres en tranches de 6 chiffres à partir de la droite. On multiplie la deuxième tranche par 27, la troisième par 27^2, la quatrième par 27^3 et l'on ajoute les résultats pour obtenir un nombre entrant dans la calculatrice.

Exemple : Considérons le cas de la banque 30004, du guichet 01441 et du compte 00006083616. La clef RIB est 63.

On peut effectuer la division de 30 004 014 410 000 608 361 600 par 97.

On peut aussi utiliser la remarque précédente. On effectue alors la somme des produits :

$$\mathbf{27^3 \times 30\,004 = 590\,568\,732}$$
$$\mathbf{27^2 \times 14\,410 = 10\,504\,890}$$
$$\mathbf{27 \times 608 = 16\,416}$$

à laquelle on ajoute 361 600. On obtient ainsi le nombre 601 451 638. Le reste dans la division par 97 est 34, le complément à 97 est donc bien 63.

Lettre de contrôle

Certaines banques, tel le Crédit Lyonnais, utilisent une lettre conjointement aux chiffres. Cette lettre est prise parmi les 24 lettres de l'alphabet autres que O et I, pour prévenir toute confusion avec les chiffres 0 et 1 (comme pour le numéro minéralogique d'un véhicule).

La lettre correspond à un nombre compris entre 00 et 27, suivant le tableau ci-dessous :

00	*A*	10	*J*	20	*S*
01	*B*	11	*K*	21	*T*
02	*C*	12	*L*	22	*U*
03	*D*	13	*M*	23	*V*
04	*E*	14	*N*	24	*W*
05	*F*	15	*P*	25	*X*
06	*G*	16	*Q*	26	*Y*
07	*H*	17	*R*	27	*Z*

Les chiffres 8 et 9 ne sont pas employés : il s'agit de la numération octale (voir p. 34) comme c'est souvent le cas en informatique.

Les chiffres du numéro de compte sont codés. On effectue la somme des chiffres des unités des divers codes et on calcule le reste de la division par 8. On obtient ainsi un chiffre compris entre 0 et 7. C'est le chiffre des unités du numéro de la lettre de contrôle. On effectue ensuite la somme des chiffres des dizaines des différents codes et on calcule le reste de la division par 3. On obtient ainsi l'un des chiffres 0, 1 et 2. C'est le chiffre des dizaines de la lettre de contrôle. Ce procédé fournit un nombre entre 00 et 27. Il ne reste plus qu'à convertir ce nombre en une lettre, grâce à la liste précédente.

Pour le calcul de la clef RIB, cette lettre est à son tour remplacée par un équivalent numérique, grâce au *code Hollerith* que voici :

1	2	3	4	5	6	7	8	9
A	*B*	*C*	*D*	*E*	*F*	*G*	*H*	*I*
J	*K*	*L*	*M*	*N*	*O*	*P*	*Q*	*R*
	S	*T*	*U*	*V*	*W*	*X*	*Y*	*Z*

Clef interne

La clef RIB permet un contrôle interbancaire. Dans une banque donnée, le numéro de compte est muni d'une clef de contrôle, suivant une procédure propre à cette banque.

BNP

Le calcul de cette clef interne est calqué sur celui de la clef RIB. On écrit à la suite le numéro de l'agence, le numéro de compte (limité à 6 chiffres, c'est-à-dire sans les trois zéros en tête) et deux fois le chiffre 0. On divise le nombre ainsi obtenu par 97, et l'on prend le complément à 97.

Exemple : Dans le cas du compte 060142 tenu par l'agence 01441, on doit diviser 144 106 014 200 par 97.
Ici aussi, on se contente de chercher le reste sans déterminer le quotient. On sépare donc les 6 derniers chiffres :

$$\mathbf{27 \times 144\ 106 + 14\ 200 = 3\ 905\ 062 = 97 \times 40\ 258 + 36.}$$

Le complément à 97 est 61.
Le numéro du compte, clef incluse, est 060142 61.
On vérifiera que **144 106 014 261 = 1 485 629 013 × 97.**

> Le numéro de compte est suivi de la clef interne. Pour calculer la clef RIB, on insère trois zéros et l'on fait précéder le nombre obtenu du code banque, On remarque que, dans le cas de la BNP, la clef RIB ne dépend pas du numéro de compte, mais seulement du code guichet : tous les comptes d'une agence donnée ont la même clef RIB (ce qui diminue l'intérêt de celle-ci).

Société Générale

On emploie la formule de Luhn (voir p. 52). On ajoute les chiffres de rang pair (à partir de la droite) et les chiffres de rang impair préalablement multipliés par 2. (Si le produit est supérieur à 10, on le remplace par la somme des deux chiffres. Par exemple, 2 × 7 doit être remplacé par 1 + 4, soit 5.) La clef est le chiffre que l'on doit ajouter pour obtenir la dizaine supérieure.

Suivant une ancienne procédure, on effectuait ce calcul sur le numéro de compte à 6 chiffres. Une autre méthode consiste à mettre bout à bout le code guichet à 5 chiffres et le numéro de compte, limité à 5 chiffres.

Exemple : Considérons le compte 073830, tenu par l'agence 05000. Suivant la première méthode, on forme 3 + 3 + 7 + 5 = 18. (On obtient 2 × 8 = 16, produit supérieur à 10 ; on remplace donc ce nombre par la somme de ses chiffres : 1 + 6 = 7.) La clef est 20 – 18 = 2.
La seconde méthode conduit à un calcul analogue sur le nombre 0500073038. On trouve cette fois 3 + 3 + 7 + 5 + 1 = 19. La clef est alors 1.

Crédit du Nord

On considère le nombre à 8 chiffres formé des 3 derniers chiffres du code guichet et de 5 chiffres du numéro de compte. On multiplie les chiffres à partir de la droite par 2, par 3, etc., jusqu'à 9 pour le chiffre de tête, et l'on ajoute le tout. On divise le résultat par 11. La clef (à un chiffre) est le complément à 11 du reste. (Les numéros de compte donnant un reste égal à 1, et donc à une clef égale à 10, ne sont pas attribués.)

Exemple : Soit le compte 21211 tenu par l'agence 02020. On considère le nombre 02021211. On forme :

$$2 \times 1 + 3 \times 1 + 4 \times 2 + 5 \times 1 + 6 \times 2 + 7 \times 0 + 8 \times 2 + 9 \times 0 = 46.$$

Le reste de la division de 46 par 11 est 2 ; la clef interne est donc 9.

BRED

On effectue le même calcul que pour le Crédit du Nord, mais en remplaçant 11 par 10. Cela revient à ne considérer que le chiffre des unités du résultat, et à prendre son complément à 10. (Si le chiffre obtenu est 0, la clef est 0.)

Exemple : Soit le compte 51904139. On forme :

$$2 \times 9 + 3 \times 3 + 4 \times 1 + 5 \times 4 + 6 \times 0 + 7 \times 9 + 8 \times 1 + 9 \times 5 = 167.$$

Le chiffre des unités est 7 ; la clef interne est 3.

NUMÉROTATION DES LIVRES

L'appel à l'informatique a conduit les maisons d'édition, les librairies, bibliothèques, etc., à normaliser la numérotation des publications. Deux systèmes ont été adoptés : l'ISBN (*International Standard Book Number*) pour les livres, l'ISSN (*International Standard Serial Number*) pour les périodiques.

Le numéro ISBN comporte dix chiffres répartis en quatre segments séparés par des tirets : le premier segment, de un à cinq chiffres, identifiant la zone linguistique (le chiffre 2 pour les pays francophones) ; le deuxième, de deux à sept chiffres, l'éditeur ; le troisième, le numéro d'ordre dans la production de la maison d'édition ; le dernier segment est constitué d'un chiffre de contrôle. Le nombre de chiffres du troisième segment est choisi pour obtenir dix chiffres au total.

Le chiffre de contrôle se détermine à peu près comme dans le cas du Crédit du Nord :

— on multiplie les neuf premiers chiffres respectivement par 10, 9, 8, 7, 6, 5, 4 , 3, 2 ;

— on ajoute les résultats des neuf opérations ;

— on divise la somme obtenue par 11 ;

— on soustrait le reste de la division du nombre 11.

Le nombre ainsi obtenu varie de 0 à 10 ; s'il est égal à 10, on le représente par la lettre X.

Exemple : Calculer le chiffre de contrôle pour le numéro ISBN 2-01-008780.
Formons la somme des neuf produits :

$$\mathbf{2 \times 0 + 3 \times 8 + 4 \times 7 + 5 \times 8 + 6 \times 0 + 7 \times 0 + 8 \times 1 + 9 \times 0 = 100.}$$

Notons que $100 = 9 \times 11 + 1$. La clef de contrôle est 1.

> Pour simplifier le travail de l'éditeur, l'Agence francophone peut fournir contre paiement la liste des numéros ISBN de cet éditeur avec chiffre de contrôle calculé…

CODES MAGNÉTIQUES ET CODES À BARRES

La représentation des nombres par des chiffres est souvent doublée par une représentation codée, en un langage lisible par les ordinateurs.

Code CMC7

Les caractères magnétiques CMC7 sont utilisés sur tous les chèques, bancaires et postaux, en vue d'un traitement informatique.

Structure des caractères

Le code CMC7 est alphanumérique : il permet de représenter les dix chiffres, les vingt-six lettres de l'alphabet, ainsi que cinq symboles. Chaque caractère est constitué de sept bâtonnets, définissant six intervalles. Les bâtonnets sont découpés de telle sorte que l'ensemble figure le dessin d'un caractère.

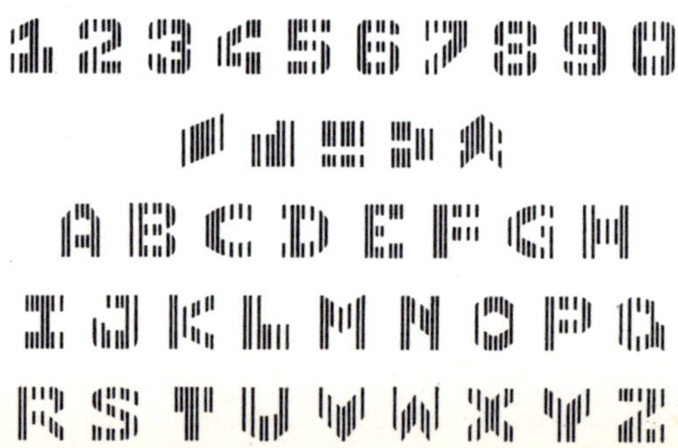

(Autrement dit, les caractères codés sont lisibles par l'homme, sans qu'il soit nécessaire d'expliciter leur signification, contrairement aux codes à barres.)

■ Les bâtonnets sont imprimés avec de l'encre magnétique. La reconnaissance des caractères est effectuée par identification des longueurs des intervalles entre bâtonnets successifs. On emploie à cet effet des têtes de lecture magnétique analogues à celles des magnétophones et des magnétoscopes. (La forme des caractères n'intervient pas dans la reconnaissance automatique ; elle ne sert que pour un contrôle humain. Ce procédé a été mis au point vingt ans avant la reconnaissance optique des caractères.)

■ Le marquage magnétique comporte de la droite vers la gauche les codes internes, les codes interbancaires et le numéro du chèque. Ce marquage sera précédé au moment du traitement informatique par le montant du chèque.

■ Le code CMC7 a été mis au point vers 1960 par la Compagnie des Machines BULL, laquelle a fait abandon de ses droits éventuels sur l'usage de ce caractère au profit de la normalisation.

On emploie deux sortes d'intervalles entre les bâtonnets : intervalles courts et intervalles longs. (Les bâtonnets ont tous la même largeur.) Pour représenter les chiffres et les symboles, on utilise deux intervalles longs. Pour représenter les lettres, on utilise un ou trois intervalles longs.

Il y a 15 manières de choisir deux intervalles longs parmi les six intervalles, ce qui permet de coder les 10 chiffres et aussi 5 symboles. Il y a 6 manières de choisir un intervalle long parmi les six ; il y a 20 manières de choisir trois intervalles longs parmi les six. On peut donc représenter ainsi les 26 lettres.
Détaillons le premier calcul : il y a 6 manières de choisir le premier intervalle long parmi les six ; on doit alors choisir un intervalle long parmi les cinq intervalles restants. Par ce procédé, chaque paire d'intervalles longs est obtenue deux fois ; on doit donc diviser le produit 6×5 par 2. En résumé :

$$\frac{6 \times 5}{2} = 15.$$

Le second calcul se traite de même, à ceci près que chaque combinaison de trois intervalles longs est obtenue six fois. On obtient de la sorte :

$$\frac{6 \times 5 \times 4}{3 \times 2 \times 1} = 20.$$

■ Codes à barres : GENCOD

On peut aussi représenter les chiffres par des traits plus ou moins larges, la reconnaissance des symboles s'effectuant par lecture optique.

Le risque de perte d'information est beaucoup moins grand que dans le cas du codage magnétique (lequel est sensible au contact direct des métaux). En principe, la lecture optique peut se faire à travers un emballage transparent, tel que le film rétractable.

Il existe une cinquantaine de symbolisations en France, répondant aux besoins spécifiques de l'automobile, de l'industrie pharmaceutique, etc. Nous décrivons ici la symbolisation internationale GENCOD, que l'on trouve sur les produits alimentaires, ainsi qu'au dos du présent livre.

■ Ce symbole représente une succession de 13 chiffres à l'aide de barres foncées plus ou moins larges, sur fond clair. Chaque chiffre codé est représenté en dessous « en clair », au cas où la lecture optique serait impossible.

■ La lecture optique, discernant le début et la fin des symboles, est possible dans les deux sens.

■ Les sept premiers chiffres sont attribués par GENCOD (les deux premiers correspondent au pays : 30 à 37 pour la France). Les chiffres n°s 7 à 12, désignant le produit, sont choisis par le fabricant. Le dernier chiffre sert au contrôle.

■ Dans le cas des livres, le code commence par 978. Les neuf chiffres suivants coïncident avec les neuf premiers chiffres du numéro ISBN. Mais le chiffre de contrôle (voir ci-dessous) n'est pas forcément le même que le dernier chiffre du numéro ISBN.

Contrôle

Les caractères sont supposés numérotés de droite à gauche ; le premier chiffre est alors le chiffre de contrôle, ou modulus.

On détermine ce chiffre en effectuant les étapes suivantes.

Étape 1. On ajoute, en partant de la position 2 du code, les chiffres de position paire (2, 4, 6, 8, 10 et 12).

Étape 2. On multiplie par 3 le nombre ainsi obtenu.

Étape 3. On ajoute, en partant de la position 3 du code, les chiffres de position impaire (3, 5, 7, 9, 11 et 13).

Étape 4. On ajoute les résultats des étapes 2 et 3.

Étape 5. Le chiffre de contrôle est le plus petit nombre qui, ajouté au résultat de l'étape 4, donne un multiple de 10. (Autrement dit, le chiffre de contrôle est le complément à 10 du chiffre des unités si celui-ci est différent de 0, et 0 si ce chiffre est 0.)

Exemples :

1. Considérons le symbole :

3 102029 957031.

Étape 1 : **3 + 7 + 9 + 2 + 2 + 1 = 24.**
Étape 2 : **3 × 24 = 72.**
Étape 3 : **0 + 5 + 9 + 0 + 0 + 3 = 17.**
Étape 4 : **72 + 17 = 89.**
Étape 5 : le chiffre de contrôle est **1**, car **89 + 1 = 90 = 9 × 10.**

2. Considérons de même le symbole :

9 782010 075964.

On obtient cette fois :

$$3 \times (6 + 5 + 0 + 1 + 2 + 7) + (9 + 7 + 0 + 0 + 8 + 9) = 3 \times 21 + 33 = 96.$$

Le chiffre de contrôle est donc **4**.

Un tel code détecte une erreur simple, mais pas toujours une erreur multiple. Il existe des codes plus compliqués détectant une erreur double, triple, etc. Il existe même des codes autocorrecteurs, détectant et corrigeant les erreurs simples, voire les erreurs doubles. De tels codes sont employés lorsqu'on cherche une sécurité quasi absolue (codage des produits pharmaceutiques, des messages de guidage des fusées).

Signification des barres

Les chiffres de 0 à 9 sont symbolisés par une succession de barres foncées sur fond clair (éventuellement dans les couleurs de l'emballage, sauf le rouge). Pour éviter tout risque d'erreur, il existe trois symbolisations, employées suivant la position du chiffre dans le symbole.

On choisit les barres foncées parmi 7 emplacements, ce qui laisse $2^7 = 128$ éventualités. Avec 3 jeux, on utilise $3 \times 10 = 30$ combinaisons. Il y a donc $128 - 30 = 98$ combinaisons interdites, ce qui permet de déceler des erreurs de lecture avant même d'examiner le chiffre de contrôle.

Intérêt du GENCOD

Le prix des articles se trouvant en mémoire dans un ordinateur, il n'est pas nécessaire de remplacer les étiquettes après chaque hausse (ou chaque baisse). En outre, la lecture optique supprime les risques d'erreurs, simplifie la tâche des caissières et diminue l'attente des clients. Enfin, l'ordinateur utilisé pour la facturation sert en même temps pour la gestion des stocks.

NOMBRES ENTIERS NÉGATIFS

En admettant l'existence de nombres inférieurs à zéro, ou *nombres négatifs*, on peut définir la différence de deux nombres entiers a et b sans devoir imposer la condition $b \leqslant a$.

La notion de nombre négatif intervient dans bien des circonstances :
— températures en dessous de zéro (voir p. 83) ;
— profondeur d'une fosse marine, altitude en dessous du niveau de la mer (voir p. 131) ;
— solde débiteur (voir p. 89) ;
— années avant notre ère (voir p. 143).
Dans chacun de ces cas, il s'agit de repérer un point sur une droite d'un côté ou de l'autre d'une origine. En outre, les nombres négatifs sont indispensables dans l'écriture des sous-multiples des unités : centimètre, dixième de seconde, milligramme, etc. (voir p. 77).

Opposé d'un nombre entier

Soit n un nombre entier naturel. La différence $0 - n$ s'appelle *opposé* de n et se note $-n$.
La différence $0 - (-n)$ s'appelle opposé de $-n$; elle est égale au nombre n lui-même.

Exemples : L'opposé du nombre 3 est – 3 ; l'opposé de – 3 est 3. L'opposé de 0, étant égal à 0, ne se note jamais – 0.

Les nombres entiers naturels sont dits *positifs* ; les opposés des nombres entiers naturels sont dits *négatifs*.
Le nombre 0 est à la fois positif et négatif.
Un nombre qui est soit un entier naturel soit l'opposé d'un entier naturel est dit *entier rationnel*.

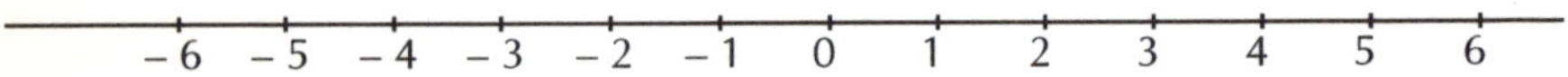

Les nombres entiers rationnels sont aussi dits *relatifs*, ou encore *algébriques*.

Valeur absolue

Soit n un nombre entier rationnel. On appelle valeur absolue de n et on note $|n|$:
– le nombre n lui-même si n est positif ;
– le nombre $-n$ si n est négatif.

Dans tous les cas, la valeur absolue de n est un nombre entier naturel.

Exemples : **| 3 | = 3** **| 1 | = 1** **|– 4 | = 4** **| 0 | = 0.**
La valeur absolue de la valeur absolue de n est égale à $|n|$.

Comparaison des nombres entiers rationnels

La relation $b \leqslant a$, déjà vue dans le cas des nombres entiers naturels, s'étend au cas des nombres entiers rationnels de la manière suivante :

Si a est un nombre entier naturel et si b est l'opposé d'un nombre entier naturel, alors $b \leqslant a$.
Si a et b sont des opposés d'entiers naturels, la relation $b \leqslant a$ signifie que $-b \geqslant -a$, soit encore $|b| \geqslant |a|$.

De deux nombres négatifs, le plus petit est celui dont la valeur absolue est la plus grande. Sur le schéma de la page précédente, le plus petit nombre (à savoir – 6) est le plus à gauche.

Exemples : $-1 \leqslant 10$ $-7 \leqslant -4$ $-13 \leqslant -13$.

En prenant a ou b égal à 0, on voit que les nombres positifs ne sont autres que les nombres supérieurs à 0 ; de même, les nombres négatifs sont les nombres inférieurs à 0. (Le nombre 0 est inférieur à lui-même.)

La relation $b < a$ se définit comme dans le cas des nombres entiers naturels.
Exemples : $-1 < 0$ $-5 < -4$ $-10 > -11$.

Signe

Un nombre entier strictement négatif, étant l'opposé d'un nombre entier naturel non nul n, s'écrit sous la forme $-n$; on dit qu'il a le signe moins (noté –). On dit par opposition que les nombres entiers naturels non nuls ont le signe plus (noté +).

- Mais il ne servirait à rien d'écrire + 5 au lieu de 5.
- On remarquera que le nombre 0 n'a pas de signe (bien qu'il soit positif et négatif).
- Le signe – désigne donc à la fois les nombres strictement négatifs et la soustraction, ce qui s'explique par le fait qu'un nombre négatif est la différence entre 0 et un nombre positif.
- Les mots *plus* et *moins* signifient dans le langage courant *strictement supérieur* et *strictement inférieur*. La médaille « + qu'hier et – que demain » dénote, outre un pédantisme hors de propos, une confusion fondamentale entre la comparaison des nombres et les opérations de l'arithmétique.

Opérations sur les nombres entiers rationnels

Addition

■ La *somme* de deux nombres entiers rationnels de même signe est un nombre ayant pour valeur absolue la somme des valeurs absolues et pour signe le signe commun à ces deux nombres.

■ La somme de deux nombres entiers rationnels de signes différents et de valeurs absolues différentes a pour valeur absolue la différence des valeurs absolues (dans l'ordre où on peut la calculer) et pour signe celui des nombres ayant la plus grande valeur absolue.

■ La somme est 0 dans le cas de deux nombres opposés.

Détaillons les quatre cas. La somme de a et de b est donc :

— le nombre $a + b$ si a et b sont tous deux positifs ;

— l'opposé de $|a| + |b|$ si a et b sont tous deux négatifs ;

— le nombre $a - |b|$ si $0 \leqslant -b \leqslant a$;

— l'opposé de $|b| - a$ si $0 \leqslant a \leqslant -b$.

Exemples : **8 + 12 = 20 8 + (– 12) = – 4 – 8 + 12 = 4 – 8 + (– 12) = – 20.**

> Les notations 8 + (– 12) et – 8 + (– 12) ne sont pas utilisées en pratique. Comme nous allons le voir, on écrit tout simplement 8 – 12 et – 8 – 12.

Soustraction

Soient a et b des nombres entiers rationnels. On appelle *différence* de a et de b et on note $a - b$ la somme $a + (-b)$.

> ■ Lorsque a et b sont positifs et que $b \leqslant a$, on retrouve le nombre entier naturel c qu'on doit ajouter à b pour obtenir a.
>
> ■ On remarquera que la différence $a - b$ de deux nombres entiers rationnels est un nombre entier naturel si et seulement si $b \leqslant a$ (même si a et b ne sont pas tous deux des nombres entiers naturels).

Exemples : **3 – (– 4) = 3 + 4 = 7 2 – 5 = – 3 – 10 – (– 15) = – 10 + 15 = 5.**

Multiplication

Le produit de deux nombres entiers rationnels non nuls a pour valeur absolue le produit de leurs valeurs absolues. Le signe est donné par la *règle des signes* :

Le signe est + si les facteurs ont le même signe ; le signe est – si ces facteurs ont des signes différents.

■ Le produit d'un nombre entier rationnel par 0 est 0 ; il n'a donc pas de signe.

■ On résume la règle des signes sous la forme suivante :

$+ \times + = +$ $\quad - \times - = +$ $\quad + \times - = -$ $\quad - \times + = -$

Exemples : **$(-3) \times (-7) = 3 \times 7 = 21$** **$(-3) \times 7 = -21$** **$3 \times (-7) = -21$.**

La règle des signes s'étend au cas du produit de plusieurs facteurs :

Le produit de plusieurs facteurs a pour valeur absolue le produit des valeurs absolues ; il a le signe + si le nombre de facteurs négatifs est pair, le signe – si le nombre de facteurs négatifs est impair.

En particulier, le signe est + s'il n'y a pas de facteur négatif. (Le nombre 0 est pair.)

Exemples : **$(-4) \times 5 \times (-1) \times (-3) = -60$** **$(-5) \times (-4) \times (-1) \times (-3) = 60$.**

■ Emploi d'une calculatrice de poche

Les calculs sur les nombres entiers rationnels s'effectuent exactement comme dans le cas des nombres entiers naturels, le résultat étant précédé du signe – le cas échéant.

EXERCICES

1. Effectuer de tête les opérations suivantes :

$15 - 5$ $\quad -15 + 5$ $\quad -82 - 46$ $\quad -29 + 13 + 16$

$(-12) \times (8)$ $\quad (24) \times (-3)$ $\quad (-6) \times (-19)$ $\quad (-15) \times (3) \times (-4)$

$28 + |25|$ $\quad -26 - |-8|$ $\quad |-14| \times |-9|$ $\quad (-|-8|) \times (-|-3|)$.

2. Comparer les nombres suivants :

a) $||-3| - |-9||$ et $|-3| - |-9|$;

b) $6 \times |5 - 7|$ et $10 - |-2 \times 3|$;

c) 0 et $|18\,520| \times |-19|$.

3. Simplifier les expressions $|a| + |a|$, $|a| - a$, $|a| \times a$, $-|a| \times |a|$

a) lorsque le nombre a est positif ;

b) lorsque ce nombre est négatif.

4. Paul n'a pas assez d'argent pour acheter les quatre filtres à air que son père garagiste lui a demandé de rapporter. Un filtre à air coûte 140 francs. Paul se dit que, s'il avait eu un billet de cinquante francs en plus, il aurait pu payer, et qu'on lui aurait même rendu quarante francs de monnaie. Quelle somme d'argent a-t-il ?

5. De la même façon que dans l'émission télévisée *Des chiffres et des lettres,* pratiquer sur les nombres suivants une série d'opérations permettant d'obtenir le nombre 779 :

10 5 1 100 2 3.

FRACTIONS

Le langage parlé fait constamment appel à la notion de fraction : trois quarts d'heure, une demi-livre, quart de place, sans oublier la pièce d'un demi-franc.

La notion intuitive de fraction est présentée traditionnellement à l'aide du partage des tartes. Pour diviser équitablement une tarte entre trois convives, on doit donner à chacun d'eux un tiers de cette tarte. Le partage de deux tartes entre cinq convives amène à donner à chacun deux cinquièmes de tarte. À cet effet, le plus simple est de diviser chaque tarte en cinq parties égales et de donner deux morceaux à chacun.

Nous admettrons plus généralement que l'on peut définir le rapport $\frac{p}{q}$ (lire p sur q) de deux nombres entiers naturels, q étant non nul. Un tel rapport s'appelle *fraction*.

■ On écrit encore p/q, comme le montre la pièce de 1/2 franc.

■ Si q est égal à 1, le rapport p/q est égal à p. Les nombres entiers naturels apparaissent donc comme des fractions particulières.
Si q divise p, le rapport p/q est le quotient dans la division euclidienne de p par q (le reste étant nul).
Enfin, si $p = 0$, le rapport p/q est nul (quelle que soit la valeur de q).

Le nombre p s'appelle *numérateur* de la fraction ; le nombre q s'appelle *dénominateur*.

Exemples : La fraction 3/5 a pour numérateur 3 et pour dénominateur 5 ; elle se lit : trois cinquièmes. La fraction 22/7 se lit vingt-deux septièmes.

Plusieurs fractions peuvent représenter un même nombre.

Exemples : $\frac{2}{3}=\frac{4}{6}=\frac{6}{9}=\cdots \qquad \frac{48}{12}=\frac{36}{9}=\frac{4}{1}=4.$

Par définition même, les fractions $\frac{p}{q}$ et $\frac{p'}{q'}$ sont égales si :

$$pq' = p'q.$$

Naguère, l'égalité $\frac{p}{q}=\frac{p'}{q'}$ s'appelait *proportion*. Les nombres p et q' étaient dits *termes extrêmes*, les nombres q et p' étant dits *termes moyens*. L'égalité des deux fractions s'énonçait alors : « Le produit des extrêmes est égal au produit des moyens. »

On ne change pas la valeur d'une fraction en multipliant le numérateur et le dénominateur par un même nombre entier naturel non nul.

On ne change pas non plus la valeur d'une fraction en divisant le numérateur et le dénominateur par un diviseur commun.

On dit qu'une fraction est *irréductible* lorsque son numérateur et son dénominateur sont premiers entre eux.

Exemples : La fraction 27/10 est irréductible ; la fraction 54/72 ne l'est pas.

On peut mettre toute fraction non nulle d'une manière et d'une seule sous forme irréductible : il suffit de diviser le numérateur et le dénominateur par leur PGCD.

Exemple : Le PGCD de 54 et de 72 est 18. En divisant 54 et 72 par 18, on obtient la forme irréductible :

$$\frac{54}{72} = \frac{3}{4}.$$

La forme irréductible n'est pas toujours la plus commode pour le calcul sur les fractions, comme le montreront le cas de l'addition et l'étude des nombres décimaux.

La notion de fraction s'étend aisément au cas où p est un nombre entier rationnel (le dénominateur q étant toujours un nombre entier naturel non nul).

Lorsque p est négatif, il est d'usage de mettre le signe – devant la fraction (et non pas au numérateur). On écrira donc : $-\frac{27}{5}$ et non $\frac{-27}{5}$.

La règle « produit des extrêmes égal produit des moyens » reste valable dans le cas des fractions de numérateur négatif.

Comparaison des fractions

La comparaison des nombres entiers naturels (voir p. 11) et des nombres entiers rationnels (voir p. 61) s'étend au cas des fractions.

On dit que $\frac{p}{q}$ est inférieur à $\frac{p'}{q'}$ et on note $\frac{p}{q} \leqslant \frac{p'}{q'}$ si :

$$pq' \leqslant p'q.$$

Le produit des extrêmes est inférieur au produit des moyens.

En particulier, si p est négatif, $\frac{p}{q}$ est négatif (c'est-à-dire inférieur à 0).

Exemples :

$$\frac{2}{5} \leqslant \frac{3}{7} \quad \text{car} \quad 2 \times 7 = 14 \leqslant 3 \times 5 = 15$$

$$\frac{9}{4} \leqslant \frac{10}{3} \quad \text{car} \quad 9 \times 3 \leqslant 4 \times 10$$

$$-\frac{2}{5} \leqslant \frac{1}{4} \quad \text{car} \quad -2 \times 4 \leqslant 5 \times 1$$

$$-\frac{27}{5} \leqslant -\frac{8}{7} \quad \text{car} \quad -27 \times 7 \leqslant -8 \times 5.$$

Opérations sur les fractions

Addition

Si le dénominateur est le même, on ajoute les numérateurs en conservant le dénominateur commun :

$$\frac{p}{q} + \frac{p'}{q} = \frac{p + p'}{q}.$$

Exemples :

$$\frac{3}{7} + \frac{2}{7} = \frac{5}{7} \qquad \frac{22}{9} + \frac{3}{9} = \frac{25}{9}.$$

Dans le cas général, on commence par se ramener à un dénominateur commun. Celui-ci doit être un multiple de q et de q'.

On peut prendre comme dénominateur commun le PPCM de q et q', mais ce n'est pas obligatoire, et ce n'est pas toujours le plus commode. (Dans certains cas, on gagne du temps en prenant tout simplement le produit des dénominateurs.)

Exemples :

$$\frac{2}{3} + \frac{5}{12} = \frac{8}{12} + \frac{5}{12} = \frac{13}{12}$$

$$\frac{27}{23} + \frac{6}{5} = \frac{27 \times 5}{23 \times 5} + \frac{23 \times 6}{23 \times 5} = \frac{135}{115} + \frac{138}{115} = \frac{273}{115}$$

$$\frac{2}{15} + \frac{1}{12} = \frac{8}{60} + \frac{5}{60} = \frac{13}{60}.$$

La somme de deux fractions ne se présente pas toujours sous forme irréductible. On pourra simplifier le résultat, le cas échéant.

Exemples :

$$\frac{3}{7} + \frac{11}{7} = \frac{14}{7} = 2 \qquad \frac{13}{12} + \frac{5}{12} = \frac{18}{12} = \frac{3}{2}.$$

Le cas de la somme de plusieurs fractions est analogue. On distingue encore deux cas suivant que le dénominateur est le même ou non.

Exemples :

$$\frac{29}{7} + \frac{8}{7} + \frac{10}{7} + \frac{3}{7} = \frac{50}{7} \qquad \frac{22}{15} + \frac{17}{15} + \frac{9}{15} = \frac{48}{15} = \frac{16}{5}$$

$$\frac{2}{3} + \frac{5}{12} + \frac{6}{5} = \frac{40}{60} + \frac{25}{60} + \frac{72}{60} = \frac{137}{60}.$$

Soustraction

Pour calculer la différence de deux fractions, on distingue aussi deux cas suivant que le dénominateur est le même ou non.

Exemples : $\frac{9}{7}-\frac{6}{7}=\frac{3}{7}$ $\quad \frac{7}{4}-\frac{5}{4}=\frac{2}{4}=\frac{1}{2}$ $\quad \frac{7}{4}-\frac{3}{14}=\frac{49-6}{28}=\frac{43}{28}.$

Le cas des fractions négatives ne présente pas de difficulté nouvelle.

Exemples : $-\frac{25}{4}-\frac{13}{4}=-\frac{38}{4}=-\frac{19}{2}$ $\quad -\frac{27}{7}+\left(-\frac{3}{2}\right)=-\frac{54+21}{14}=-\frac{75}{14}.$

Multiplication

Pour calculer le produit de deux fractions $\frac{p}{q}$ et $\frac{p'}{q'}$, on multiplie séparément les numérateurs et les dénominateurs :

$$\frac{p}{q}\cdot\frac{p'}{q'}=\frac{pp'}{qq'}.$$

En particulier, on obtient le produit d'une fraction $\frac{p}{q}$ par un nombre entier n en multipliant p par n et en conservant le dénominateur :

$$n\cdot\frac{p}{q}=\frac{np}{q}.$$

Ne pas oublier qu'un nombre entier peut être considéré comme une fraction de dénominateur 1.

Exemples : $\frac{3}{4}\times\frac{7}{11}=\frac{21}{44}$ $\quad \frac{3}{4}\times\frac{12}{5}=\frac{36}{20}=\frac{9}{5}.$

On peut décomposer les numérateurs et les dénominateurs en produits de nombres premiers, et simplifier avant d'effectuer les produits.

Exemple : $\frac{27}{7}\times\frac{49}{360}=\frac{3^3\times7^2}{7\times2^3\times3^2\times5}=\frac{3\times7}{2^3\times5}=\frac{21}{40}.$

Le cas de plusieurs fractions est analogue.

Exemple : $\frac{3}{4}\times\frac{4}{7}\times\frac{2}{3}\times\frac{5}{6}=\frac{3\times4\times2\times5}{4\times7\times3\times6}=\frac{5}{21}.$

Enfin, la règle des signes reste valable sans changement.

Exemples : $\left(-\frac{5}{4}\right)\times\frac{7}{9}=-\frac{35}{36}$

$$\left(-\frac{3}{5}\right)\times\frac{2}{7}\times\left(-\frac{21}{2}\right)=\frac{3}{5}\times\frac{2}{7}\times\frac{21}{2}=\frac{9}{5}.$$

Inverse d'une fraction

Soit $\frac{p}{q}$ une fraction non nulle (ce qui revient à dire que $p \neq 0$).

Le produit $\frac{p}{q} \cdot \frac{q}{p}$ est égal à 1. La fraction $\frac{q}{p}$ s'appelle *inverse* de la fraction $\frac{p}{q}$.

Exemples : L'inverse de $\frac{3}{5}$ est $\frac{5}{3}$. L'inverse de $\frac{1}{2}$ est 2. L'inverse de 3 est $\frac{1}{3}$.

La fraction $\frac{q}{p}$, étant aussi non nulle, admet un inverse, lequel n'est autre que $\frac{p}{q}$.

Exemples : L'inverse de $\frac{5}{3}$ est $\frac{3}{5}$. L'inverse de $\frac{1}{3}$ est 3.

On peut définir l'inverse de $\frac{p}{q}$ dans le cas où p est strictement négatif. On trouve cette fois $\frac{-q}{-p}$, car le dénominateur est toujours un entier naturel non nul.

Division

Soient $\frac{p}{q}$ et $\frac{p'}{q'}$ des fractions non nulles. On appelle *quotient* de $\frac{p}{q}$ par $\frac{p'}{q'}$ le produit de $\frac{p}{q}$ par l'inverse de $\frac{p'}{q'}$:

$$\frac{\frac{p}{q}}{\frac{p'}{q'}} = \frac{p}{q} \cdot \frac{q'}{p'} = \frac{pq'}{qp'}.$$

■ L'écriture du premier membre est très malcommode ; c'est pourquoi on emploie aussi la notation :

$$\frac{p}{q} : \frac{p'}{q'}.$$

La touche ÷ des calculatrices fait allusion aux deux notations à la fois.

■ L'intérêt fondamental des fractions est que l'on peut définir le quotient dans le cas général (et non pas seulement lorsque b divise a). Ainsi, on peut toujours diviser un nombre par 2 (ce qui n'était pas forcément le cas avec les entiers).

Exemples: Le quotient de $\frac{3}{5}$ par $\frac{4}{7}$ est $\mathbf{\frac{3}{5} \times \frac{7}{4} = \frac{21}{20}}$. Le quotient de $\frac{1}{3}$ par 2 est $\mathbf{\frac{1}{6}}$.

Exercice : Trouver deux nombres, connaissant leur somme et leur différence.
Nous voulons calculer les nombres a et b, connaissant leur somme s et leur différence d :

$$a + b = s \qquad a - b = d.$$

En ajoutant ces égalités, nous obtenons :

$$(a + b) + (a - b) = s + d,$$

ce qui se réduit à $\mathbf{2a = s + d}$. Par conséquent : $\mathbf{a = \frac{s+d}{2}}$.

De même, en retranchant les égalités précédentes, on obtient $\mathbf{2b = s - d}$, et donc $\mathbf{b = \frac{s-d}{2}}$.

Il reste à vérifier que les nombres ainsi trouvés conviennent, ce qui est facile :

$$\frac{s+d}{2} + \frac{s-d}{2} = s \qquad \frac{s+d}{2} - \frac{s-d}{2} = d.$$

Comme $\frac{s+d}{2} = \frac{s}{2} + \frac{d}{2}$ et que $\frac{s-d}{2} = \frac{s}{2} - \frac{d}{2}$, on peut énoncer le résultat suivant :

On obtient *a* en ajoutant la demi-somme et la demi-différence. On obtient *b* en retranchant la demi-différence de la demi-somme.

Application numérique : $s = 37$, $d = 10$. Alors :

$$a = \frac{37+10}{2} = \frac{47}{2} \quad b = \frac{37-10}{2} = \frac{27}{2}.$$

Emploi d'une calculatrice de poche

La division s'effectue aussi simplement que les autres opérations, grâce à la touche ÷. Sur les calculatrices scientifiques, on trouve la touche $1/x$, donnant l'inverse du nombre x. On peut alors calculer le quotient de a par b en revenant à la définition : c'est le produit de a par l'inverse de b.

EXERCICES

1. Ranger dans l'ordre croissant les fractions suivantes :

a) $\frac{5}{6}\ \frac{1}{4}\ \frac{17}{60}\ \frac{7}{12}\ \frac{3}{5}$ *b)* $\frac{5}{12}\ \frac{8}{36}\ \frac{9}{27}\ \frac{41}{72}\ \frac{25}{30}$

c) $\frac{7}{22}\ \frac{5}{33}\ \frac{14}{49}\ \frac{14}{55}\ \frac{18}{66}$ *d)* $\frac{5}{7}\ \frac{23}{49}\ \frac{45}{84}\ \frac{40}{70}\ \frac{72}{63}$.

2. Trouver la fraction égale à 15/21 telle que la somme du numérateur et du dénominateur soit 132. Trouver la fraction égale à 5/7 dont la différence du dénominateur et du numérateur est 30.

3. Simplifier les fractions suivantes :

$$\frac{42}{105}\quad \frac{144}{192}\quad \frac{430}{924}\quad \frac{1\,950}{910}\quad \frac{435}{290}\quad \frac{7\,560}{2\,184}\quad \frac{2\,385}{1\,815}\quad \frac{9\,009}{8\,613}\quad \frac{25\,025}{24\,024}$$

$$\frac{2\,385\times 3\,150\times 588}{1\,815\times 441\times 3\,339}\quad \frac{924\times 252\times 12\,096}{756\times 336\times 2\,205}.$$

4. Effectuer les additions suivantes :

a) $\frac{3}{5}+\frac{1}{4}$ *b)* $\frac{47}{7}+\frac{72}{7}$ *c)* $\frac{8}{12}+\frac{3}{15}$ *d)* $\frac{3}{4}+\frac{5}{6}+\frac{9}{12}+\frac{7}{15}$

e) $\frac{5}{7}+\frac{7}{2}$ *f)* $\frac{2}{15}+\frac{11}{12}$ *g)* $\frac{5}{18}+\frac{1}{9}+\frac{1}{6}+\frac{1}{4}$ *h)* $\frac{49}{52}+\frac{17}{51}+\frac{21}{168}$.

5. Effectuer les additions suivantes :

a) $1+\frac{1}{2}+\frac{1}{4}+\frac{1}{8}+\frac{1}{16}+\frac{1}{32}$ *b)* $\frac{1}{3}+\frac{1}{9}+\frac{1}{27}+\frac{1}{81}+\frac{1}{243}$.

6. Effectuer les multiplications suivantes :

$$\frac{5}{6}\times\frac{3}{15}\quad \frac{34}{185}\times 35\quad \left(\frac{2}{3}\right)^2\times\left(\frac{1}{2}\right)^3\quad \frac{3}{4}\times\frac{5}{6}\times\frac{7}{15}\times\frac{9}{21}\quad \frac{7}{32}\times\frac{48}{35}\times\frac{15}{36}\times\frac{3}{4}.$$

7. Soient les expressions : $a=\frac{2}{3}+\frac{4}{5}+\frac{3}{4}$; $b=\frac{5}{3}-\frac{5}{2}-\frac{3}{5}$.

Calculer $a+b$; $a-b$; ab ; a/b.

8. **a)** Sur le chemin de l'école, le petit Patrick, distrait, a perdu 1/2, puis 1/3, puis 1/8 du total de ses billes. Sachant qu'il était parti de chez lui avec 96 billes en poche, combien lui en reste-t-il lorsqu'il arrive à l'école ?

b) Même question, Patrick ayant perdu successivement 1/2 de ses billes, puis 1/3 du nombre de billes restant, puis 1/8 du nombre restant.

9. Pour atteindre son altitude de croisière, une montgolfière s'est débarrassée des 2/3 de son lest. Quelle est à ce moment-là sa masse totale, sachant qu'elle est de 240 kg à vide, que celle de ses passagers est de 180 kg et que le lest embarqué au départ représente 1/8 de la masse de la montgolfière à vide ?

NOMBRES DÉCIMAUX, NOMBRES RÉELS

NOMBRES DÉCIMAUX

On appelle *nombre décimal* le quotient d'un nombre entier rationnel par une puissance de 10.

Exemples : $\frac{3}{10}$ $\frac{275}{100}$ $-\frac{13}{1\,000}$.

Les nombres entiers rationnels sont des nombres décimaux particuliers. (Le nombre 1 est égal à 10 puissance zéro.) Un nombre décimal est une fraction particulière. Mais une fraction n'est pas toujours un nombre décimal.

Soit $\frac{p}{q}$ une fraction irréductible. Pour que ce soit un nombre décimal, il faut et il suffit que q n'ait pas d'autre facteur premier que 2 et 5 (avec des exposants quelconques, éventuellement nuls).

Exemples :

$$\frac{7}{40}=\frac{7}{2^3\times 5}=\frac{7\times 5^2}{2^3\times 5^3}=\frac{175}{1\,000} \qquad \frac{3}{25}=\frac{3}{5^2}=\frac{3\times 2^2}{2^2\times 5^2}=\frac{12}{100}$$

$$-\frac{5}{4}=-\frac{5\times 5^2}{2^2\times 5^2}=-\frac{125}{100} \qquad -\frac{17}{125}=-\frac{17\times 2^3}{5^3\times 2^3}=-\frac{136}{1\,000}.$$

Dans ces quatre cas, il s'agit de nombres décimaux. Mais 19/175 n'est pas un nombre décimal, car $175 = 5^2 \times 7$.

Représentation des nombres décimaux

Un nombre décimal est donc de la forme $a=\frac{p}{10^n}$, où p est un nombre entier rationnel et n, un nombre entier naturel. On représente un tel nombre a en numération décimale de la manière suivante.

On commence par écrire l'entier rationnel p. On insère une virgule, en laissant n chiffres à droite de cette virgule. Pour faciliter la lecture, on sépare encore les nombres en tranches de trois chiffres, cette fois de part et d'autre de la virgule.

Exemples :

$$\frac{123}{10}=12{,}3 \qquad \frac{2\,527}{100}=25{,}27 \qquad -\frac{729}{10}=-72{,}9$$

$$\frac{38\,503\,630\,186}{10\,000}=3\,850\,363{,}018\,6.$$

Le cas où $n = 0$ est celui où a est un nombre entier rationnel ; la virgule est alors inutile. Lorsque p se termine par un zéro et que n n'est pas nul, on peut simplifier par 10 ; de même, si p se termine par deux zéros et si n est supérieur à 2, on peut simplifier par 100. Cependant, on conserve parfois la virgule suivie d'un zéro, voire de deux zéros, pour indiquer une précision supplémentaire. Par exemple, 12 700/100 peut se noter 127,00 pour indiquer qu'il s'agit de 127 francs (au centime près), non d'une somme arrondie au franc le plus proche. De même, si la consommation d'une automobile est de 80 litres en 1 000 kilomètres, on écrira que cette consommation est 8,0 litres aux 100 kilomètres. (L'indication de 8 litres aux cent laisserait croire que cette consommation est 8 litres à un litre près, non à un décilitre près.) Voir les règles d'arrondissage p. 81.

Partie entière et partie fractionnaire

Soit $a = \frac{p}{10^n}$ un nombre décimal positif. On appelle *partie entière* de a le nombre entier à gauche de la virgule, *partie fractionnaire* (ou *partie décimale*) de a le nombre à droite de la virgule.

Exemple : La partie entière de 31,572 est 31 ; la partie fractionnaire est 0,572.

La partie entière est donc le plus grand des nombres entiers naturels inférieurs à a, la partie fractionnaire est la différence entre a et sa partie entière.

La définition s'étend au cas d'un nombre décimal négatif. La partie entière est le plus grand nombre entier rationnel inférieur à a ; la partie fractionnaire est toujours la différence entre a et sa partie entière. La partie fractionnaire est dans tous les cas un nombre positif et strictement inférieur à 1.

Exemple : La partie entière de – 3,52 est – 4 ; la partie fractionnaire est 0,48.

Usage d'une calculatrice de poche

Une calculatrice scientifique donne la partie entière à l'aide de la touche INT (de l'anglais *integer*, signifiant *entier*) et la partie fractionnaire à l'aide de la touche FRAC.

Dans le cas des nombres négatifs, la convention employée sur les calculatrices diffère de l'usage français. La partie entière est l'opposé de la partie entière de la valeur absolue ; la partie fractionnaire est la différence entre le nombre et sa partie entière ainsi calculée. Par exemple, la machine donne pour partie entière de – 3,52 le nombre – 3 (et non – 4) ; la partie fractionnaire est alors – 0,52.

Opérations sur les nombres décimaux

Addition et soustraction

La pratique est exactement la même que dans le cas des entiers : les chiffres des unités étant écrits les uns en dessous des autres, les virgules sont aussi alignées. La virgule du résultat se trouve en dessous des précédentes.

Exemples :

$$\begin{array}{r} 734{,}61 \\ +\ 205{,}32 \\ +\ 628{,}60 \\ \hline 1\ 568{,}53 \end{array} \qquad \begin{array}{r} 1\ 247{,}21 \\ -\ 998{,}32 \\ \hline 248{,}89 \end{array}$$

Si l'un des termes est un nombre entier, il n'est pas obligatoire d'écrire une partie décimale (constituée de zéros). De même, il n'est pas nécessaire de compléter les parties décimales par des zéros pour obtenir chaque fois le même nombre de chiffres. On pourra donc écrire :

$$\begin{array}{r} 729 \\ +\ 257{,}12 \\ +\ \ 52{,}7\ \ \\ \hline 1\ 038{,}82 \end{array} \qquad \begin{array}{r} 1\ 000 \\ -\ \ 237{,}41 \\ \hline 762{,}59 \end{array}$$

Multiplication

La relation : $\frac{p}{10^n} \cdot \frac{p'}{10^{n'}} = \frac{pp'}{10^{n+n'}}$

montre que le nombre de chiffres du produit après la virgule est le total des nombres des chiffres après la virgule dans chacun des facteurs. D'où la règle :

On effectue la multiplication sans tenir compte des virgules. On place la virgule dans le résultat en laissant autant de chiffres décimaux qu'il y en a en tout dans les deux facteurs.

Exemples :

$$\begin{array}{r} 2{,}45 \\ \times\ 5{,}35 \\ \hline 122\ 5 \\ 735\ \ \\ 12\ 25\ \ \ \ \\ \hline 13{,}107\ 5 \end{array} \qquad \begin{array}{r} 78{,}453 \\ \times\ \ 42{,}5 \\ \hline 39\ 226\ 5 \\ 156\ 906\ \ \\ 3\ 138\ 12\ \ \ \ \\ \hline 3\ 334{,}252\ 5 \end{array}$$

Il est indispensable de contrôler l'emplacement de la virgule. Dans le premier cas, le produit est de l'ordre de grandeur de 2 × 5, c'est-à-dire 10 ; il serait absurde de trouver 1,310 75 ou 131,075. Dans le second cas, le résultat doit être voisin de 80 × 40 = 3 200.

Division

Le problème de la division euclidienne des nombres décimaux n'a de sens que si l'on précise : quotient à 0,1 près, à 0,01 près, à 0,001 près, etc.

> La division euclidienne des entiers apparaît comme la recherche du quotient à une unité près.

Pour trouver le quotient approché à 0,1 près, à 0,01 près, à 0,001 près de deux nombres décimaux, on supprime la virgule du diviseur et on déplace la virgule du dividende d'autant de rangs à droite (en complétant éventuellement par des zéros) que l'on a supprimé de chiffres décimaux au diviseur.

On effectue alors la division en abaissant successivement les chiffres de la partie entière, puis de la partie décimale (ou des zéros s'il y a lieu) jusqu'à obtention au quotient d'un chiffre de l'ordre décimal cherché.

Exemple :

$$\begin{array}{r|l} 417{,}234 & 13 \\ \cline{2-2} \underline{39} & 32{,}09 \\ 27 & \\ \underline{26} & \\ 1\;23 & \\ \underline{1\;17} & \\ 6 & \end{array}$$

L'inverse d'un nombre décimal non nul n'est pas, en général, un nombre décimal.

Calcul mental et calcul rapide

L'emploi des fractions simplifie certaines multiplications et divisions par des nombres décimaux.

Multiplication par 0,5 ; par 0,05 ; par 0,25 ; par 2,5 ; etc.

On revient à la définition : $0{,}5 = \frac{5}{10} = \frac{1}{2}$ $\quad 0{,}25 = \frac{25}{100} = \frac{1}{4}$.

Pour multiplier un nombre par 0,5, on en prend la moitié ; pour multiplier un nombre par 0,05, on en prend la moitié, puis on divise le résultat par 10 (ce qui revient à déplacer la virgule) ; pour multiplier un nombre par 0,25, on en prend le quart ; pour multiplier un nombre par 2,5, on en prend le quart, puis on multiplie le résultat par 10 (ce qui revient à déplacer la virgule, ou à écrire un zéro à droite du résultat).

Exemples :

$$0{,}25 \times 2{,}48 = \frac{1}{4} \times 2{,}48 = \frac{1}{2} \times 1{,}24 = 0{,}62$$

$$2{,}5 \times 2{,}48 = 10 \times 0{,}62 = 6{,}2.$$

Multiplication par 0,75 ; par 7,5 ; par 0,075 ; etc.

On écrit 0,75 sous la forme : $\frac{3}{4}$.

Pour multiplier un nombre par 0,75, on en prend les trois quarts (on multiplie par 3 et on divise deux fois de suite par 2) ; pour multiplier un nombre par 7,5, on en prend les trois quarts, puis on multiplie le résultat par 10 ; pour multiplier un nombre par 0,075, on en prend les trois quarts, puis on divise le résultat par 10.

Exemples :

$$0{,}75 \times 72 = \frac{3}{4} \times 72 = 3 \times 18 = 54$$

$$7{,}5 \times 72 = 10 \times 54 = 540 \qquad 0{,}075 \times 72 = 5{,}4.$$

Exercice : Calculer de tête 0,75 × 730.
On multiplie d'abord 730 par 3, ce qui donne 3 × 730 = 2 190, soit 2 200 – 10. On divise 2 200 deux fois de suite par 2, ce qui donne 1 100 puis 550. Enfin, on doit enlever un quart de 10, soit 2,5. Il reste 550 – 2,5 = 547,5.

Multiplication par 1,5 ; par 15 ; par 0,15 ; etc.

On remarque que $1{,}5 = \frac{3}{2} = 1 + \frac{1}{2}$.

Pour multiplier un nombre par 1,5, on ajoute à ce nombre sa moitié ; pour multiplier un nombre par 15, on ajoute à ce nombre sa moitié, puis on multiplie le résultat par 10 ; pour multiplier un nombre par 0,15, on ajoute à ce nombre sa moitié, puis on divise le résultat par 10.

Exemples : **4,2 × 1,5 = 4,2 + 2,1 = 6,3** **42 × 0,15 = 6,3.**

Division par 0,5 ; par 0,05 ; par 0,25 ; par 2,5 ; etc.

On utilise le fait que 0,5 est l'inverse de 2.

Pour diviser un nombre par 0,5, on le multiplie par 2 ; pour diviser un nombre par 0,05, on le multiplie par 20 ; pour diviser un nombre par 0,25, on le multiplie par 4 (ou deux fois de suite par 2) ; pour diviser un nombre par 2,5, on le multiplie par 4, puis on divise le résultat par 10.

Exemples :

$$\frac{5{,}34}{0{,}05} = 20 \times 5{,}34 = 10 \times 10{,}68 = 106{,}8$$

$$\frac{4{,}32}{0{,}25} = 4 \times 4{,}32 = 2 \times 8{,}64 = 17{,}28.$$

Division par 0,75 ; par 7,5 ; par 0,0 75 ; etc.

Pour diviser un nombre par 0,75, on en prend les quatre tiers ; pour diviser un nombre par 7,5, on en prend les quatre tiers, puis on divise le résultat par 10 ; pour diviser un nombre par 0,075, on en prend les quatre tiers, puis on multiplie le résultat par 10.

Exemples :

$$\frac{78}{0{,}75} = \frac{4}{3} \times 78 = 4 \times \frac{78}{3} = 4 \times 26 = 104$$

$$\frac{78}{0{,}075} = 1\,040.$$

Multiplication par 0,45 ; par 0,55

On remarque que : **0,45 = 0,50 – 0,05** **0,55 = 0,50 + 0,05.**

Pour multiplier un nombre par 0,45, on en prend la moitié, puis on retranche du résultat le dixième de celui-ci ; pour multiplier un nombre par 0,55, on en prend la moitié, puis on ajoute au résultat le dixième de celui-ci.

Exemples : **0,45 × 84 = 42 – 4,2 = 37,8** **0,55 × 84 = 46,2.**

Les nombres pouvant s'écrire sous la forme p/q sont appelés *nombres rationnels* (du latin *ratio*, signifiant *raison*). Les nombres entiers naturels, les nombres entiers rationnels et les nombres décimaux, sont des nombres rationnels particuliers.

On rencontre (même dans les problèmes les plus simples) des nombres qui ne peuvent s'écrire sous cette forme :

— le nombre $\sqrt{2}$ (racine de 2), intervenant dans la diagonale du carré (voir p. 125 et 155) ;

— le nombre π (pi), intervenant dans la longueur et l'aire du cercle (voir p. 168 et 175).

On est ainsi amené à considérer les *nombres réels*. Les nombres rationnels sont des nombres réels particuliers.

La comparaison des nombres réels, les opérations sur les nombres réels généralisent les propriétés déjà vues sur les nombres rationnels. Cependant, pour les calculs pratiques, on remplace systématiquement les nombres réels par des nombres décimaux (les seuls que connaisse en fait une calculatrice de poche).

Puissances négatives

L'inverse d'un nombre réel non nul a se note encore a^{-1} (lire : a puissance moins un).

Le carré de a^{-1} est l'inverse du carré de a :

$$\left(a^{-1}\right)^2 = \left(a^2\right)^{-1}.$$

La valeur commune des deux membres se note plus simplement a^{-2} (lire : a puissance moins deux). On définit de même a^{-3}, a^{-4}, etc.

Exemples : $\mathbf{10^{-1} = 0{,}1}$ $\mathbf{10^{-2} = 0{,}01}$ $\mathbf{10^{-3} = 0{,}001}$.

Règles de calcul sur les puissances

Soient a un nombre réel non nul, n et p des nombres entiers rationnels. Alors :

$$\left(a^n\right)\left(a^p\right) = a^{n+p} \qquad \left(a^n\right)^p = a^{np}.$$

Exemples :

$$10^{-3} \times 10^5 = 10^2 = 100 \qquad 10^{-1} \times 10^{-2} = 10^{-3} = 0{,}001$$

$$\left(10^{-1}\right)^2 = 10^{-2} \quad \left(10^{-1}\right)^3 = 10^{-3} \quad \left(10^{-2}\right)^{-2} = 10^4$$

$$\left(10^{-3}\right)^3 = 10^{-9} \quad \left(10^3\right)^{-3} = 10^{-9} \quad \left(10^3\right)^6 = 10^{18}.$$

Multiples et sous-multiples des unités

Pour former les noms et les symboles des multiples et des sous-multiples des unités du Système international (unités SI), on utilise les préfixes suivants :

Facteur par lequel l'unité est multipliée	Préfixe	Symbole	Facteur par lequel l'unité est multipliée	Préfixe	Symbole
10	déca	da	10^{-1}	déci	d
10^2	hecto	h	10^{-2}	centi	c
10^3	kilo	k	10^{-3}	milli	m
10^6	méga	M	10^{-6}	micro	µ
10^9	giga	G	10^{-9}	nano	n
10^{12}	téra	T	10^{-12}	pico	p
10^{15}	peta	P	10^{-15}	femto	f
10^{18}	exa	E	10^{-18}	atto	a

■ Le Système international d'unités, adopté en 1960, s'est substitué progressivement à trois autres systèmes :
— le système CGS (centimètre, gramme, seconde) ou système des physiciens ;
— le système MTS (mètre, tonne, seconde) ou système légal (jamais utilisé en pratique) ;
— le système MKpS (mètre, kilogramme-poids, seconde) ou système des ingénieurs.

■ À part la multiplication et la division par 10 et par 100, on n'emploie que des puissances de 10^3 et de 10^{-3}. Cette systématisation ne va pas sans conflit avec les usages, lesquels sont liés bien évidemment avec les ordres de grandeur des phénomènes physiques. (En ce qui concerne la pression atmosphérique, par exemple, voir p. 261.)

■ Les préfixes *méga* et *giga* sont entrés dans la vie quotidienne avec les développements de la micro-informatique : on mesure la capacité des disques durs en méga-octets, voire en giga-octets.

REPRÉSENTATION DES NOMBRES DÉCIMAUX SUR LES CALCULATRICES

Sur les calculatrices de poche, on peut généralement afficher 10 chiffres en tout, de part et d'autre de la virgule.

Notation fixe

L'écriture habituelle, dite *notation fixe*, permet de représenter les nombres décimaux de valeur absolue comprise entre 0,000 000 001 et 9 999 999 999.

Cela paraît bien suffisant pour les applications pratiques. Cependant, en physique, on est amené à considérer de très grands ou de très petits nombres (distances astronomiques, physique nucléaire). En outre, même si les données d'un problème sont d'un ordre de grandeur raisonnable, on ne sait rien sur les ordres de grandeur des calculs intermédiaires. Pour pouvoir représenter des nombres plus petits que 0,000 000 001 ou plus grands que 9 999 999 999, on fait appel à d'autres types de notations.

Notation scientifique

On met en facteur une puissance de 10 (positive ou négative) de façon à se ramener à un nombre ayant un chiffre non nul et un seul avant la virgule. Le nombre est alors décomposé en une *mantisse* à 7 chiffres (un avant la virgule, six après) et un exposant à 2 chiffres. On peut ainsi représenter les nombres dont la valeur absolue est comprise entre 10^{-99} et $9{,}999\ 999 \times 10^{99}$ (soit environ 10^{100}, c'est-à-dire un 1 suivi de cent zéros).

■ Les notations fixe et scientifique sont parfois désignées par « virgule fixe » et « virgule flottante ». Cette terminologie provient du fait que la virgule reste toujours juste à côté du premier chiffre («presque en surface »).

■ Un résultat strictement supérieur à $9{,}999\ 999 \times 10^{99}$ ne peut être traité par la machine : il y a dépassement de capacité. L'écran indique le nombre ci-dessus, sans que ces chiffres aient une signification véritable. (Le nombre $9{,}999\ 999 \times 10^{99}$ se lit « beaucoup ».)

Exemples : Le nombre 0,001 225 devient en notation scientifique $1{,}225 \times 10^{-3}$. La machine affiche 1,225 – 03. (Le signe – se rapporte seulement à l'exposant.)
Le nombre – 9 827 devient de même $-\,9{,}827 \times 10^{3}$; l'affichage est – 9,827 03. (Le signe – en tête se rapporte au nombre donné, non à l'exposant.)
L'affichage – 9,58 – 04 représente $-\,9{,}58 \times 10^{-4}$, soit encore – 0,000 958.
Enfin, l'affichage 2,34 00 représente tout simplement 2,34. (En effet, 00 désigne l'exposant nul, et 10 à la puissance zéro est le nombre 1.)

■ Le passage à la notation scientifique s'effectue automatiquement sur la calculatrice dès que la notation fixe est insuffisante.

■ La lecture de la notation scientifique demande un peu d'habitude. En cas de difficulté, revenir à la notation fixe…

Notation « ingénieur »

Les ingénieurs et les physiciens emploient les unités SI (voir p. 77). Il est alors commode d'imposer à l'exposant d'être un multiple (positif ou négatif) de 3. Dans ces conditions, la machine peut afficher un, deux ou trois chiffres avant la virgule.

La touche ENG signifie *engineer*, mot anglais pour *ingénieur*.

Exemples : Le nombre $1{,}242 \times 10^{-5}$ en notation scientifique devient en notation ingénieur $12{,}42 \times 10^{-6}$, ce que la machine affiche 12,42 – 06. De même, le nombre $1{,}250 \times 10^{8}$ devient 125,0 06. Enfin, le nombre $1{,}567 \times 10^{3}$ ne change pas.

VALEURS APPROCHÉES

Les résultats d'un calcul (surtout sur calculatrice de poche) se présentent souvent avec une partie décimale démesurée, n'ayant guère de signification.

Sur une calculatrice, le nombre 2/3 est représenté par 0,666 666 666… Mais, ce nombre n'étant pas décimal, on n'obtiendra jamais la valeur exacte en écrivant des 6 à la suite. Les nombres 0,67 et 0,667 sont des valeurs approchées, à des précisions diverses (voir p. 80) ; il en est de même pour 0,666 666 666.

Le nombre π est égal à 3,141 592 653… (voir p. 172). Pour obtenir la longueur d'un cercle de diamètre 300 mm, on remplace π par 3,14. On commet ainsi une erreur inférieure à un demi-millimètre.

Pour signifier que 0,667 n'est pas égal à 2/3 ou que 3,14 n'est pas égal à π, on emploie le symbole ≈ (lire : approximativement égal à). Ainsi :

$$\frac{2}{3} \approx 0{,}667 \qquad \pi \approx 3{,}14.$$

■ Ne pas confondre le symbole ≈ avec ≂ (courant alternatif). Le symbole # est abandonné depuis des décennies.

■ Il arrive (même dans le présent livre) que l'on emploie le symbole = à la place de ≈, afin d'alléger l'écriture. « Sans abus de langage, un texte mathématique devient pédantesque et illisible. »

Valeurs approchées d'un carré, d'un cube

La formule donnant le carré d'une somme (voir p. 26) montre que, pour tout nombre réel x,

$$(1 + x)^2 = 1 + 2x + x^2.$$

Si x est très petit devant l'unité, on peut négliger x^2. La formule exacte ci-dessus se réduit en pratique à la formule approchée :

$$(1 + x)^2 \approx 1 + 2x.$$

Exemples : $1{,}03^2 \approx 1{,}06$ (tandis que $1{,}03^2 = 1{,}060\,9$).

$1{,}005^2 \approx 1{,}01$ (tandis que $1{,}005^2 = 1{,}010\,025$).

De même, la formule donnant le cube d'une somme (voir p. 29) conduit à :

$$(1 + x)^3 = 1 + 3x + 3x^2 + x^3.$$

Si x est très petit devant l'unité, on peut négliger x^2 et x^3. La formule exacte ci-dessus se réduit en pratique à la formule approchée :

$$(1 + x)^3 \approx 1 + 3x.$$

Exemples : **$1{,}01^3 \approx 1{,}03$** (au lieu de **$1{,}01^3 = 1{,}030\ 301$**)
$1{,}002^3 \approx 1{,}006$ (au lieu de **$1{,}002^3 = 1{,}006\ 012\ 008$**)
$0{,}997^3 \approx 0{,}991$ (au lieu de **$0{,}997^3 = 0{,}991\ 026\ 973$**).

Précision

Le nombre π est supérieur à 3,14 et inférieur à 3,15. On dit que 3,14 et 3,15 sont des valeurs approchées de π *à la précision* 0,01 (ou à la précision 10^{-2}).

Suivant une autre terminologie, on dit que l'incertitude est 10^{-2}.

De même, 0,67 est une valeur approchée de 2/3 à la précision 10^{-2}, tandis que 0,667 en est une valeur approchée à la précision 10^{-3} et 0,666 666 666 une valeur approchée à la précision 10^{-9}.

La division de a par b à 0,1 près, à 0,01 près, etc., fournit une valeur décimale approchée par défaut de a/b à la précision 10^{-1}, 10^{-2}, etc.

Arrondissage

L'arrondissage consiste à remplacer un nombre par une valeur décimale approchée, dite nombre *arrondi*, située dans la suite des multiples entiers d'un intervalle d'arrondissage choisi.

Exemples :

1. L'intervalle d'arrondissage est 0,1. Les multiples entiers sont :

0 0,1 0,2 0,3... 12,1 12,2 12,3...

2. L'intervalle d'arrondissage est 100. Les multiples entiers sont :

0 100 200 300... 1 200 1 300...

S'il n'y a qu'un seul multiple entier qui soit le plus proche du nombre donné, c'est celui-ci qui est pris comme nombre arrondi. On dit suivant le cas *arrondi par défaut, arrondi par excès*.

Exemples :

1. Avec l'intervalle d'arrondissage 0,1 :

nombre donné	nombre arrondi
14,213 42	14,2
14,251	14,3

2. Avec l'intervalle d'arrondissage 100 :

nombre donné	nombre arrondi
1 221,3	1 200
1 253,241	1 300

Les nombres 14,2 et 1 200 sont des nombres arrondis par défaut ; les nombres 14,3 et 1 300 sont arrondis par excès.

S'il y a deux multiples entiers également voisins du nombre donné, on choisit généralement le multiple entier de rang le plus élevé (arrondi par excès).

Exemple : Avec l'intervalle d'arrondissage 0,1, le nombre 12,45 est arrondi à 12,5 (et non à 12,4).

■ Ce point de vue est celui de l'URSSAF : « Plus de centimes. Arrondissez au franc le plus proche. Jusqu'à 49 centimes au franc inférieur, à partir de 50 centimes au franc supérieur. » L'intervalle d'arrondi est ici 1.

■ *Faites-le vous-même !* Les billets de banque comportent une clef de contrôle, que l'on reconstitue aisément. On multiplie le numéro du billet par 4×10^{-7}. La clef de contrôle est l'entier arrondi par excès. Par exemple, pour le billet n° 249 114 787, on effectue le produit $4 \times 10^{-7} \times 249\,114\,787 = 99{,}645\,914\,8$. La clef de contrôle est 100. De même, pour le billet n° 340 081 250, la clef de contrôle est 137.

Arrondissage sur calculatrice de poche

Dans chacune des notations (fixe, scientifique, ingénieur), on peut choisir le nombre de chiffres après la virgule. (Certaines calculatrices donnent d'office deux chiffres après la virgule jusqu'à ce qu'on leur impose un nombre de chiffres différent.)

La calculatrice traite les nombres avec 10 chiffres plus 2 chiffres pour l'exposant, bien qu'elle n'affiche qu'au plus 10 chiffres en notation fixe, et 6 chiffres après la virgule en notation scientifique. Les erreurs d'arrondi lors de l'affichage n'ont donc pas de répercussion sur le déroulement interne des calculs.

EXERCICES

1. Parmi les fractions suivantes, trouver celles qui sont égales à un nombre décimal. Donner la valeur décimale approchée à 10^{-3} près par défaut pour chacune des autres.

$$\frac{12}{75} \quad \frac{17}{75} \quad \frac{18}{150} \quad \frac{11}{150} \quad \frac{49}{140} \quad \frac{44}{140} \quad \frac{817}{8\,041}.$$

2. Calculer :

$$\frac{\left(\frac{2}{3}+\frac{3}{4}\right)\left(1-\frac{1}{5}\right)}{\left(\frac{11}{9}-\frac{5}{6}\right)\left(3-\frac{1}{5}\right)}.$$

Donner la valeur du résultat à 1/100 près.

3. Simplifier les expressions suivantes :

$$8^9 \times 8^{-5} \times 8^3 \times 8^0 \qquad \frac{4^6 \times 2^8}{16^{-3} \times 4^{-4}} \qquad \frac{\frac{3^5}{9^3}}{27^{-2} \times 3^8}.$$

4. Deux frères ont trois ans d'écart. La somme de leurs âges est égale à 39. Trouver ces âges.

5. Un négociant achète quinze tonneaux de 226 litres de vin.
a) Combien cela lui coûtera-t-il, sachant qu'il achète le vin 2 100 francs l'hectolitre et qu'un tonneau coûte 750 francs ?
b) Combien pourra-t-il, avec ce vin, remplir de bouteilles de 75 cl ?
c) À quel prix le négociant devra-t-il vendre une bouteille de 75 cl s'il veut réaliser un bénéfice de 9 000 francs sur la vente de ce vin, sachant que l'ensemble des frais d'embouteillage s'élèvent à 8 francs par bouteille ? (Le prix de vente d'une bouteille est toujours, pour des raisons pratiques, un nombre entier naturel.)

6. Une balle rebondit, lorsqu'on la lâche, jusqu'à un tiers de sa hauteur initiale.
a) On suppose que la balle a été lâchée d'une hauteur de dix mètres. Quelle hauteur atteindra-t-elle au premier rebond ? au deuxième rebond ? au $n^{\text{ième}}$ rebond, n étant un nombre entier naturel non nul ?
b) À partir de quel rebond la balle ne dépassera pas une hauteur de 1 cm ?
N.B. : pour la question **a)**, les résultats seront donnés à 1/100 près.

MESURE DES TEMPÉRATURES

ÉCHELLE CELSIUS

L'unité de température est le *degré Celsius*, noté °C.

> L'appellation de *degré centigrade* est abandonnée, car elle prête à confusion avec le centigrade, centième partie du grade (voir p. 178).

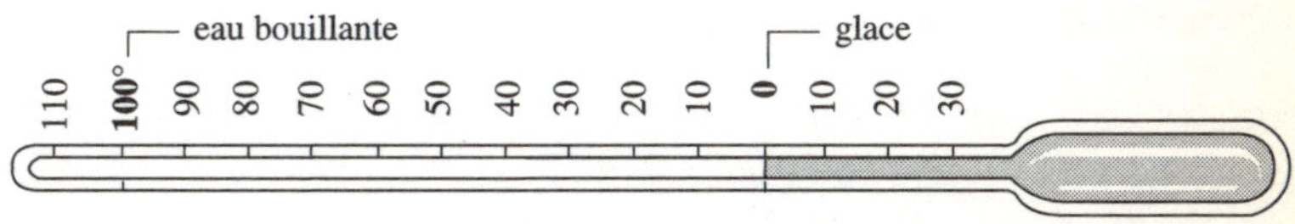

La température de 0 °C correspond à la fusion de la glace, la température de 100 °C correspond à l'ébullition de l'eau pure sous la pression atmosphérique normale. La température est exprimée par un nombre positif ou négatif. Une température négative signifie que l'eau au repos est gelée.

Températures de fusion et de vaporisation sous la pression atmosphérique de quelques éléments usuels, en degrés Celsius

Nom	Fusion	Vaporisation	Nom	Fusion	Vaporisation
aluminium	660,4	2 467	manganèse	1 244	1 962
argent	961,9	2 212	mercure	– 38,9	356,6
azote	– 210,0	– 195,8	molybdène	2 617	4 612
carbone	inconnu	4 827	néon	– 248,7	– 246,0
chlore	– 101,0	– 34,6	or	1 064	2 807
chrome	1 857	2 672	oxygène	– 218,4	– 183,0
cuivre	1 084	2 567	phosphore	44,1	280
étain	232,0	2 270	platine	1 772	3 827
fer	1 535	2 750	plomb	327,5	1 740
fluor	– 219,6	– 188,1	soufre	112,8	444,7
hydrogène	– 259,1	– 252,9	tungstène	3 400	5 660
krypton	– 156,6	– 152,3	uranium	1 132	3 818
magnésium	648,8	1 090			

Température absolue

La température la plus basse que l'on puisse concevoir est – 273,15 °C ; elle est dite *zéro absolu*. Pour éviter les températures négatives, on prend en physique le zéro absolu pour origine. Le degré Celsius porte alors le nom de *kelvin* (anciennement degré Kelvin), et se note K. La température rapportée au zéro absolu est dite température absolue. Ainsi, la température absolue de congélation de l'eau est :

$$T_0 = 273{,}15 \text{ K}.$$

La température Celsius t et la température absolue T sont donc liées par :

$$t = T - T_0 \qquad T = t + T_0.$$

Pour obtenir la température absolue, on ajoute 273,15. Pour passer de la température absolue à la température Celsius, on retranche 273,15. Par exemple, la température absolue d'ébullition de l'eau est 373,15 K.

ÉCHELLE FAHRENHEIT

Dans les pays anglo-saxons, on emploie le *degré Fahrenheit*, noté °F. La glace fond à 32 °F, et l'eau bout à 212 °F.

Le choix de cette échelle repose sur des points fixes assez déroutants de nos jours :
— le zéro correspond à la plus basse température atteinte du temps de Daniel Gabriel Fahrenheit (en 1715) ;
— la température de 100 °F est sensiblement celle du corps humain.

Comme 100 °C correspondent à 212 – 32 = 180 °F, les différences de températures doivent être multipliées par :

$$\frac{180}{100} = 1{,}8 = \frac{9}{5}.$$

Les températures Fahrenheit et Celsius, notées t_F et t_C, sont liées par les relations :

$$t_F = 32 + \frac{9}{5} t_C \qquad t_C = \frac{5}{9} t_F - 17{,}78.$$

On notera que – 40 °F = – 40 °C. D'où la règle pratique : pour passer de t_C à t_F on ajoute 40, on multiplie par 1,8 et on retranche 40. Pour passer de t_F à t_C on ajoute 40, on divise par 1,8 et on retranche 40.

Correspondance entre degrés Celsius et Fahrenheit

Degrés Celsius	0	10	15	16	17	18	19	20	37	38	39	40
Degrés Fahrenheit	32	50	59	61	63	64	66	68	98,6	100,4	102,2	104

Exemples :

1. La température du corps humain en bonne santé est 37 °C. Pour passer aux degrés Fahrenheit, on ajoute 40 :

$$40 + 37 = 77.$$

On multiplie par 1,8 : $1{,}8 \times 77 = 138{,}6.$

On retranche 40 : $138{,}6 - 40 \approx 99$ °F.

2. La température de 451 °F est celle de l'inflammation du papier. L'équivalent Celsius est :

$$\frac{1}{1{,}8}(40+451)-40 \approx 272{,}78 - 40 \approx 233\ °C.$$

EXERCICES

1. Donner la température absolue de la fusion et de la vaporisation des éléments suivants : azote, chrome, oxygène, plomb.

2. Donner la température en degrés Fahrenheit de la fusion et de la vaporisation des éléments suivants : chlore, fer, phosphore, uranium.

3. Transformer en degrés Celsius ces informations fournies par une radio londonienne sur les températures dans les principales villes anglaises :

Londres :	60 °F	Birmingham :	52 °F
Manchester :	50 °F	Newcastle :	46 °F

4. Un Anglais qui rend visite à un de ses amis italiens lui explique qu'il fait deux fois moins chaud à Londres qu'à Milan, où la température est de 15 °C. Celui-ci est toutefois un peu surpris quand son ami anglais lui annonce qu'il gèle à Londres. Expliquer ce malentendu et calculer les températures à Londres et à Milan en degrés Celsius, puis en degrés Fahrenheit.

FRANC

L'unité monétaire française est le *franc*.

Le franc a été défini par rapport à l'or, à l'argent ou à ces deux métaux à la fois. Ainsi, de 1969 à 1977, le franc représentait la valeur de 0,160 g d'or fin (à moins d'un dix-millionième de gramme près). Depuis le 1/4/1978, le franc n'est plus rattaché à l'or. (Autrement dit, le franc n'a plus de définition.)

Le franc est noté F (il n'y a pas d'autre abréviation : ne pas écrire 10 f, 10 fr, 10 Frs, etc.). Cependant, le franc est aussi le nom d'unités monétaires utilisées actuellement dans d'autres pays. C'est pourquoi, en service international, le franc français est noté FRF. Le franc belge et le franc suisse sont notés de même BEF et CHF.

On rencontre aussi les notations FF pour le franc français, FB pour le franc belge et FS pour le franc suisse.

Francs et centimes

Le franc est divisé en 100 centimes. (Il n'y a pas de notation pour les centimes.)

Dans le cas d'un nombre non entier de francs, on sépare les francs des centimes par une virgule ; on écrit alors obligatoirement deux chiffres après la virgule. La lettre F doit être écrite après le dernier chiffre (ou parfois en tête, comme dans le cas des chèques). On écrit ainsi 23 275,90 F, ou encore F 23 275,90. (Le décime n'existant pas, on ne peut pas écrire 23 275,9 F.)

■ Le centime ayant une valeur négligeable, les administrations demandent souvent d'arrondir les sommes au franc le plus proche (voir p. 80). Le nombre ci-dessus est alors remplacé par 23 276 F.

■ Dans l'écriture d'une somme en toutes lettres (par exemple sur les chèques), les centimes sont inscrits en chiffres : vingt-trois mille deux cent soixante-quinze francs 90. (Il n'est pas nécessaire de préciser qu'il s'agit de 90 centimes.)

■ Le symbole MF (mégafranc) désigne le million de francs. On utilise le kilofranc (millier de francs, noté kF) pour les salaires annuels.

Franc CFA et franc CFP

Le *franc CFA* (initialement franc Comptoirs français d'Afrique) vaut 0,01 F. Sous le nom de franc de la Communauté financière africaine, et codé alors XOF, il est employé dans les pays suivants : Bénin, Côte-d'Ivoire, Haute-Volta, Mali, Niger, Sénégal, Togo ; sous le nom de franc de la Coopération financière en Afrique, et codé alors XAF, il est employé dans les pays suivants : Cameroun, Centrafrique, Congo, Gabon, Guinée équatoriale, Tchad.

Le *franc des Comores* (XMF) vaut lui aussi 0,01 F.

Le *franc CFP* (initialement franc Comptoirs français du Pacifique) vaut 0,0133 F ; le code est XPF. Le franc CFP est utilisé en Nouvelle-Calédonie, en Polynésie française, aux îles Wallis-et-Futuna.

Jusqu'en 1994, le franc CFA et le franc CFP valaient tous deux 0,02 F.

Pièces et billets

Pièces

Les pièces de monnaie en vigueur ont pour valeurs :

100 F 20 F 10 F 5 F 2 F 1 F 0,50 F 0,20 F 0,10 F 0,05 F 0,01 F.

■ La pièce de 0,50 F, ou de 50 centimes, porte l'inscription 1/2 franc.

■ La pièce de 0,01 F (1 centime) a cessé d'être fabriquée en 1994. Les pièces de 5, 10 et 50 F en argent ont été démonétisées en 1980. La pièce de 10 F unicolore en cuivre n'a plus cours légal depuis 1991.

Billets

Les billets ayant cours légal ont pour valeurs :

500 F 200 F 100 F 50 F 20 F.

■ À partir d'avril 1977, les billets de 50 F « Quentin de La Tour » se sont substitués progressivement aux « Racine » ; ils ont été remplacés à leur tour par les « Saint-Éxupéry » (*sic*) en 1991 et par les « Saint-Exupéry ».

■ Depuis juillet 1979, les 100 F « Delacroix » remplacent les « Corneille ». Les billets de 20 F et 200 F ont été émis respectivement en 1980 et en 1982. Le 500 F « Pascal » fait place depuis mars 1995 au « Pierre et Marie Curie ».

Pouvoir libératoire

On ne peut payer un commerçant avec des pièces de monnaie que jusqu'à une certaine somme, laquelle dépend de la valeur des pièces considérées ; c'est ce qu'on appelle le *pouvoir libératoire*.

On peut utiliser au plus 50 pièces de 20 F, 10 F, 5 F, 2 F et 1 F, 20 pièces de 0,50 F, 25 pièces de 0,20 F, 50 pièces de 0,10 F, 100 pièces de 0,05 F ou de 0,01 F. D'où le tableau suivant :

Pièce	Pouvoir libératoire	Pièce	Pouvoir libératoire
20 francs	1 000 francs	50 centimes	10 francs
10 francs	500 francs	20 centimes	5 francs
5 francs	250 francs	10 centimes	5 francs
2 francs	100 francs	5 centimes	5 francs
1 franc	50 francs	1 centime	1 franc

■ Il n'y a pas de limitation pour la pièce de 100 F, probablement vu sa rareté.

■ Ces règles ne s'appliquent pas aux règlements aux guichets du Trésor. Par exemple, il est légal de payer une « vignette auto » de 5 000 F au moyen de 25 000 pièces de 20 centimes (dont la masse totale approche les 100 kilos).

Le pouvoir libératoire des billets est théoriquement illimité. Cependant, pour éviter des vols et la fraude fiscale, on ne peut payer en espèces les traitements et salaires dépassant 2 500 F (d'où l'obligation pour les salariés d'avoir un compte courant postal ou bancaire). De même, on ne peut régler en espèces des fournitures ou travaux dépassant 1 000 F, ou des objets d'art dépassant 5 000 F.

Anciens et nouveaux francs. L'augmentation du coût de la vie entre 1945 et 1960 a conduit à des prix comportant de nombreux zéros. Pour rétablir des étiquettes analogues à celles de l'époque 1930, il a été décidé de multiplier par 100 la valeur du franc à partir du 1er janvier 1960. Pendant trois ans, l'unité monétaire légale a porté le nom de « nouveau franc » (noté NF), l'unité précédente devenant l'ancien franc. Le nouveau franc s'appelle franc depuis le 1er janvier 1963.
La conversion des anciens francs en nouveaux francs, correspondant à la suppression de deux zéros (ou à la transformation des francs en centimes) a demandé un effort de réflexion pendant plus de deux décennies,.

■ Conversion des monnaies

Les transactions comportent souvent des frais fixes, et systématiquement un pourcentage.

Exemple : Un voyageur achète à Paris 20 000 francs belges. Le cours de vente étant ce jour-là 0,173 FF pour 1 FB, il doit débourser :

$$\mathbf{20\ 000 \times 0{,}173 = 3\ 460\ FF.}$$

Revenant à Paris le même jour, le voyageur n'a dépensé que 8 500 FB, il revend les 11 500 FB restant au cours d'achat, soit 0,162 FF pour 1 FB. Il lui revient donc :

$$\mathbf{11\ 500 \times 0{,}162 = 1\ 863\ FF.}$$

La perte sur l'excédent de devises est :

$$11\,500 \times (0{,}173 - 0{,}162) = 126{,}50 \text{ F.}$$

Pour éviter des erreurs grossières sur les changes, noter que le nombre de devises est inversement proportionnel à la valeur de l'unité. Par exemple, si le franc suisse vaut environ 4 F, on aura quatre fois moins de francs suisses que de francs français.

Vocabulaire commercial

Bénéfice et perte

Le *bénéfice* sur une transaction est la différence entre le prix de vente et le prix de revient (ou coût). Le bénéfice (en francs) s'exprime par un nombre réel positif. Cependant, si le coût est supérieur au prix de vente (cas de soldes, ou frais de gestion trop élevés), la différence entre le coût et le prix de vente est la *perte*.

On peut réunir les deux cas en un seul : le bénéfice est un nombre réel (positif ou négatif). Lorsque le bénéfice est négatif, la perte est égale à la valeur absolue du bénéfice.

Solde et à-valoir

L'expression *à-valoir* est synonyme d'*acompte* ou d'*avance* ; il s'agit d'une somme versée à la commande. La terminologie provient de la phrase : « payement à valoir sur une somme due ». Le *solde* est le complément d'un reste de compte ; dans le cas d'un à-valoir, le solde est la différence entre le prix total et l'à-valoir.

On doit distinguer la notion d'à-valoir de celle d'*arrhes* ; en effet, si le fournisseur ne respecte pas ses obligations, il doit rembourser les arrhes, augmentées d'une indemnité du même montant.

Crédit et débit

Toute somme versée sur un compte courant (bancaire ou postal) est portée au *crédit* du compte. Toute somme retirée du compte (retrait d'espèces, payement par chèque, prélèvement automatique des factures d'électricité, de la prime d'assurance, etc.) est portée au *débit* du compte.

Le solde du compte est la différence entre le total du crédit et le total du débit. Le solde est *créditeur* lorsque cette différence est positive, *débiteur* lorsque cette différence est négative, c'est-à-dire lorsque le total des débits est supérieur au total des crédits. Un compte présentant un solde débiteur est dit *à découvert.* Le découvert est toléré par les banques et désormais par les comptes courants postaux, sous forme de *facilité de caisse* : en cas de découvert, la banque et les comptes courants postaux prélèvent un intérêt (voir p. 112) ; mais le découvert est interdit pour les comptes courants des caisses d'épargne.

Pour arrêter un relevé de compte, on inscrit le solde du côté le plus faible. On commence le relevé suivant en inscrivant le solde du côté opposé, avec le libellé *solde à nouveau.*

Toutes les opérations sur un compte se ramènent à l'addition, à condition de représenter un débit par un nombre négatif. Le solde est alors la somme de tous les montants (positifs ou négatifs). Le cas du solde positif est celui du compte créditeur ; le solde est porté dans la colonne CRÉDIT. Le cas du solde négatif est celui du compte débiteur ; la valeur absolue du solde est portée dans la colonne DÉBIT.

Naguère, les soldes débiteurs étaient marqués en rouge. L'expression « avoir un compte en rouge » signifie donc « avoir un solde débiteur ».

Date de valeur

Un chèque déposé dans une banque pour encaissement est porté au crédit du compte deux jours plus tard s'il provient de la même ville (chèque sur place, ou sur rayon), une semaine plus tard dans le cas contraire (chèque hors place) ; le décalage est analogue, mais dans l'autre sens, pour l'émetteur du chèque. La *date de valeur* est celle du jour où la somme est portée au crédit du compte (et non la date de remise du chèque). Pendant la durée de l'encaissement, le montant du chèque est débité du compte du tireur sans pour autant être porté au crédit du destinataire. Le décalage dû à la date de valeur peut être une source de découvert, sur lequel la banque prélève bien entendu des intérêts. Cela explique la survivance de la date de valeur. (L'emploi des ordinateurs permet bien entendu le traitement de l'information le jour même de la remise des chèques.)

Certaines banques n'appliquent pas le système des dates de valeur ; elles créditent ou débitent les comptes de leurs bons clients le jour de la compensation. C'est le cas en France de la Société générale et de la Citibank.

EXERCICES

1. Un contribuable a le choix entre deux formules pour payer ses impôts :
a) Verser le quinze février et le quinze mai des acomptes provisionnels égaux au tiers de l'imposition de l'année précédente. Le solde est réglé le quinze septembre (ou le quinze octobre).
b) Verser dix mensualités de janvier à octobre, égales au dixième de l'imposition de l'année précédente. Le solde est prélevé en novembre.
L'imposition pour 1993 étant de 86 100 francs et pour 1994 de 95 300 francs, calculer les montants des divers versements pour 1994, suivant l'une et l'autre option.

2. Au 1/11/94, un billet de train Versailles-Paris coûte 12,50 francs. La carte à la semaine vaut 66 francs, et permet d'effectuer un aller-retour par jour pendant une semaine. Le coupon orange hebdomadaire coûte 113 francs (zones 1 à 4), et permet d'effectuer un nombre illimité d'allers-retours dans la semaine.
a) Déterminer au bout de combien de voyages aller-retour hebdomadaires il est rentable d'acheter une carte à la semaine.
b) Une personne effectue chaque jour ouvrable un aller-retour, et utilise en plus quatre tickets d'autobus (à 4,50 francs l'unité). Déterminer à partir de combien de jours ouvrables dans la semaine, il vaut mieux acheter un coupon orange qu'une carte hebdomadaire.
c) Reprendre le b) pour un salarié se faisant rembourser 40 % du coupon orange par son employeur.

GRANDEURS PROPORTIONNELLES

On dit que des grandeurs sont *proportionnelles* si leur rapport est constant (autrement dit, si ce rapport ne prend qu'une seule valeur).

Exemples :

1. À vitesse donnée, la consommation d'essence d'une automobile est proportionnelle au nombre de kilomètres parcourus (en supposant que la route est droite et de pente constante).

2. Le montant d'une facture est proportionnel au nombre d'exemplaires pour un article donné (sauf en cas de réduction pour quantité).

3. Le prix d'un appartement est proportionnel à la superficie (dans un quartier donné, pour un confort donné).

4. Les impôts indirects suivent une loi de proportionnalité ; il n'en est pas de même pour l'impôt sur le revenu (si le revenu double, les impôts peuvent être multipliés par dix).

5. Le prix du stationnement dans un parc n'est pas proportionnel à la durée en minutes. En effet, toute heure entamée est due, et l'on paye autant pour 60 minutes que pour un quart d'heure. Le prix n'est pas toujours proportionnel au nombre d'heures : le tarif peut être dégressif (cas du forfait pour une soirée) ou progressif, pour éviter des stationnements de longue durée (supermarchés).

On dit que des grandeurs sont *inversement proportionnelles* si l'une est proportionnelle à l'inverse de l'autre.

Exemple : Le nombre de litres d'essence que l'on obtient pour 100 F est inversement proportionnel au prix du litre.

POURCENTAGES

On exprime souvent le quotient (constant) de deux grandeurs proportionnelles sous la forme d'une fraction de dénominateur 100. Afin d'éviter une écriture fractionnaire, on indique le rapport en « tant pour cent » et on utilise la notation %.

> Lorsque les pourcentages sont de l'ordre de quelques unités, on préfère le « tant pour mille » ; c'est le cas pour les taux de natalité ou de mortalité. Mais le symbole ‰ (pour mille), prêtant à confusion avec %, ne doit pas être utilisé

Les taux d'intérêt (voir p. 112) sont exprimés en « tant pour cent » ; il en est de même pour la TVA (voir p. 99). On remarquera dans ces divers cas que le pourcentage n'est pas forcément un nombre entier : un taux d'intérêt peut être de 4,5 % ou de 13,6 %.

Le calcul des pourcentages se ramène immédiatement au calcul sur les fractions (voir p. 66). Ainsi, pour calculer un supplément de 15 %, il suffit de savoir multiplier par 0,15.

Exemple : Une commande par correspondance s'élève à 244 F, les frais de port coûtant 15 % supplémentaires. On divise d'abord par 10, ce qui donne 24,40 F ; on divise par 2 et on trouve 12,20 F. Il ne reste plus qu'à ajouter ces deux nombres pour obtenir les frais de port :

24,40 + 12,20 = 36,60 F.

Le total port compris est non 244 F, mais :

244 + 36,60 = 280,60 F.

L'effet psychologique étant désastreux, on comprend pourquoi les coiffeurs, puis les restaurateurs et les hôteliers, ont adopté le « service compris ». (Même les taxis se sont ralliés à cette formule : « La somme à payer est marquée au compteur. ») Cependant, certains nostalgiques substituent au service un pourboire de 10 ou 15 %.

Le *bénéfice* s'exprime soit en pourcentage du prix de revient ou prix d'achat A (point de vue du commerçant), soit en pourcentage du prix de vente V (point de vue du client) ; dans ce dernier cas, le bénéfice s'appelle *taux de marque* et se note t :

$$\frac{V}{A} = \frac{100}{100-t}.$$

Consommation d'une automobile

En France, la consommation est toujours exprimée en volume dépensé pour 100 kilomètres. On reconnaît un problème de pourcentage.

Exercices :

1. Un automobiliste a remis le compteur journalier à zéro au moment d'un plein. Lors du plein suivant, il doit mettre 38,5 L. Le compteur partiel marque alors 437,1 km. Trouver la consommation en litres aux 100 kilomètres.
On trouve immédiatement :

$$100 \times \frac{38,5}{437,1} \approx 8,8 \text{ L.}$$

■ Il ne servirait à rien de donner le résultat sous la forme 8,81 L, car la précision de 10^{-2} est illusoire : il suffit d'une légère pente de la station-service pour trouver 8,80 ou 8,85 L.

■ Supposons que l'on ait introduit par erreur dans la calculatrice d'abord 437,1 puis 38,5. Il n'est pas nécessaire de tout recommencer : on effectue la division, et l'on cherche l'inverse du quotient ainsi trouvé grâce à la touche $1/x$. Dans le cas présent :

$$\frac{437,1}{38,5} \approx 11,35 \quad \text{et} \quad 100 \times \frac{1}{11,35} \approx 100 \times 0,088 = 8,8.$$

2. L'automobiliste ne remet pas le compteur à zéro lors des pleins suivants. La troisième fois, il doit ajouter 36,1 L ; le compteur marque 853,2 km. Trouver la consommation entre les deux derniers pleins.
La consommation de 36,1 L correspond à :

$$\mathbf{853{,}2 - 437{,}1 = 416{,}1\ km.}$$

En litres aux 100 kilomètres :

$$100 \times \frac{36{,}1}{416{,}1} \approx 8{,}7.$$

Représentation circulaire des pourcentages

La notion de pourcentage est très commode pour étudier des phénomènes économiques : importance relative des diverses ethnies d'une population, des divers postes d'un budget, etc. Dans chaque cas, les pourcentages désignent une fraction inférieure à 1. La somme des divers pourcentages doit redonner 100 %.

En pratique, on n'obtient pas forcément 100 %, par suite d'erreurs d'arrondissage. Dans les sondages d'opinion, on rétablit la situation grâce aux catégories « sans opinion » et « divers ».

On représente souvent les pourcentages à l'aide d'un diagramme à secteurs circulaires (voir p. 183), dit familièrement « camembert ». Les aires des divers secteurs sont proportionnelles aux pourcentages. Ainsi, 50 % seront représentés par un demi-disque, 25 % par un quart de disque, etc.

Exercice : Au début de l'année 1991, la population mondiale s'élevait à 5 384 millions d'habitants, répartis comme suit :

Asie/Océanie	3 182 millions
Europe et ex-URSS	794 millions
Amérique	731 millions
Afrique	677 millions

Calculer les divers pourcentages et les représenter par un diagramme circulaire.

Asie / Océanie	$\frac{3\,182}{5\,384} \approx 59{,}1\ \%$
Europe et ex–URSS	$\frac{794}{5\,384} \approx 14{,}7\ \%$
Amérique	$\frac{731}{5\,384} \approx 13{,}6\ \%$
Afrique	$\frac{677}{5\,384} \approx 12{,}6\ \%$

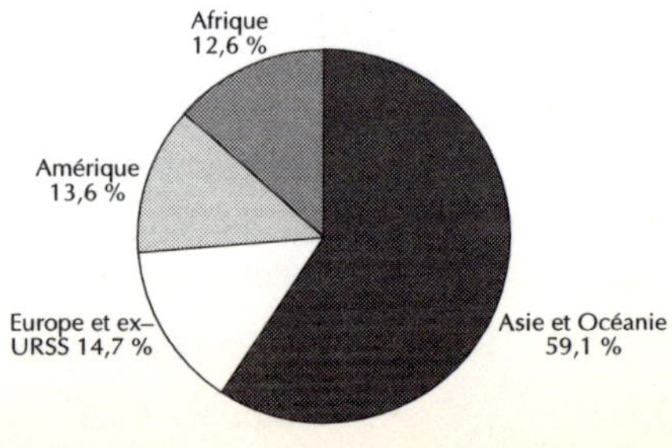

Les calculs de pourcentages se compliquent dans le cas fréquent où le taux varie suivant la tranche, comme le montrent les exemples ci-dessous, tirés de la vie quotidienne.

Sécurité sociale

Au 1er juillet 1994, les cotisations pour assurance maladie, maternité, invalidité, décès, vieillesse, veuvage et allocations familiales (versées à trois caisses différentes) comportent une partie proportionnelle à la totalité du salaire : 26,70 % dont 6,90 % pour la part salariale.

Une autre partie tient compte du plafond de la Sécurité sociale, égal à 12 840 F au 1/7/1994 (ce plafond change deux fois par an). Dans la limite de ce plafond, les cotisations sont de 14,75 % dont 6,55 % pour la part salariale.

Exemples :

1. Considérons le cas d'un employé ayant travaillé 156 heures dans le mois, à 59 F de l'heure. Le salaire brut est :

$$\mathbf{156 \times 59 = 9\ 204\ F.}$$

Le salaire mensuel étant inférieur au plafond, toutes les retenues sont proportionnelles à ce salaire. La part salariale se monte à :

$$\mathbf{0{,}134\ 5 \times 9\ 204 \approx 1\ 237{,}93\ F.}$$

L'employeur verse en totalité (part salariale et part patronale cumulées) :

$$\mathbf{0{,}414\ 5 \times 9\ 204 \approx 3\ 815{,}05\ F.}$$

2. Considérons maintenant le cas d'un salaire mensuel de 15 840 F. Le plafond étant dépassé, les calculs sont légèrement plus compliqués.

La partie correspondant au plafond se calcule comme ci-dessus.

Il faut ajouter le montant correspondant à la partie comprise entre le plafond et le salaire total, à savoir :

$$\mathbf{15\ 840 - 12\ 840 = 3\ 000\ F.}$$

La cotisation globale est :

$$\mathbf{0{,}414\ 5 \times 12\ 840 + 0{,}267\ 0 \times 3\ 000 = 6\ 123{,}18\ F,}$$

dont une part salariale de :

$$\mathbf{0{,}134\ 5 \times 12\ 840 + 0{,}069 \times 3\ 000 = 1\ 933{,}98\ F.}$$

Contribution sociale généralisée (CSG)

En 1994, la CSG est calculée au taux de 2,4 % appliqué à 95 % de la rémunération brute. Son montant, à la charge du salarié, n'est pas déductible du revenu imposable. En contrepartie, une déduction forfaitaire est effectuée sur la cotisation d'assurance vieillesse (42 F pour un salarié à temps plein).

Exemple : Reprenons le premier calcul ci-dessus. La CSG est de :

$$\mathbf{0{,}024 \times 0{,}95 \times 9\ 204 \approx 209{,}85\ F.}$$

Retraite complémentaire et assurance chômage

Au 1/7/1994, le taux de cotisation pour la retraite complémentaire des salariés non cadres est 5 % dont 2 % pour la part salariale, avec un plafond égal à trois fois celui de la Sécurité sociale, soit 38 520 F par mois. Pour les cadres, la cotisation est de 5 % sur la tranche A (12 840 F) dont 2 % pour la part salariale. Sur la tranche B (c'est-à-dire 3 × 12 840 = 38 520 F, soit de 12 840 F à 51 360 F), le taux dépend des entreprises sans pouvoir être inférieur à 12,10 %, dont 3,63 % pour la part salariale.

Le taux de cotisation pour le chômage est de 8,56 % sur la tranche A dont 3,22 % pour la part salariale et 9,33 % sur les tranches B et C (c'est-à-dire de 12 840 F à 102 720 F), dont 3,86 % pour la part salariale.

Exemple : Reprenons encore le premier exemple ci-dessus. La part salariale des retenues effectuées par l'employeur en plus de la Sécurité sociale est :

$$\mathbf{0{,}052\,2 \times 9\,204 \approx 480{,}45\ F.}$$

Le versement effectué par l'employeur comporte aussi la part patronale ; il s'élève à :

$$\mathbf{0{,}135\,6 \times 9\,204 \approx 1\,248{,}06\ F.}$$

Si l'on tient compte en même temps de la Sécurité sociale et de la CSG, on voit que le salaire net se réduit à :

$$\mathbf{9\,204 - 1\,237{,}93 - 209{,}85 - 480{,}45 = 7\,275{,}77\ F}$$

alors que l'employeur aura déboursé en tout :

$$\mathbf{9\,204 + (3\,815{,}05 - 1\,237{,}93) + (1\,248{,}06 - 480{,}45) = 12\,548{,}73\ F.}$$

Le pourcentage du salaire net par rapport au salaire brut est :

$$\frac{7\,275{,}77}{9\,204{,}00} \approx 0{,}790\,5,$$

soit environ 79 % (avant impôts).
Le pourcentage du salaire net par rapport au coût global est :

$$\frac{7\,275{,}77}{12\,548{,}73} \approx 0{,}579\,8,$$

soit environ 58 %.

Impôts sur le revenu

En France, les pourcentages varient par tranches du quotient familial, noté QF, c'est-à-dire le quotient du revenu imposable R par le nombre N de parts. Pour les revenus de 1994, la loi de finances prévoit sept tranches (au lieu du double en 1983) :

$QF \leqslant 22\,210$	0 %	$138\,410 < QF \leqslant 225\,210$	45 %
$22\,210 < QF \leqslant 48\,570$	12 %	$225\,210 < QF \leqslant 277\,730$	50 %
$48\,570 < QF \leqslant 85\,480$	25 %	$277\,730 < QF$	56,8 %
$85\,480 < QF \leqslant 138\,410$	35 %		

Exemple : Considérons le cas d'un couple marié sans enfant ayant un revenu imposable de 100 000 F. Alors :

$$QF = \frac{R}{N} = \frac{100\,000}{2} = 50\,000.$$

Ce nombre étant compris entre 48 570 et 85 480, la tranche des 25 % est atteinte. (Mais seule la partie comprise entre 48 570 et 50 000 est soumise à ce taux.) Détaillons le calcul pour une part :

$$0{,}12 \times (48\,570 - 22\,210) = 0{,}12 \times 26\,360 = 3\,163{,}20$$

$$0{,}25 \times (50\,000 - 48\,570) = 0{,}25 \times 1\,430 = 357{,}50.$$

Soit au total : 3 520,70. On doit multiplier ce nombre par le nombre de parts. On trouve ainsi :

$$2 \times 3\,520{,}70 = 7\,041{,}40 \text{ F.}$$

Le pourcentage des impôts sur la totalité des revenus imposables est non pas 0,25, mais :

$$\frac{7\,041{,}40}{100\,000} = 7{,}041\ \%,$$

c'est-à-dire moins de 14 % .

Pour ne pas recommencer les calculs dans chaque cas, on multiplie le revenu imposable par le taux correspondant à la dernière tranche et l'on soustrait le produit par N d'une constante ne dépendant que de la tranche considérée.

Exemple : Reprenons le cas étudié ci-dessus. Pour chaque part, l'impôt est :

$$0{,}25 \times 50\,000 = 12\,500 \text{ F}$$

diminué de :

$$0{,}13 \times 26\,360 + 0{,}25 \times 22\,210 = 8\,979{,}30 \text{ F.}$$

(Le nombre 26 360 est la différence calculée plus haut ; le nombre 22 210 correspond à la tranche non imposable.)

Ainsi, pour un couple atteignant la tranche des 25 %, le montant des impôts est :

$$0{,}25\,R - 2 \times 8\,979{,}30 = 0{,}25\,R - 17\,958{,}60 \text{ F.}$$

En remplaçant R par 100 000, on retrouve 7 041,40.

En procédant de même pour les autres tranches, on reconstitue le barème donné dans la notice devant accompagner la déclaration des revenus de 1994 :

$QF \leqslant 22\,210$	0
$22\,210 < QF \leqslant 48\,570$	$0{,}120\,R - 2\,665{,}20\,N$
$48\,570 < QF \leqslant 85\,480$	$0{,}250\,R - 8\,979{,}30\,N$
$85\,480 < QF \leqslant 138\,410$	$0{,}350\,R - 17\,527{,}30\,N$
$138\,410 < QF \leqslant 225\,210$	$0{,}450\,R - 31\,368{,}30\,N$
$225\,210 < QF \leqslant 277\,730$	$0{,}500\,R - 42\,628{,}80\,N$
$277\,730 < QF$	$0{,}568\,R - 61\,514{,}44\,N.$

Le choix du nombre de tranches obéit à des impératifs divers : équilibrer le budget, bien entendu, mais aussi assurer la progressivité de l'impôt et réduire les inégalités sociales. On explique ainsi la variation de ce nombre : sept tranches en 1993, treize de 1987 à 1992, quatorze de 1982 à 1986, huit en 1971 et quinze en 1969. Faire et défaire, c'est toujours travailler.

Droits de succession

Considérons d'abord le cas de la ligne directe de parents à enfants.

Jusqu'à 50 000 F :	5 %
De 50 001 à 75 000 F :	10 %
De 75 001 à 100 000 F :	15 %
De 100 001 à 3 400 000 F :	20 %
De 3 400 001 à 5 600 000 F :	30 %
De 5 600 001 à 11 200 000 F :	35 %
Au-dessus de 11 200 001 F :	40 %

Il y a un abattement de 300 000 F pour la part de chacun des ascendants et de chacun des enfants. Si l'un des héritiers a au moins trois enfants vivants, on déduit des droits 4 000 F par enfant en plus du deuxième.

Exemple : Soit un héritage de 550 000 F attribué à un père de quatre enfants. Le montant des droits est :

0,05 × 50 000 + 0,10 × 25 000 + 0,15 × 25 000 + 0,20 × 150 000 = 38 750 F.

(L'héritage de 550 000 F doit être diminué de l'abattement de 300 000 F. La partie frappée de 20 % est limitée à 250 000 – 100 000 = 150 000 F.)

On en déduit enfin deux fois 4 000 F pour les deux derniers enfants. Le montant des droits est ramené à :

38 750 – 8 000 = 30 750 F.

Le pourcentage effectif est non pas 20 %, mais :

$$\frac{30\,750}{550\,000} \approx 5{,}59\ \%.$$

Passons maintenant à un héritage entre oncle et neveu. Les droits sont de 55 %, avec un abattement de 10 000 F. (Cette fois, il n'y a plus d'abattement supplémentaire pour les enfants.)

Exemple : Pour un montant toujours de 550 000 F, on obtient cette fois :

0,55 × (550 000 – 10 000) = 297 000 F.

Le pourcentage effectif est :

$$\frac{297\,000}{550\,000} = 54\ \%.$$

La *taxe sur la valeur ajoutée*, ou TVA, est un impôt indirect frappant tous les produits (alimentation, électricité, etc.) et tous les services (main-d'œuvre artisanale, auto-école, etc.).

Taux

Depuis le 16 avril 1992, il y a trois taux ; le prix de vente hors taxe d'un produit doit être augmenté de 18,6 % (taux normal), 5,5 % (taux réduit) ou 2,1 % (taux super-réduit).

Le taux réduit s'applique à l'alimentation, aux fleurs, aux produits pharmaceutiques, aux transports, aux livres. Le taux super réduit concerne les publications de presse, les médicaments remboursables par la Sécurité sociale, la redevance pour les téléviseurs. Le taux majoré (automobiles, fourrures, pierres précieuses, jeux, Minitel rose, etc.) était de 33,33 % jusqu'en 1988 ; il est passé à 28 %, 25 % et 22 % avant de rejoindre le taux normal. La morale n'est pas sauve.

Le consommateur paye la facture hors taxe, augmentée de la TVA. Mais chaque intermédiaire ne verse au fisc que la différence entre la taxe qu'il a perçue et toutes celles qu'il a versées en réglant ses fournisseurs : on dit que l'intermédiaire a récupéré la TVA.

Le nom de la taxe provient donc tout simplement du fait que celle-ci porte sur la valeur ajoutée par l'intermédiaire (façonnage, frais de distribution, bénéfice). Le sigle TTC (toutes taxes comprises) signifie en fait : TVA comprise.

Calculs sur la TVA

Soit t le taux de la taxe, exprimé en pourcentage. Notons v le prix de vente hors taxe et V le prix taxe comprise. Alors :

$$\frac{V}{v} = \frac{100+t}{100}.$$

On obtient donc le prix de vente V en multipliant v par la fraction : $\frac{100+t}{100}$; ainsi :

$$V = \frac{100+t}{100}\,v.$$

Un industriel s'adressant généralement à des entreprises récupérant la TVA indique uniquement les prix hors taxe. Un particulier commandant à un tel industriel ne devra pas oublier de multiplier le prix catalogue par la fraction $(100 + t)/100$. Il faut donc se méfier des prix de gros.

Exemple : Un photocopieur est proposé au prix de 3 000 F hors taxe. Combien sera-t-il facturé à un particulier ? Le prix de vente taxe comprise est :

$$V = 1{,}186 \times 3\ 000 = 3\ 558 \text{ F.}$$

Inversement, le prix de vente v hors taxe se déduit du prix de vente V taxe comprise par la formule :

$$v = \frac{100}{100+t}\,V.$$

La TVA est la différence $V - v$. Par conséquent, la taxe est égale à :

$$V - v = \left(1 - \frac{100}{100+t}\right)V = \frac{t}{100+t}\,V.$$

La TVA est la fraction $\frac{t}{100+t}$ du prix de vente taxe comprise. On dit souvent que $\frac{100\,t}{100+t}$ est le taux apparent (exprimé en pourcentage), par opposition au taux réel t. Par exemple, dans le cas du taux normal, $t = 18{,}6$, tandis que :

$$\frac{t}{100+t} = \frac{18{,}6}{100+18{,}6} = \frac{18{,}6}{118{,}6} \approx 0{,}156\,83.$$

(La taxe réelle est environ un cinquième du prix hors taxe, mais elle n'apparaît que pour moins d'un sixième du prix taxe comprise.)

Exemple : Un micro-ordinateur est marqué au catalogue 13 000 F. Une administration (non soumise à la TVA) ou une entreprise (récupérant celle-ci) ne paiera que :

$$\frac{1}{1{,}186} \times 13\,000 \approx 10\,961{,}21 \text{ F.}$$

Tableau des taux de la TVA

taux	taux hors taxe t ou taux réel	taux taxe incluse ou taux apparent	rapport v/V des prix hors taxe et taxe comprise
normal	18,6	15,683	0,843 2
réduit	5,5	5,213	0,947 9
super-réduit	2,1	2,056 8	0,979 3

Exemples :

1. Un livre vendu en gros porte le prix de cession de 51 F. La TVA intervenant pour 5,213 %, le prix unitaire hors taxe est :

$$\frac{94{,}79}{100} \times 51 \approx 48{,}34 \text{ F.}$$

On vérifiera que le produit 1,055 × 48,34 redonne 51 F.

Un libraire revend ce livre 73 F. La TVA payée par le client est :

$$\frac{5{,}213}{100} \times 73 \approx 3{,}81 \text{ F.}$$

Mais le libraire, ayant déjà payé la taxe sur le prix de cession, ne versera au fisc que la taxe sur la valeur ajoutée, c'est-à-dire la marge sur le prix hors taxe. Le prix de vente hors taxe est :

$$73 - 3{,}81 = 69{,}19 \text{ F.}$$

La valeur ajoutée est donc :

$$69{,}19 - 48{,}34 = 20{,}85 \text{ F.}$$

Finalement, la TVA que doit verser le libraire est :

$$0{,}055 \times 20{,}85 \approx 1{,}15 \text{ F.}$$

La taxe totale de 3,81 F payée par le client est versée au fisc en deux fois : 2,66 F versés par l'éditeur et 1,15 F versé par le libraire.

2. Un épicier achète à un grossiste :

1 139,62 F d'alimentation (au taux réduit)
266,36 F de produits d'entretien (au taux normal).

La TVA est :

$$0{,}055 \times 1\,139{,}62 + 0{,}186 \times 266{,}36 \approx 62{,}68 + 49{,}54 = 112{,}22 \text{ F.}$$

Le total versé au grossiste est :

$$1\,139{,}62 + 266{,}36 + 112{,}22 = 1\,518{,}20 \text{ F.}$$

	5,5	18,6	
Montant HT	1 139,62	266,36 →	1 405,98
Montant TVA	62,68	49,54 →	112,22
Montant TTC	1 202,30	315,90 →	1 518,20

À payer : 1 518,20 F

On contrôlera la facture en effectuant les additions par lignes (total hors taxe, total des taxes, total toutes taxes comprises), puis par colonnes (calcul du produit TTC pour chaque type de produit). La somme des deux nombres obtenus doit être la même dans chaque cas :

$$1\,405{,}98 + 112{,}22 = 1\,202{,}30 + 315{,}90.$$

Ventes aux enchères

Depuis le décret du 24/3/1993, les frais légaux sont proportionnels au montant de l'adjudication, avec deux taux correspondant aux normes européennes :

10,674 % lorsque la TVA est de 18,6 % (cas général)

9,495 % lorsque la TVA est de 5,5 % (livres, certains biens immobiliers dépendant d'une exploitation agricole).

Ces taux se réduisent tous deux à 9 % hors TVA.

Exemples :

1. Un fauteuil, assujetti au taux normal de la TVA, a été adjugé 8 000 F. Les frais légaux se montent à : **0,10 674 × 8 000 = 853,92 F.** Le montant payé par l'acheteur est en définitive :

8 000 + 853,92 = 8 853,92 F.

2. Pour un lot de livres adjugé 5 000 F, la somme payée par l'acheteur est :

1,094 95 × 5 000 = 5 474,75 F.

Avant 1993, le calcul s'effectuait par tranches, comme pour les impôts. Ainsi, jusqu'en 1985, les frais étaient de 16 % jusqu'à 6 000 F ; de 11,5 % de 6 001 à 20 000 F ; 10 % à partir de 20 001 F.
Entre le 29/3/1985 et le 24/3/1993, les développements de l'informatique ont permis l'introduction de coefficients compliqués : 10,674 % jusqu'à 15 000 F ; 6,226 % de 15 001 à 40 000 F ; 4,151 % de 40 001 à 300 000 F ; 4,965 % au-dessus de 300 000 F.
De tels coefficients conduisaient à d'intéressants exercices d'arithmétique.
On remarquera que la formule linéaire, en vigueur actuellement, fait appel au plus grand des coefficients précédents.

RÈGLE DE TROIS

La *règle de trois* est un procédé de calcul permettant d'étudier la variation de deux grandeurs proportionnelles.

L'intérêt essentiel de la règle de trois est de pouvoir éviter la notation fractionnaire, grâce à la réduction à l'unité (parfois dénuée d'interprétation).

La règle de trois est *directe* quand on cherche le numérateur connaissant le dénominateur ; elle est *inverse* quand on cherche le dénominateur connaissant le numérateur.

Exercices :

1. Sachant que 18 m de tissu ont été payés 720 F, trouver le prix de 23 m.
Le prix étant proportionnel à la longueur, le prix cherché est :

$$\frac{23}{18} \times 720 \approx 920 \text{ F.}$$

Au lieu d'utiliser les fractions, on peut employer la méthode de réduction à l'unité. Le prix d'un mètre de tissu est 720/18 = 40 F. Le prix de 23 m est :

23 × 40 = 920 F.

2. Un gâteau pour quatre personnes nécessite six œufs. Combien faut-il d'œufs pour six personnes ?
Il faut :

$$\frac{6}{4} \times 6 = 1{,}5 \times 6 = 9 \text{ œufs.}$$

La réduction à l'unité serait ici inutilement compliquée.

3. Un entrepreneur fait construire d'habitude une maison préfabriquée en 30 jours avec 15 ouvriers. Six ouvriers étant en congé, déterminer la durée des travaux.
Le produit du nombre d'ouvriers par le nombre de jours est constant. Il faudra donc :

$$\frac{30 \times 15}{9} = \mathbf{50\ jours.}$$

Dans cet exemple, la réduction à l'unité serait ridicule : un travail d'équipe se ramène difficilement à celui d'une seule personne.

EXERCICES

1. Un lycéen a acheté une calculatrice 637,50 francs. Sachant qu'il a obtenu une remise de 15 %, calculer le prix de la calculatrice avant la remise.

2. Pour tout achat d'un casque de vélomoteur, un magasin offre une bande dessinée. À quel pourcentage de ristourne équivaut ce cadeau, sachant qu'un casque de vélomoteur coûte 460 francs et une bande dessinée, 55 francs ?

3. Un chasseur qui possédait 760 grammes de plomb a pu fondre 25 balles pour son fusil. Sachant que la masse de l'ancienne livre est de 480 grammes et que le nombre représentant le calibre représente aussi le nombre de balles que l'on peut faire pour son arme avec une livre de plomb, quel est le calibre de son fusil ? (D'après Marcel PAGNOL.)

4. Deux frères reçoivent deux parts égales dans un héritage qui comprend une maison et une vigne. La maison est estimée à 750 000 francs et la vigne à 80 % de la valeur de la maison. Si le premier reçoit la maison, combien devra-t-il donner au second pour rétablir l'égalité entre eux ?

5. Sachant qu'un chameau adulte boit deux seaux d'eau d'une contenance de dix litres par jour, combien de temps faudra-t-il à un troupeau de douze chameaux adultes pour vider un abreuvoir d'une contenance de 13 000 litres ? (On ne tient pas compte de l'évaporation naturelle de l'eau.)

6. Les tarifs des communications téléphoniques indiquent la durée d'une unité suivant la distance et le moment de l'appel. (Le prix d'une communication est proportionnel au nombre d'unités, et inversement proportionnel à la durée d'une unité.)
L'unité étant facturée 0,73 franc, calculer le prix d'une communication de six minutes pour les durées suivantes de l'unité de taxation, sachant qu'une unité entamée est due entièrement :
120 s   72 s   45 s   24 s   19 s   5,4 s   2,5 s

7. Un tableau a été acheté et revendu successivement par quatre personnes. Les deux premières ont chacune réalisé un bénéfice de 10 % et chacune des deux dernières une perte de 10 % entre le prix d'achat et le prix de vente. La dernière personne a revendu le tableau 24 502,5 francs.
Combien la première l'avait-elle acheté ?

RACINES CARRÉES, RACINES CUBIQUES

RACINES CARRÉES

Soit a un nombre réel positif. Il existe un nombre réel positif et un seul dont le carré est a ; ce nombre s'appelle *racine carrée* de a et se note $\sqrt{a}$.

Exemples : La relation $11^2 = 121$ s'écrit encore $\sqrt{121} = 11$.
La racine carrée de 1 est 1, et la racine carrée de 0 est 0.
Noter que $\sqrt{100} = 10$ et $\sqrt{10\,000} = 100$.

■ Le symbole $\sqrt{\ }$ est une déformation de la lettre *r* (initiale de racine).

■ L'opposé de $\sqrt{a}$ admet encore pour carré le nombre a. Mais ne pas oublier que la racine carrée de a est un nombre positif.

■ La règle des signes (voir p. 62) montre qu'un carré est toujours positif. Un nombre réel strictement négatif n'a donc pas de racine carrée.

Opérations sur les racines carrées

La racine carrée d'un produit est le produit des racines carrées des facteurs :

$$\sqrt{ab} = \sqrt{a}\,\sqrt{b}.$$

Exemple : La racine carrée de 12 100 = 121 × 100 est :

$$\sqrt{121} \times \sqrt{100} = 11 \times 10 = 110.$$

La racine carrée d'un quotient est le quotient des racines carrées du numérateur et du dénominateur.

$$\sqrt{\frac{a}{b}} = \frac{\sqrt{a}}{\sqrt{b}}.$$

Exemple : Calculer la racine carrée de 0,64.
Nous pouvons écrire 0,64 sous la forme : $\frac{64}{100} = \frac{8^2}{10^2}$.
Par suite :

$$\sqrt{0{,}64} = \frac{8}{10} = 0{,}8.$$

Calcul des racines carrées

Lorsqu'on dispose d'une table des carrés, on commence par chercher dans cette table si le nombre a est le carré d'un entier ; lorsque a se trouve dans la colonne n^2, la racine carrée de a se lit sur la même ligne dans la colonne n (voir p. 277).

Exemple : Le nombre 2 025 se trouve dans la colonne des carrés ; c'est le carré de 45.

Si a n'est pas le carré d'un entier, on essaie de se ramener à ce cas en formant 100 a ou 10 000 a.

Exemple : Le nombre $a = 23{,}04$ n'est pas le carré d'un entier. Mais 2 304 figure dans la colonne des carrés ; plus précisément, $2\,304 = 48^2$. On en déduit que :

$$\sqrt{23{,}04} = 4{,}8.$$

Les racines carrées de 100 et de 10 000 sont très simples ; il n'en est pas de même pour :

$$\sqrt{10} \approx 3{,}162\,3.$$

Il ne servirait donc à rien de remarquer que a est le produit (ou le quotient) par 10 du carré d'un entier. Ainsi, pour calculer la racine carrée de 160, on ne gagne pas de temps à écrire 160 sous la forme $160 = 16 \times 10 = 4^2 \times 10$.

Dans le cas général, il n'y a pas de méthode donnant la valeur exacte de la racine carrée de a. On peut alors utiliser une table des racines carrées, donnant les racines carrées des entiers de 1 à 50 à la précision 10^{-4}.
On peut encore utiliser la table lorsque a est un entier produit de facteurs inférieurs à 50.

Exemple : Calculer la racine carrée de $a = 30\,268$.
On décompose a en produit de facteurs premiers (voir p. 42) :

$$a = 2^2 \times 7 \times 23 \times 47.$$

La table fournit des valeurs approchées des racines carrées de 7, 23 et 47 :

$$\sqrt{7} \approx 2{,}645\,8 \qquad \sqrt{23} \approx 4{,}795\,8 \qquad \sqrt{47} \approx 6{,}855\,7.$$

Par conséquent :

$$\sqrt{a} \approx 2 \times 2{,}645\,8 \times 4{,}795\,8 \times 6{,}855\,7 \approx 173{,}98.$$

On contrôle le résultat en formant le carré du nombre obtenu :

$$173{,}98^2 \approx 30\,269.$$

On n'a donc pas commis d'erreur grossière dans la lecture de la table, non plus que dans les multiplications successives.

Emploi d'une calculatrice de poche

Presque toutes les calculatrices, même celles du type « quatre opérations », possèdent une touche $\sqrt{x}$.

> Si par mégarde on introduit un nombre strictement négatif, la calculatrice affiche *Error*.

Exemple : Grâce à cette touche, on obtient instantanément :

$$\sqrt{30\,268} \approx 173{,}98.$$

Méthode itérative

Faute de disposer d'une table de racines carrées ou d'une calculatrice de poche munie de la touche $\sqrt{x}$, on peut obtenir à la main une valeur approchée de la racine carrée (aussi précise que l'on veut), au prix de quelques divisions.

> La méthode que nous allons exposer, souvent appelée *méthode de Newton*, a été en fait trouvée par Héron d'Alexandrie il y a près de deux mille ans.

Exemples :

1. Examinons le cas de la racine carrée de 2. Nous voulons retrouver la valeur donnée par la table :

$$\sqrt{2} \approx 1{,}414\,2.$$

Prenons la valeur approchée $u_0 = 1$. Ce nombre est trop petit ; en revanche :

$$\frac{2}{u_0} = \frac{2}{1} = 2$$

est trop grand. La demi-somme :

$$u_1 = \frac{1}{2}\left(u_0 + \frac{2}{u_0}\right)$$

doit être meilleure que chacune des deux premières. En effet :

$$u_1 = \frac{1}{2}(1+2) = \frac{3}{2} = 1{,}5.$$

Recommençons avec :

$$u_2 = \frac{1}{2}\left(u_1 + \frac{2}{u_1}\right) = \frac{1}{2}\left(\frac{3}{2} + \frac{4}{3}\right) = \frac{17}{12} \approx 1{,}416\,7.$$

Un troisième calcul fournit :

$$u_3 = \frac{1}{2}\left(u_2 + \frac{2}{u_2}\right) = \frac{1}{2}\left(\frac{17}{12} + \frac{24}{17}\right) = \frac{17^2 + 12 \times 24}{2 \times 12 \times 17} = \frac{577}{408} \approx 1{,}414\,216.$$

On a ainsi obtenu la racine carrée de 2 à la précision 10^{-4}.

On aurait pu prendre n'importe quel nombre strictement positif pour la valeur initiale u_0. Mais si l'on choisit une valeur déjà très proche du résultat, on arrive beaucoup plus vite à la précision souhaitée. On prend de préférence pour u_0 la partie entière de la racine carrée de a (grâce à une table des carrés), en encadrant a entre deux carrés.
La méthode précédente sert bien entendu lorsqu'on ne connaît pas d'avance le résultat. Pour obtenir la précision 10^{-3} par exemple, on s'arrêtera dès que les trois premiers chiffres après la virgule ne changent plus.

2. Calculons la racine carrée du nombre $a = 7\,335$ à la précision 10^{-2}.
La table des carrés montre que $85^2 < a < 86^2$. Prenons $u_0 = 85$. Alors :

$$u_1 = \frac{1}{2}\left(85 + \frac{7\,335}{85}\right) \approx 85{,}647.$$

De même :

$$u_2 = \frac{1}{2}\left(u_1 + \frac{7\,335}{u_1}\right) \approx 85{,}645.$$

Les deux premiers chiffres après la virgule n'ayant pas changé, on peut affirmer que :

$$\sqrt{7\,335} \approx 85{,}64 \quad \text{à la précision } 10^{-2}.$$

On contrôle le résultat en formant les carrés de 85,64 et de 85,65. Le premier carré est légèrement inférieur à 7 335, tandis que le second dépasse 7 335. La racine carrée de a est donc comprise entre 85,64 et 85,65.

De manière générale, on choisit une valeur initiale u_0 proche de de la racine carrée de a (en encadrant a entre deux carrés consécutifs). On calcule ensuite :

$$u_1 = \frac{1}{2}\left(u_0 + \frac{a}{u_0}\right) \qquad u_2 = \frac{1}{2}\left(u_1 + \frac{a}{u_1}\right) \qquad \text{etc.}$$

Pour obtenir la précision 10^{-2}, on s'arrête au moment où les deux premiers chiffres après la virgule ne changent plus. De même, pour obtenir 10^{-3} ou 10^{-4}, on examine les trois premiers chiffres ou les quatre premiers chiffres.

Si $1 \leqslant a < 100$, autrement dit si la partie entière de a est un nombre à un ou deux chiffres, alors :

$$1 \leqslant \sqrt{a} < 10.$$

La partie entière de la racine carrée de a est donc un nombre à un chiffre.
De même, si la partie entière de a est un nombre à trois ou quatre chiffres, la partie entière de la racine carrée de a est un nombre à deux chiffres.
On contrôle ainsi l'ordre de grandeur du résultat.

Soit a un nombre réel positif. Il existe un nombre réel positif et un seul dont le cube est a ; ce nombre s'appelle *racine cubique* de a et se note $\sqrt[3]{a}$.
Ainsi :

$$\left(\sqrt[3]{a}\right)^3 = a.$$

Exemples : La relation $9^3 = 729$ s'écrit encore $\sqrt[3]{729} = 9$.

Noter que $\sqrt[3]{1} = 1$ et $\sqrt[3]{0} = 0$. Noter aussi que $\sqrt[3]{1\,000} = 10$ et $\sqrt[3]{1\,000\,000} = 100$.

Opérations sur les racines cubiques

Les règles sont les mêmes que dans le cas des racines carrées :

$$\sqrt[3]{ab} = \sqrt[3]{a}\,\sqrt[3]{b} \qquad \sqrt[3]{\frac{a}{b}} = \frac{\sqrt[3]{a}}{\sqrt[3]{b}}.$$

Calcul des racines cubiques

Lorsqu'on dispose d'une table des cubes, on commence par chercher dans cette table si le nombre a est le cube d'un entier ; lorsque a se trouve dans la colonne n^3, la racine cubique de a se lit sur la même ligne dans la colonne n (voir p. 277).

Exemple : Le nombre 103 823 apparaît en face de 47. Ainsi :

$$\sqrt[3]{103\,823} = 47.$$

Si a n'est pas le cube d'un entier, on essaie de se ramener à ce cas en formant 1 000 a ou 1 000 000 a.

Comme dans le cas des racines carrées, il n'y a pas de méthode générale donnant la valeur exacte de la racine cubique. On utilise donc une table des racines cubiques, donnant les valeurs approchées des racines cubiques des entiers de 1 à 50 à la précision 10^{-4}.

Emploi d'une calculatrice de poche

Il faut une calculatrice scientifique ; même dans ce cas, il n'y a pas de touche $\sqrt[3]{x}$. La calculatrice fournit la racine cubique de a comme la valeur de $a^{1/3}$ (voir p. 110). On affiche le nombre a, puis le nombre 3. La touche 1/x donne l'exposant 1/3. On appuie enfin sur la touche y^x pour obtenir le résultat demandé.

Méthodes itératives

Il existe des méthodes itératives pour le calcul à la main des racines cubiques, mais elles sont plus compliquées que dans le cas des racines carrées.

Voici une méthode itérative utilisable sur une calculatrice « quatre opérations - racine carrée ». Cherchons par exemple à calculer la racine cubique de 7. Puisque $1^3 = 1$ et que $2^3 = 8$, le résultat est compris entre 1 et 2. Partons de la valeur initiale $u_0 = 2$. En utilisant deux fois de suite la touche $\sqrt{x}$, nous obtenons :

$$u_1 = \sqrt{\sqrt{7u_0}} \approx 1{,}934\,34.$$

De même :

$$u_2 = \sqrt{\sqrt{7u_1}} \approx 1{,}918\,26 \qquad u_3 = \sqrt{\sqrt{7u_2}} \approx 1{,}914\,26 \qquad u_4 = \sqrt{\sqrt{7u_3}} \approx 1{,}913\,26$$

$$u_5 = \sqrt{\sqrt{7u_4}} \approx 1{,}913\,01 \qquad u_6 = \sqrt{\sqrt{7u_5}} \approx 1{,}912\,95 \qquad u_7 = \sqrt{\sqrt{7u_6}} \approx 1{,}912\,94$$

$$u_8 = \sqrt{\sqrt{7u_7}} \approx 1{,}912\,93 \qquad u_9 = \sqrt{\sqrt{7u_8}} \approx 1{,}912\,93.$$

Une calculatrice scientifique aurait fourni aussitôt la valeur 1,912 93.

PUISSANCES FRACTIONNAIRES

Soit a un nombre réel positif. La racine carrée de a se note encore $a^{1/2}$. De même, la racine cubique de a peut se noter $a^{1/3}$. Plus généralement, pour tout entier naturel q supérieur à 2, on note $a^{1/q}$ l'unique nombre réel positif b tel que $b^q = a$.

Soit r un nombre rationnel, écrit sous la forme $r = p/q$. On note a^r le nombre

$$\left(a^{1/q}\right)^p.$$

Cette notation est justifiée par le fait que si $r = \frac{p}{q} = \frac{p'}{q'}$, les nombres $\left(a^{1/q}\right)^p$ et $\left(a^{1/q'}\right)^{p'}$ sont égaux.

Règles de calcul

Les règles de calcul sur les exposants fractionnaires généralisent les résultats déjà donnés pour les exposants entiers (positifs ou négatifs), ainsi que pour les racines carrées et les racines cubiques :

$$\frac{a^r}{a^s} = a^{r-s} \qquad \left(a^r\right)^s = a^{rs} \qquad a^r\, b^r = (ab)^r.$$

Les puissances fractionnaires interviennent dans les calculs d'intérêts composés (voir p. 118) et dans la détermination de la puissance administrative d'une automobile (voir p. 259).

Les calculatrices scientifiques fournissent les valeurs des puissances fractionnaires d'un nombre grâce à la touche y^x, laquelle sert en particulier à calculer des puissances entières.

Exemple : Pour calculer 2^7, on commence par introduire le nombre 2 ; on introduit ensuite le nombre 7. La touche y^x donne aussitôt la valeur 128.
(Ne pas confondre 2^7 et 7^2 ; faire très attention à l'ordre dans lequel on affiche les données.)

EXERCICES

1. Sans utiliser la calculatrice, simplifier les écritures suivantes :

a) $\left(\sqrt{18}\right)^2 \quad \sqrt{36} \quad \sqrt{144} \quad \sqrt{8\times 6^2} \quad \sqrt{8\times 6^4}$

b) $\sqrt[3]{27} \quad \sqrt[3]{2\times 6^6} \quad \sqrt[3]{8\times 6^6}$.

2. Ranger par ordre de grandeur croissante les nombres suivants :

$$-3\,;\quad \frac{\sqrt{5}}{2}\,;\quad -\frac{21}{22}\,;\quad -\sqrt{2}\,;\quad \left(\sqrt{2}-4\right)^2;\quad |-2|.$$

3. Décomposer en un produit de facteurs premiers le nombre 11 025.
En déduire la racine carrée de ce nombre.

4. a) Effectuer les multiplications suivantes :

$$\left(5-2\sqrt{5}\right)\left(5+2\sqrt{5}\right);\quad \left(\sqrt{5}-2\right)\left(\sqrt{5}+2\right).$$

b) Remplacer les rapports suivants par des rapports égaux dont le dénominateur est entier :

$$a=\frac{1}{\sqrt{5}}\,;\quad b=\frac{1}{\sqrt{5}-2}\,;\quad c=\frac{\sqrt{5}+2}{5-2\sqrt{5}}.$$

c) Calculer l'expression $d = c - b + a$ en remplaçant a, b et c par les rapports à dénominateur entier trouvés au b).

INTÉRÊTS SIMPLES ET INTÉRÊTS COMPOSÉS

INTÉRÊTS SIMPLES

Une personne (physique ou morale) prête une somme d'argent à une autre personne. La première personne est dite *prêteur* et la seconde, *emprunteur*. La somme prêtée porte le nom de *capital*. Le loyer de l'argent s'appelle *intérêt*.

L'intérêt est proportionnel au capital. On dit que l'intérêt est *simple* lorsqu'il est proportionnel à la durée du prêt. Le *taux* est l'intérêt produit par un capital de 100 F placé pendant un an. Le taux est exprimé sous forme de pourcentage.

Exemple : Un taux de 6,90 % signifie que, pour un capital de 100 F placé pendant un an, l'intérêt est 6,90 F.

Le taux dépend de plusieurs considérations :
— La durée du prêt et la disponibilité de l'argent. (Dans les caisses d'épargne, en 1995, le taux est de 4,5 % sur livrets, l'argent étant disponible à tout instant ; il est de 5 % pour les « bons » où l'argent est immobilisé cinq ans, avec des taux intermédiaires pour un, deux, trois ou quatre ans. Le taux des obligations atteint 8 % pour des durées allant jusqu'à douze ans. Mais quand il s'agit d'emprunter à une banque, la situation est très différente : le loyer de l'argent dit « au jour le jour » atteint selon les périodes des valeurs très variables, par exemple 16 %.)
— Le degré de confiance que le prêteur accorde à son emprunteur (l'emprunteur est souvent obligé de souscrire une assurance sur la vie comme garantie).
— Le degré de confiance dans la monnaie. En période d'inflation galopante, l'intérêt est rapidement inférieur à la dépréciation de la monnaie ; l'épargne se fait donc souvent à perte. (Ne pas placer son argent ou spéculer sur une remontée du cours de l'or conduirait à une perte plus grande encore.)

Calcul de l'intérêt simple

On note t le taux et i, ou encore r (de l'anglais *rate*), le rapport $t/100$. Soit C le capital. L'intérêt I produit en un an est :

$$I = Cr = C\,\frac{t}{100}.$$

Pour m mois, $$I = C\,\frac{m}{12}\,r = C\,\frac{tm}{1\,200}.$$

Pour n jours, $$I = C\,\frac{n}{360}\,r = C\,\frac{tn}{36\,000}.$$

(Rappelons que, pour simplifier les calculs, on considère l'année commerciale de 360 jours.)

Problème 1. Calcul de l'intérêt

Exercices :

1. Calculer le revenu annuel d'une somme de 7 300 F placée à 8,5 %.

L'intérêt annuel est par définition même de 8,5 F pour un capital de 100 F. Comme 7 300 = 73 × 100, l'intérêt est :

$$\boldsymbol{I = 73 \times 8{,}5 = 620{,}50 \text{ F.}}$$

(L'emploi de la règle de trois comporterait une étape supplémentaire : on commence par calculer l'intérêt produit par 1 F, soit 0,085 F. On multiplie alors ce résultat par 7 300.) La somme remboursée par l'emprunteur au bout d'un an est égale à $C + I$, c'est-à-dire :

$$\boldsymbol{7\,300 + 620{,}50 = 7\,920{,}50 \text{ F.}}$$

On peut obtenir directement ce résultat (sans passer par l'intermédiaire de l'intérêt) en notant que :

$$C + I = C\left(1 + \frac{t}{100}\right).$$

En l'occurrence :

$$\boldsymbol{C + I = 7\,300 \times 1{,}085 = 7\,920{,}50 \text{ F.}}$$

2. Calculer l'intérêt produit par 6 390 F à 4,75 % pendant 3 mois 15 jours.

La durée de placement est de 3,5 mois, ou encore la fraction 3,5/12 d'une année. L'intérêt produit est donc :

$$I = 6\,390 \times \frac{3{,}5}{12} \times \frac{4{,}75}{100} \approx 88{,}53 \text{ F.}$$

Problème 2. Calcul du capital

Exercice : Trouver le capital qui, placé à 4,5 %, a produit en 72 jours un intérêt de 54 F.

Notons que 72 est exactement 360/5. L'intérêt annuel serait de :

$$\boldsymbol{5 \times 54 = 270 \text{ F.}}$$

Enfin, comme 270 = 60 × 4,5, le capital est :

$$\boldsymbol{60 \times 100 = 6\,000 \text{ F.}}$$

De manière plus synthétique, la relation :

$$I = C\,\frac{tn}{36\,000}$$

s'écrit encore :

$$C = \frac{36\,000}{tn}\,I.$$

Dans le cas présent :

$$C = \frac{36\,000}{4{,}5 \times 72} \times 54 = \frac{36\,000}{6} = 6\,000 \text{ F.}$$

Problème 3. Calcul du taux de placement

Exercice : Trouver à quel taux a été placé un capital de 10 000 F, sachant qu'en sept mois l'intérêt produit est 350 F.
Remarquons que 350 = 50 × 7. L'intérêt annuel pour 10 000 F est :

$$\frac{12}{7} \times 350 = \frac{12}{7} \times 50 \times 7 = 600 \text{ F.}$$

Comme 10 000 = 100 × 100, le taux est 600/100 = 6. Autrement dit, le capital a été placé à 6 %.
On retrouve le résultat en employant la relation fondamentale :

$$I = C\,\frac{tm}{1\,200}.$$

Par conséquent :
$$t = \frac{1\,200\,I}{Cm}.$$

Avec les données du problème :

$$t = \frac{1\,200 \times 350}{10\,000 \times 7} = \frac{12}{100} \times \frac{350}{7} = \frac{12}{100} \times 50 = 6.$$

Problème 4. Calcul de la durée de placement

Exercice : Trouver combien de temps il faut placer 16 000 F à intérêt simple au taux de 4,5 % pour que l'intérêt produit soit 100 F.
L'intérêt annuel serait :

$$160 \times 4{,}5 = 720 \text{ F.}$$

Le temps cherché est donc :

$$\frac{100}{720} \times 360 = \frac{100}{2} = 50 \text{ j.}$$

On peut aussi utiliser la relation :

$$n = I \times \frac{36\,000}{Ct}.$$

Soit ici :
$$n = \frac{100 \times 36\,000}{16\,000 \times 4{,}5} = \frac{100}{2} = 50 \text{ j.}$$

■ Dans chaque cas, nous avons utilisé systématiquement deux méthodes :
— un calcul de proportionnalité ;
— la formule fondamentale $I = C\,\frac{t}{100}$.
Il est indispensable de procéder ainsi pour contrôler les ordres de grandeur : l'intérêt en 3 m 15 j est environ le quart de l'intérêt annuel. Tandis que dans une écriture telle que :

$$n = \frac{100 \times 36\,000}{16\,000 \times 4{,}5},$$

il est fréquent d'oublier un zéro, et donc d'obtenir un résultat dix fois trop grand ou dix fois trop petit.

■ Les calculs directs des intérêts à la main peuvent être longs et compliqués. C'est pourquoi l'on employait naguère la méthode des nombres et des diviseurs, ou encore la méthode des parties aliquotes. Depuis l'apparition des calculatrices de poche, et en particulier des calculatrices financières, ces méthodes rapides sont obsolètes.

Crédit permanent

Les banques et les grands magasins mettent une somme à la disposition de leurs clients pour régler leurs dépenses, le remboursement pouvant s'étaler sur plusieurs mois. Le capital disponible est renouvelé automatiquement. Les intérêts sont perçus mensuellement et d'avance sur le solde. Le taux mensuel est de 1,14 % au 1/12/1994.

Le taux annuel correspondant est 12 × 1,14 = 13,68 %, alors que le taux de base des banques est 7,95 %. Le succès du Crédisponible (BNP), du Crédilion (Crédit Lyonnais) ou de COFINOGA (BHV, Galeries Lafayette) tient à deux raisons :
— absence de formalités pour de petits achats ;
— « carte forcée » pour les ménages surendettés et touchés par la crise économique.
(En 1982, le taux mensuel était de 1,38 %, soit 16,56 % par an, alors que le taux de base des banques était de 14 %.)

Exercice : Calculer le coût d'un remboursement de 4 000 F en quatre mensualités de 1 000 F.
Le découvert est :

4 000 F le premier mois ;
3 000 F le deuxième mois ;
2 000 F le troisième mois ;
1 000 F le quatrième mois.

Les agios sont donc : $\mathbf{1\,000 \times \frac{1,14}{100} \times (4+3+2+1).}$

Comme 4 + 3 + 2 + 1 = 10, le montant des agios est :

$$\mathbf{1\,000 \times \frac{1,14}{100} \times 10 = 114\ F.}$$

Le remboursement s'élèvera donc à 4 114 F. Mais on n'aura emprunté que 2 000 F en moyenne.

■ Caisses d'épargne

Les caisses d'épargne (Caisse d'épargne et de prévoyance, Caisse nationale d'épargne) reposent sur les mêmes principes : l'argent placé est disponible à tout moment. L'intérêt est calculé par quinzaine ; il part du 1er ou du 16 (du mois) qui a suivi le versement, et cesse le 1er ou le 16 (du mois) qui a précédé le remboursement.

■ Ainsi, le retrait le 15 février ou le 15 mai d'une somme destinée à payer le tiers provisionnel fait perdre l'intérêt correspondant à la première quinzaine du mois considéré.

■ Jusqu'à un certain plafond (100 000 F en 1995), les intérêts ne sont pas imposables (livret A). Au-dessus de ce plafond, on doit ouvrir un second livret (livret B), les intérêts sont soit ajoutés aux revenus du contribuable, soit soumis à un prélèvement forfaitaire (38,7 %).

■ Les caisses d'épargne des banques sont soumises aux mêmes règles, à ceci près que la totalité des intérêts est imposable. L'ouverture d'un compte d'épargne bancaire a donc pour seul objet d'obtenir la considération de son banquier.

Exemple d'un compte de caisse d'épargne :
Le calcul est effectué avec un taux annuel de 4,5 %, ce qui fournit un taux proportionnel de 0,1875 % par quinzaine (diviser 4,5 par 24).

date	versement	nombre de quinzaines	intérêt	date	retrait	nombre de quinzaines	intérêt
1/1 (report)	640	24	28,80	13/5	900	15	25,31
7/3	500	19	17,81	29/10	400	4	3,00
15/4	300	17	9,56				
12/7	400	11	8,25				
7/9	500	7	6,56				
	2 340		70,98		1 300		28,31

Avoir au 31/12 : **(2 340 + 70,98) – (1 300 + 28,31) = 1 082,67 F.**
Pour chaque opération, on calcule les intérêts jusqu'à la fin de l'année ; ceux de la colonne 4 sont donc à ajouter, tandis que ceux de la colonne 8 sont à retrancher.

Ainsi, le dépôt d'une somme *C* au cours d'une quinzaine suivi du retrait de cette même somme avant la fin de la quinzaine se traduit par un intérêt négatif du capital *C* pendant une quinzaine (cela afin de décourager les dépôts trop brefs et des écritures inconsidérées).

Escompte

Un chèque est encaissable dès son émission, et la loi interdit de postdater un chèque. Pour effectuer un payement à terme (c'est-à-dire un payement différé, par exemple 60 jours après la livraison d'une marchandise), le débiteur peut accepter une *traite*, ou *lettre de change*, émise par le créancier. Le débiteur s'engage ainsi à régler le montant de la traite à l'échéance fixée.

Le créancier peut récupérer immédiatement son argent en cédant la traite à sa banque, moyennant le payement d'une somme appelée *escompte*.

On doit ajouter à l'escompte les commissions, frais et taxes, pour trouver l'*agio*. Si l'on ne tient pas compte de ces frais accessoires, les problèmes d'escompte se ramènent à des calculs d'intérêt simple.

Le montant inscrit sur la traite, c'est-à-dire la somme à payer à échéance, s'appelle *valeur nominale*. L'escompte est l'intérêt sur la valeur nominale. La différence entre la valeur nominale et l'escompte, payée par la banque lors de la remise de la traite, est la *valeur actuelle*.

Le taux d'escompte peut dépendre de la confiance que la banque a dans le débiteur (la banque prend le risque de n'être pas remboursée à échéance).
L'escompte, calculé sur la valeur nominale, est dit *commercial*, ou *en dehors*. Il serait plus logique de calculer l'intérêt sur la valeur actuelle (sans faire payer l'intérêt sur l'intérêt) ; c'est ce qu'on appelle escompte *rationnel*, ou *en dedans*. Ce point de vue conduirait à des calculs légèrement plus compliqués.

Désignons par :

A la valeur nominale — n le nombre de jours avant l'échéance

a la valeur actuelle — t le taux.

L'escompte est :

$$e = \frac{Ant}{360 \times 100}.$$

D'où la relation fondamentale :

$$a = A - e = A\left(1 - \frac{nt}{36\,000}\right).$$

Cette formule traditionnelle se simplifie considérablement si la durée est un multiple de 30. Dans ce cas très fréquent, il est préférable d'effectuer un calcul direct.

Exemple : Pour effectuer un règlement de 4 500 F, un client verse un tiers à la commande et accepte trois traites égales à 30, 60 et 90 jours après la livraison. Calculer le montant de l'escompte et la valeur actuelle des traites, au taux de 9,5 %.
Il reste à payer 2/3 × 4 500 = 3 000 F. Les traites sont donc de 1 000 F chacune. L'escompte sur la première traite est :

$$1\,000 \times \frac{1}{12} \times \frac{9{,}5}{100}.$$

Les escomptes sur les deuxième et troisième traites sont le double et le triple du précédent. Au total :

$$e = (1 + 2 + 3) \times 1\,000 \times \frac{1}{12} \times \frac{9{,}5}{100} = 47{,}50 \text{ F}.$$

La valeur actuelle des traites est :

$$a = A - e = 3\,000 - 47{,}50 = 2\,952{,}50 \text{ F}.$$

L'expression *lettre de change*, synonyme de *traite*, est seule employée sur les imprimés. Le *billet à ordre* joue le même rôle que la lettre de change, à ceci près qu'il est émis par le débiteur (et non par le créancier) ; par conséquent, il ne comporte qu'une signature au lieu de deux.

INTÉRÊTS COMPOSÉS

Un placement est dit à *intérêts composés* si, à la fin de chaque période, l'intérêt simple produit pendant cette période est ajouté au capital, produisant à son tour des intérêts. On dit aussi que l'intérêt est *capitalisé.*

■ C'est le cas par exemple des caisses d'épargne, lorsque le titulaire du livret ne retire pas les intérêts au début de chaque nouvelle année.

■ La période de capitalisation est en principe d'une année ; lorsqu'elle est inférieure à cette durée, on dit qu'il y a *anatocisme.*

Au taux t, l'intérêt produit pendant un an par le capital C est :

$$I = C\frac{t}{100} = Cr.$$

Le capital C est donc remplacé par :

$$C_1 = C + I = C(1 + r).$$

Au bout de deux ans, le capital est devenu :

$$C_2 = C_1(1 + r) = C(1 + r)^2.$$

Rappelons que $(1 + r)^2 = 1 + 2r + r^2$. Cette expression est strictement supérieure au facteur $1 + 2r$ que l'on aurait obtenu au bout de deux ans dans le cas de l'intérêt simple.

Plus généralement, au bout de n années, le capital devient :

$$C_n = C(1 + r)^n.$$

La croissance de $(1 + r)^n$ est beaucoup plus rapide que celle de $1 + nr$. Prenons par exemple un taux de 10 %.

n	$1 + nr$	$(1 + r)^n$
2	1,2	1,21
5	1,5	1,61
10	2	2,59
20	3	6,73

Problème 1. Calcul de l'intérêt

Exercice : Calculer le revenu au bout de 5 ans d'une somme de 7 300 F placée à 8,5 %.

Le capital devient $7\ 300 \times 1{,}085^5$. L'intérêt est donc :

$$7\ 300 \times (1{,}085^5 - 1) \approx 7\ 300 \times 0{,}503\ 66 \approx 3\ 676{,}72 \text{ F}$$

Remarque : Dans le cas de l'intérêt simple, on aurait obtenu seulement :

$$5 \times 7\ 300 \times 0{,}085 = 5 \times 620{,}50 = 3\ 102{,}50 \text{ F.}$$

Problème 2. Calcul du capital

Exercice : Trouver le capital qui, placé à 16,9 %, a produit en 10 ans un intérêt de 75 318 F.

Soit C le capital initial. Par hypothèse :

$$C_{10} = 1{,}169^{10}\, C = C + 75\ 318 \text{ F.}$$

Par conséquent :

$$C = \frac{75\,318}{1{,}169^{10} - 1} \approx \frac{75\,318}{3{,}765\,9} = 20\,000 \text{ F.}$$

■ Le taux de 16,9 % était celui des obligations à la fin de 1981.

■ Comme dans le cas de l'escompte, le capital C qu'il faut placer pour obtenir au bout de n années un capital C' s'appelle valeur actuelle du capital C' disponible à la date n.

Problème 3. Calcul du taux de placement

Exercice : Trouver à quel taux a été placé un capital de 5 000 F, sachant qu'en 8 ans l'intérêt produit est 8 292 F.

La relation :

$$5\ 000 \times [(1 + r)^8 - 1] = 8\ 292$$

équivaut à :

$$(1 + r)^8 = 1 + \frac{8\,292}{5\,000} = 2{,}658\,4.$$

Finalement :

$$1 + r = 2{,}658\ 4^{1/8} \approx 1{,}13.$$

Le taux est donc $r = 13$. Autrement dit, le capital a été placé à 13 %.

Problème 4. Calcul de la durée de placement

Exercice : Trouver combien de temps il faut placer 8 000 F au taux de 8 % pour que l'intérêt produit soit au moins 5 000 F.

On cherche la plus petite valeur de n pour que :

$$8\ 000 \times (1{,}08^n - 1) \geqslant 5\ 000.$$

Cette condition s'écrit encore :

$$1{,}08^n \geqslant 1 + \frac{5}{8} = 1{,}625.$$

À l'aide d'une calculatrice, on voit que la plus petite valeur de n répondant à la question est $n = 7$.

On doit calculer les puissances successives de 1,08 :

$1{,}08^2 = 1{,}166\ 4$ $1{,}08^3 \approx 1{,}260$ $1{,}08^4 \approx 1{,}360$ $1{,}08^5 \approx 1{,}469$

$1{,}08^6 \approx 1{,}587$ $1{,}08^7 \approx 1{,}713$.

Ce problème contient comme cas particulier le temps de doublement d'un capital ; c'est la plus petite valeur de n telle que $C_n \geqslant 2\ C$, c'est-à-dire :

$$(1 + r)^n \geqslant 2.$$

Exemple : Au taux de 10 %, le temps de doublement est 8 ans.
En effet, un calcul analogue au précédent conduit à :

$$1{,}1^6 \approx 1{,}772 \qquad 1{,}1^7 \approx 1{,}949 \qquad 1{,}1^8 \approx 2{,}144.$$

Notons que, dans le cas de l'intérêt simple, le temps de doublement aurait été de 10 ans.

Constitution d'un capital par annuités constantes

Le versement d'une annuité a à la fin de chaque année, placée à intérêts composés au taux r, constitue au bout de n années le capital :

$$A = a\left[(1+r)^{n-1} + (1+r)^{n-2} + \cdots + (1+r) + 1\right] = a\,\frac{(1+r)^n - 1}{r}.$$

■ La première annuité produit des intérêts pendant $n - 1$ années, la deuxième, pendant $n - 2$ années,…, et la dernière annuité ne produit pas d'intérêt du tout.

■ Il est illogique d'effectuer des versements en fin d'année, le dernier versement coïncidant avec le retrait des fonds. En fait, comme on va le voir, le cas des versements en début d'année se ramène au précédent, avec un résultat plus compliqué.

Si les versements sont effectués en début d'année, le capital constitué est :

$$A' = a\left[(1+r)^n + (1+r)^{n-1} + \cdots + (1+r)\right].$$

Nous pouvons mettre $1 + r$ en facteur :

$$A' = a(1+r)\left[(1+r)^{n-1} + (1+r)^{n-2} + \cdots + 1\right] = (1+r)A.$$

Ainsi :

$$A' = a\,\frac{(1+r)^n - 1}{r}\,(1+r).$$

Remboursement d'une dette par annuités constantes

Pour rembourser une dette B par annuités constantes versées en fin d'année, on montre de même que l'annuité est :

$$a = B\,\frac{r\,(1+r)^n}{(1+r)^n - 1}.$$

■ On retient ce résultat en notant que B est la valeur actuelle du capital constitué par n annuités égales à a au taux r, versées en fin d'année.

■ Les valeurs de $(1 + r)^n$ (valeur finale d'un capital égal à 1 placé en intérêts composés), de $(1 + r)^{-n}$ (valeur actuelle d'un capital final égal à 1), de $\frac{(1+r)^n - 1}{r}$ (capital constitué par annuités égales à 1 à la fin de chaque année) et de $\frac{(1+r)^n - 1}{r(1+r)^n}$ (valeur actuelle d'un capital constitué par annuités égales à 1) ont fait l'objet de tables. Celles-ci ont laissé place aux calculatrices de poche munies des fonctions financières.

■ Il faut bien noter que, dans le cas de versements effectués en fin de mois, de trimestre ou de semestre, l'intérêt produit par chaque versement est simple jusqu'à la fin de l'année de ce versement, et n'est capitalisé qu'à ce moment. Le nombre n désigne toujours le nombre de versements. Dans le cas de versements trimestriels, on remplace r par $r/4$; dans le cas de versements mensuels, on remplace r par $r/12$.

PLAN D'ÉPARGNE LOGEMENT ■

Le *plan d'épargne logement* (PEL) repose sur un versement initial et des versements périodiques pendant 4 ans. Le taux d'intérêt est 5,25 % (depuis décembre 1994, 6 % naguère), mais la rémunération est plafonnée : en effet, 3,75 % sont versés par la banque et 1,5 % par le Trésor ; la part versée par le Trésor (appelée *prime*) est limitée à 10 000 F. Enfin, lorsque la prime atteint le plafond, l'intérêt versé par la banque est porté à 3,84 %.

Le versement initial est d'au moins 1 500 F. Dans le cas de versements mensuels, le minimum est 300 F (au début de chaque mois). Le total des versements ne peut dépasser 400 000 F.

Compte tenu du faible taux de l'inflation, la rémunération, non imposable jusqu'à 35 000 F, est devenue attractive. De surcroît, le PEL donne droit à un prêt dans des conditions exceptionnellement favorables.

■ Exemples

1. Plan minimal

Considérons le cas où le capital initial est de 1 500 F et où les versements mensuels sont de 300 F (au début de chaque mois). Au bout de quatre ans, le capital initial est devenu :

$$1\,500 \times 1{,}0525^4 \approx 1\,840{,}69 \text{ F.}$$

Les intérêts correspondants sont donc :

$$1\,840{,}69 - 1\,500 = 340{,}69 \text{ F.}$$

Le taux de 5,25 % correspond au taux mensuel de $\frac{1}{12} \times \frac{5{,}25}{100} = 0{,}004\,375$.

Les versements de 300 F au début de chaque mois rapportent au bout de l'année un intérêt de :

$$\mathbf{300 \times (12 + 11 + \cdots + 2 + 1) \times 0{,}004\,375.}$$

Or, 12 + 11 + ··· + 2 + 1 = 78. L'intérêt est donc :

$$\mathbf{300 \times 78 \times 0{,}004\;375 = 102{,}375\ F.}$$

Tout se passe donc comme si l'on versait 3 600 + 102,37 = 3 702,37 F à la fin de chacune des 4 années. Les versements mensuels constituent le capital final :

$$\mathbf{3\,702{,}37 \times \frac{1{,}0525^4 - 1}{0{,}0525} \approx 3\,702{,}37 \times 4{,}326 \approx 16\,016{,}54\,F.}$$

(Voir p. 120.)
Le montant des intérêts correspondants est :

$$\mathbf{16\;016{,}54 - 48 \times 300 = 16\;016{,}54 - 14\;400 = 1\;616{,}54\ F.}$$

La rémunération totale s'en déduit :

$$\mathbf{340{,}68 + 1\;616{,}54 = 1\;957{,}22\ F.}$$

La prime, constituant les 2/7 de cette somme, est :

$$\mathbf{\frac{2}{7} \times 1\,957{,}22 \approx 559{,}20\,F.}$$

Cette prime, étant inférieure à 10 000 F, est versée intégralement.

2. Plan classique

Le versement initial est 10 000 F et les mensualités sont de 500 F. Il est inutile de recommencer les calculs : en effet, le montant des intérêts relatifs au capital initial est à multiplier par 10 000/1 500, soit 20/3, tandis que le montant des intérêts relatifs aux mensualités est à multiplier par 500/300, c'est-à-dire par 5/3. On obtient donc :

$$\mathbf{\frac{20}{3} \times 340{,}68 + \frac{5}{3} \times 1\,616{,}54 = 4\,965{,}43\,F.}$$

La prime est **0,285 7 × 4 965,43 ≈ 1 418,68 F** ; ici aussi, elle est versée intégralement.

3. Plan maximal

On conserve les mensualités de 300 F, mais le capital initial est choisi de telle sorte que le total des versements soit le maximum, c'est-à-dire 400 000 F. Les mensualités atteignant 48 × 300 = 14 400 F, le capital initial est :

$$\mathbf{400\;000 - 14\;400 = 385\;600\ F.}$$

La prime étant limitée à 10 000 F, le taux d'intérêt passe de 5,25 % à 3,84 % une fois le plafond de 10 000 F atteint. Ce phénomène se produit avant la fin de la deuxième année : en effet, le capital initial de 385 600 F placé à 1,5 % pendant deux ans rapporterait 11 568 F.

Le plafonnement de la prime fait perdre plusieurs milliers de francs. C'est pourquoi l'on dit que plusieurs petits plans valent mieux qu'un gros.

4. Prime maximale

L'exemple 3 montre qu'il ne faut pas placer inconsidérément son capital. Conservons les mensualités de 300 F, et cherchons le capital initial permettant d'obtenir une prime la plus proche possible de 10 000 F sans être atteint par le plafonnement.

La rémunération totale doit être :

$$10\,000 \times \frac{7}{2} = 35\,000 \text{ F.}$$

On notera que c'est précisément le seuil au-delà duquel la rémunération devient imposable.

La part due aux mensualités est encore 1 616,54 F. Il reste donc à obtenir :

$$35\,000 - 1\,616{,}54 = 33\,383{,}46 \text{ F}$$

à partir du capital initial. Or, pour un capital initial de 1 500 F, la rémunération est 340,68 F. Une règle de trois montre qu'on doit prendre pour capital initial :

$$1\,500 \times \frac{33\,383{,}46}{340{,}68} \approx 146\,986 \text{ F.}$$

Dispositions relatives aux prêts

Le montant maximal du prêt est 600 000 F. La durée de remboursement est de 2 à 15 ans. Cependant, le montant et la durée sont limités de la manière suivante : les intérêts proprement dits payés par l'emprunteur ne dépassent pas deux fois et demie le montant total des intérêts payés par l'établissement bancaire (à l'exclusion de la prime).

Le taux d'intérêt est 3,84 %. Il convient d'ajouter les frais de gestion, soit 1,7 %. On aboutit donc au total de 5,54 % hors assurance, et à 5,91 % assurance décès/invalidité incluse.

EXERCICES

1. Un artisan présente à sa banque une traite de valeur nominale de 6 000 F payable à 90 jours. Le taux d'escompte étant 13,5 %, quelle est la valeur actuelle de la traite ?

2. L'intérêt annuel pour une obligation de 2 000 F est 342 F. Trouver le taux.

3. Le montant net des dividendes pour 90 actions est 2 072,70 F.
a) Calculer le dividende pour une action.
b) Le cours de l'action étant de 362 F, déterminer le taux de rendement.

4. Calculer les annuités lors du remboursement de 200 000 F au taux de 7 % :
a) dans le cas d'un prêt sur 10 ans ;
b) dans le cas d'un prêt sur 15 ans.

5. Jusqu'en 1980, le plan d'épargne logement promettait un taux d'intérêt annuel de 8 % pour un placement d'une durée de quatre ans, les intérêts étant capitalisés à la fin de chaque année. En réalité, le calcul des intérêts s'effectuait de la façon suivante : la banque accordait un taux de 4 % pour les intérêts capitalisés, et le Trésor versait une prime égale au montant total des intérêts, à l'expiration du contrat.
a) Calculer le capital final produit le 1er janvier 1983 par une somme de 10 000 F déposée le 1er janvier 1979. (On ne tient pas compte des versements mensuels.)
b) Le taux d'intérêt est-il effectivement de 8 % ? Sinon, calculer ce taux.

6. Une personne emprunte une certaine somme ; elle s'engage à s'acquitter de sa dette au bout de cinq ans, à intérêts composés au taux de 8 %.
a) Déterminer la somme à verser à l'échéance, sachant que si la personne s'était acquittée de sa dette au bout de trois ans, elle aurait versé 62 986 F.
b) Déterminer le capital emprunté.

GÉOMÉTRIE

et

MESURES

MESURE DES LONGUEURS

UNITÉ DE LONGUEUR : LE MÈTRE

Suivant la loi du 7 avril 1795, le mètre est la longueur de la dix millionième partie de l'arc de méridien terrestre compris entre le pôle Nord et l'équateur (voir p. 240). Le mètre a été matérialisé à l'aide d'un mètre étalon.
Depuis 1960, la définition du mètre a été remplacée par une définition beaucoup plus précise, liée à un phénomène atomique. Le mètre est la longueur égale à 1 650 763, 73 longueurs d'onde dans le vide de la radiation correspondant à la transition entre les niveaux 2 p_{10} et 5 d_5 de l'atome de krypton 86. Depuis octobre 1983, cette définition a été remplacée par une définition plus précise encore : le mètre est la longueur du trajet parcouru dans le vide par la lumière pendant une durée de 1/299 792 458 seconde. Cependant, pour les besoins courants, on utilise encore le mètre étalon en platine iridié.

Multiples

Les multiples du mètre sont le kilomètre (noté km), et aussi le décamètre (noté dam) et l'hectomètre (noté hm).

$$1 \text{ km} = 1\,000 \text{ m} = 10^3 \text{ m}$$
$$1 \text{ hm} = 100 \text{ m} = 10^2 \text{ m}$$
$$1 \text{ dam} = 10 \text{ m}$$

■ Le décamètre se rencontre à propos des chaînes d'arpenteur. L'hectomètre intervient dans le bornage des routes. (Deux bornes kilométriques consécutives, distantes d'un kilomètre, sont séparées par 9 bornes hectométriques, distantes d'un hectomètre.)
Pour la navigation maritime, on utilise le mille marin (voir p. 242).
■ Les pays anglo-saxons utilisent le *mile* :

1 mile = 1 609,344 m.

On trouve souvent dans les livres traduits de l'anglais ou de l'américain des distances de 16 km, 800 m ou 400 m. Ces distances sont tout simplement les équivalents de dix miles, d'un demi-mile, d'un quart de mile.

Pour les distances astronomiques, on emploie l'unité astronomique (symbole UA) :

$$1 \text{ UA} = 1{,}495\,978\,70 \times 10^{11} \text{ m.}$$

C'est la distance moyenne de la Terre au Soleil. Dans le cas des distances intersidérales, on fait appel à l'année de lumière (voir p. 152).

Exemples :

1. La distance moyenne de la Lune à la Terre est 384 400 km, soit encore, en unités astronomiques :

$$\frac{3{,}844 \times 10^8}{1{,}496 \times 10^{11}} \approx 2{,}57 \times 10^{-3} \text{ UA.}$$

C'est environ quatre cents fois moins que la distance de la Terre au Soleil.

2. La distance moyenne de Saturne au Soleil est 1 425 millions de kilomètres, soit encore :

$$\frac{1\,425}{149{,}6} \approx 9{,}53 \text{ UA.}$$

Sous-multiples

Les sous-multiples du mètre sont le millimètre (noté mm) et le micromètre (noté μm, anciennement μ). On emploie aussi traditionnellement le centimètre (cm) et le décimètre (dm) :

$$1 \text{ dm} = 10^{-1} \text{ m} = 0{,}1 \text{ m} \qquad 1\ \mu\text{m} = 10^{-6} \text{ m}$$

$$1 \text{ cm} = 10^{-2} \text{ m} = 0{,}01 \text{ m} \qquad 1 \text{ nm} = 10^{-9} \text{ m}$$

$$1 \text{ mm} = 10^{-3} \text{ m} = 0{,}001 \text{ m} \qquad 1 \text{ pm} = 10^{-12} \text{ m.}$$

■ Le micromètre (anciennement micron) est donc le millième de millimètre. Le décimètre ne se rencontre plus que dans la désignation de la règle graduée dite « double-décimètre ».

■ L'angström, noté Å, employé naguère, est interdit depuis le 1er janvier 1980. Rappelons que 1 Å = 10^{-10} m. Or, suivant le Système International d'unités, les multiples et sous-multiples des unités principales doivent être formés à l'aide de puissances (positives ou négatives) de 10. Mais dans le cas de grands ou petits nombres, on préfère des puissances de 1 000 = 10^3. On utilise donc le nanomètre (nm) et le picomètre (pm).

Pied

■ Le *pied*, noté ft (de l'anglais *foot*, au pluriel *feet*), est encore très employé, par exemple dans les altimètres des avions.

$$1 \text{ ft} = 3{,}048 \times 10^{-1} \text{ m.}$$

Le pied correspond donc à environ 30 cm.

■ Le pied est subdivisé en 12 pouces, ou *inches* (notation in).

$$1 \text{ in} = \frac{1}{12} \times 30{,}48 = 2{,}54 \text{ cm.}$$

Signalons que :

$$1 \text{ mile} = 5\,280 \text{ ft.}$$

■ Le *yard*, égal à 3 ft, ne s'emploie guère.

Exemples :

1. L'envergure du Boeing 737 est 93 ft, c'est-à-dire :

$$\mathbf{93 \times 3{,}048 \times 10^{-1} = 28{,}346\ 4 \approx 28{,}3\ m.}$$

2. La longueur de l'Airbus A 300 est 53,62 m. L'équivalent en pieds est :

$$\mathbf{\frac{53{,}62}{0{,}304} \approx 176{,}381.}$$

La partie entière est 176. Il reste 0,381 ft, c'est-à-dire :

$$\mathbf{12 \times 0{,}381 \approx 5.}$$

La longueur s'exprime donc par :

176 ft 5 in.

3. Le pied est employé pour désigner la longueur des bateaux de plaisance, même de construction française. Le « Dufour 35 » a une longueur de 35 pieds, soit environ 10,70 m.

POINTURE

Pointure des chemises

La pointure d'une chemise est le tour de col, exprimé en centimètres ou en pouces. La correspondance entre pointures française et anglo-saxonne est donc très simple : il suffit de convertir les inches en centimètres et réciproquement.

Pointure des chemises. Conversion des centimètres en inches

cm	30	31	32	33	34	35	36	37	38	39	40	41	42	43	44	45	46
in	12	12	12,5	13	13,5	14	14	14,5	15	15,5	16	16	16,5	17	17	17,5	18

Pointure des chaussures

Le point français est deux tiers de centimètre. La longueur d'un pied est donc, en centimètres, le quotient de la pointure par 1,5.

La contremarque dite américaine est la différence entre la pointure française et 33. Ainsi, la pointure 42 est représentée par 9 ; inversement, le 4 désigne la pointure 37.

Le point anglais est le tiers de pouce, soit :

$$\mathbf{\frac{1}{3} \times 2{,}54 \approx 8{,}467\ mm.}$$

Cependant, le zéro de l'échelle commence à 4 pouces, et l'échelle est double : une première numérotation de 0 à 13 est suivie d'une seconde numérotation repartant à 1. Une même pointure peut donc désigner à la fois une chaussure d'enfant et une chaussure d'homme.

Exemple : La pointure 5 peut signifier : $4\text{ in} + \frac{5}{3}\text{ in}$, c'est-à-dire 5 pouces $\frac{2}{3}$, ou encore : $4 + \frac{18}{3} = 10$ pouces.

Les pointures françaises équivalentes sont respectivement :

$$\frac{3}{2} \times 5{,}67 \times 2{,}54 \approx 22 \quad \text{et} \quad \frac{3}{2} \times 10 \times 2{,}54 \approx 38.$$

■ Noter que le pied, unité de mesure anglaise, correspond à la pointure 46.

■ Le marquage des chaussures est loin d'être précis. Par exemple, les chaussures de femme en provenance d'Italie sont décalées d'une pointure, voire d'une pointure et demie, pour des raisons psychologiques.

PODOMÈTRE

Le podomètre est un appareil destiné à mesurer la distance parcourue par un marcheur ou un coureur. Il s'agit essentiellement d'un compte-pas : à chaque pas, un pendule reçoit une impulsion.

L'utilisateur doit déterminer au préalable la longueur moyenne d'un pas (lors d'un essai sur un ou deux kilomètres). On ajuste l'instrument à cette longueur grâce à un curseur ou une vis. L'appareil indique alors le produit du nombre de pas par cette longueur moyenne. (Ne pas oublier de remettre l'appareil à zéro avant usage.)

Bien entendu, dans le cas d'un podomètre électronique, le réglage s'effectue à l'aide de touches, et le résultat apparaît sur un écran à l'aide de cristaux liquides. La calculatrice incorporée permet de déterminer des vitesses moyennes, des conversions de mètres en miles, tout en offrant les possibilités d'une calculatrice quatre opérations.

Exemples :

1. Pour étalonner son podomètre, un marcheur parcourt exactement 2 km. Il a affiché une longueur de pas de 0,75 m : l'aiguille indique une distance de 2,083 km. Déterminer le nombre d'impulsions reçues par l'appareil et la longueur réelle du pas.

Le nombre d'impulsions est :

$$\frac{2\,083}{0{,}75} \approx 2\,777.$$

La longueur effective du pas est :

$$\frac{2\,000}{2\,777} \approx 0{,}72\text{ m}.$$

2. Un marcheur fait des pas de 0,72 m. Le podomètre ayant reçu 11 803 impulsions, déterminer la distance parcourue. Cette distance est :

$$11\,803 \times 0{,}72\text{ m} = 8\,498\text{ m}$$

soit environ 8,5 km.

ALTITUDES NÉGATIVES

L'*altitude* est l'élévation verticale au-dessus du niveau de la mer. Par exemple, l'altitude du mont Blanc est 4 807 m.

Lorsqu'il s'agit d'un point en dessous du niveau de la mer, l'altitude est représentée par un nombre négatif. Ainsi, la surface du lac de Tibériade est à – 200 m, celle de la mer Morte à – 394 m. Les altitudes négatives sont utilisées systématiquement en spéléologie et en océanographie. Ainsi, les grands fonds marins vont de – 3 000 à – 6 000 m ; les fosses descendent à – 11 000 m.

PIQUETS ET INTERVALLES

Dans le cas d'une clôture fermée, le nombre de piquets est égal au nombre d'intervalles entre les piquets. Dans le cas d'une barrière rectiligne ou d'une clôture ouverte (par exemple limitée par une porte), le nombre de piquets dépasse d'une unité le nombre d'intervalles.

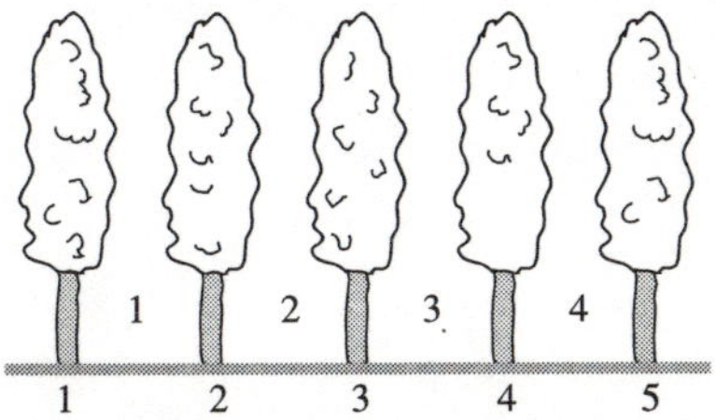

4 intervalles et 5 arbres (4 + 1)

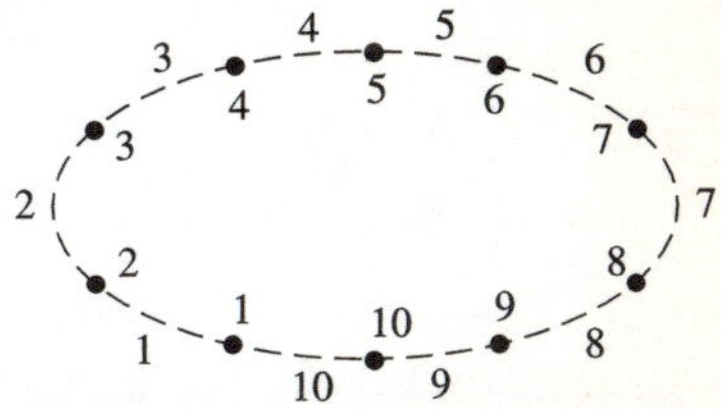

Plantation suivant une ligne fermée :
10 intervalles et 10 plants

■ Particulièrement dans ce type de problèmes, il est indispensable de faire une figure.

■ Les problèmes de piquets interviennent dans les plantations, la fabrication d'une échelle, le percement d'une série de trous, etc. Ils sont à rapprocher du décompte de jours entre deux dates, du nombre de pages d'un livre entre deux pages données (voir p. 20).

Exercices :

1. Une route est munie de bornes kilométriques et de bornes hectométriques. Sur un tronçon de 1 km commençant à une borne kilométrique, on trouve 11 bornes (et non 10 ; il y a en effet une borne kilométrique à chaque bout, en plus des 9 bornes hectométriques).
De la borne kilométrique 8 à la borne kilométrique 104, il y a 104 – 8 = 96 km, mais on rencontre 97 bornes kilométriques (car il y en a une à chaque bout).

2. Du premier au quarante-huitième poteau d'une ligne téléphonique, il y a 2 068 m. Calculer la distance entre deux poteaux. Il y a 47 intervalles ; leur longueur commune est :

$$\mathbf{\frac{2\,068}{47} = 44\ m.}$$

3. Sur les bords d'une route de 5 km de long, on plante des peupliers tous les 25 m, sans en planter aux extrémités. Combien faut-il d'arbres ?

Le nombre d'intervalles est $\frac{5\,000}{25} = 200$. Le nombre d'arbres est **199.**

(Si l'on plantait des arbres aux deux extrémités, il en faudrait en tout 200 + 1 = 201. Comme on n'en plante pas aux extrémités, le nombre cherché est 201 – 2.)

EXERCICES

1. L'altitude de croisière de l'Airbus A 300 est 40 000 ft. Convertir cette altitude en mètres.

2. L'altitude de croisière du Boeing 737 est 12 000 m. Convertir cette altitude en pieds.

3. Convertir en centièmes de pouces les calibres suivants, exprimés en millimètres : 5,5 6,35 7,65 9 11 12.

4. Convertir en millimètres les calibres suivants, exprimés en centièmes de pouce : 22 38 45.

5. Le point est l'unité de mesure typographique. 1 cm = 26 points $\frac{6}{10}$.
Le nombre de points donnant la hauteur d'un caractère d'imprimerie s'appelle *corps* de ce caractère.
Le *cicéro*, ou *douzaine*, correspond à 12 points.
a) Exprimer le point en millimètres.
b) Trouver la hauteur en millimètres d'un caractère de corps 10 ; de corps 7 ; de corps 24.
c) Exprimer en millimètres 2 cicéros, 11 cicéros.
d) Exprimer en cicéros et en points une hauteur de 11 mm, de 180 mm.

6. Les machines à écrire des années 1970 offraient le choix entre les pas de 10 (pica) et de 12 (élite). Le pas désigne en l'occurrence le nombre de caractères par pouce. Déterminer la distance entre les centres de deux caractères consécutifs, dans chacun des deux cas.

7. La résolution d'une imprimante s'exprime en points par pouce, ou ppi. (Le mot *point* est pris ici dans son acception courante.)
Déterminer la distance entre deux points consécutifs, dans les cas de 300 ppi, 600 ppi, 1 270 ppi.

MESURE DU TEMPS

UNITÉ DE TEMPS : LA SECONDE

Les multiples sont :

– la minute, égale à 60 secondes,
– l'heure, égale à 60 minutes, et donc à 3 600 secondes,
– le jour, égal à 24 heures, soit 1 440 minutes ou 86 400 secondes.

Les symboles sont :

s	**pour la seconde**	
min	**pour la minute**	**1 min = 60 s**
	(la notation mn n'est plus correcte)	
h	**pour l'heure**	**1 h = 60 min = 3 600 s**
d	**pour le jour**	**1 d = 24 h = 1 440 min = 86 400 s.**
	(encore noté j)	

■ La lettre d provient du mot anglais *day* (jour). Ne jamais utiliser les symboles ' et " pour les minutes et les secondes (ces symboles sont réservés aux minutes et secondes d'angle).

■ La division de l'heure et de la minute en soixante parties (au lieu de la division habituelle en 10 ou en 100) est un héritage de la numération sexagésimale (c'est-à-dire de base soixante) utilisée par les astronomes babyloniens il y a environ trois mille ans.
Le temps et les angles fournissent les seuls exemples où le système décimal n'a pas été pris en compte (malgré une tentative lors de la Révolution française).

■ La seconde a d'abord été définie comme la fraction 1/86 400 du jour solaire moyen.
La durée moyenne du jour variant légèrement d'une année à l'autre, on a été amené à définir la seconde comme la fraction 1/31 556 925,974 7 de l'année 1900.
Cette définition, liée à un phénomène non reproductible, est évidemment malcommode. Depuis 1967, la seconde est définie à partir de phénomènes atomiques : c'est la durée de 9 192 631 770 périodes de la radiation correspondant à la transition entre les deux niveaux hyperfins de l'état fondamental de l'atome de césium 133.

■ L'heure est le temps mis par la Terre pour effectuer un vingt-quatrième de tour, c'est-à-dire :

$$\frac{1}{24} \times 360 = 15°.$$

■ La minute est le temps mis par la Terre pour tourner d'un soixantième de 15° ; elle correspond donc à un angle de 15' (quinze minutes d'angle). De même, la seconde est le temps correspondant à un angle de 15'' (quinze secondes d'angle). On voit ainsi à quel point sont liées les divisions sexagésimales (en 60 parties) de l'heure et du degré.

Pour établir des prix de revient dans l'industrie, on se réfère à un tarif horaire. L'heure est alors subdivisée en centièmes d'heure.

Exemple :
Supposons que l'heure de mécanique automobile soit facturée 240 F. Sur une facture, le garagiste indique :

3,50 h à 240 F = 840 F.

Dans ces conditions 3,50 h signifie 3 heures et demie, non 3 heures 50 minutes.

Les principaux sous-multiples de la seconde sont la milliseconde (ms), la microseconde (µs) et la nanoseconde (ns).

$$1 \text{ ms} = 10^{-3} \text{ s}$$

$$1 \text{ µs} = 10^{-3} \text{ ms} = 10^{-6} \text{ s}$$

$$1 \text{ ns} = 10^{-3} \text{ µs} = 10^{-6} \text{ ms} = 10^{-9} \text{ s.}$$

■ Pour mesurer les exploits sportifs, on fait appel au dixième, voire au centième de seconde. La milliseconde, la microseconde et maintenant la nanoseconde interviennent constamment en informatique : le temps d'accès à la mémoire d'un ordinateur varie de 1 µs à quelques dizaines de nanosecondes.

■ Vers 1955, les ordinateurs ne disposaient que d'une mémoire à tambour. Le tambour tournant à 3 000 tr/min, la durée d'une révolution est :

$$\frac{60}{3\,000} = 0{,}02 \text{ s} = 20 \text{ ms.}$$

Le temps d'accès moyen à la mémoire est 10 ms. La durée d'une opération, égale sensiblement à deux fois ce temps moyen, est donc 20 ms.
Sur un ordinateur des années 1990, la durée d'une addition en virgule flottante est 100 ns.
Passons au cas des calculatrices de poche. L'addition prend 30 ms, la multiplication, 37 ms. On retombe sur les temps de calcul des ordinateurs d'il y a quarante ans.

CALCULS ■

■ Conversions

Exemples :

1. Exprimer 7 583 s en heures, minutes et secondes.
La partie entière de 7 583/3 600 est 2. Le nombre d'heures est donc 2.
La différence :

$$\mathbf{7\,583 - 2 \times 3\,600 = 7\,583 - 7\,200}$$

est égale à 383. La partie entière de 383/60 est 6.
Enfin,

$$\mathbf{383 - 6 \times 60 = 383 - 360 = 23.}$$

En résumé :

$$\mathbf{7\,583 \text{ s} = 2 \text{ h } 6 \text{ min } 23 \text{ s.}}$$

2. Convertir 3 h 33 min 19 s en secondes.

$$3 \text{ h} = 3 \times 3\,600 = 10\,800 \text{ s}$$
$$33 \text{ min} = 33 \times 60 = 1\,980 \text{ s.}$$

Il ne reste plus qu'à faire une addition :

$$\begin{array}{r} 10\,800 \\ +\quad 1\,980 \\ +\qquad 19 \\ \hline 12\,799 \end{array}$$

Ainsi : **3 h 33 min 19 s = 12 799 s.**

Addition

On ajoute les secondes. Si le total dépasse 60, on fait une retenue sur les minutes. De même, on ajoute les minutes et si le total dépasse 60, on fait une retenue sur les heures. On ajoute enfin les heures ; si le total dépasse 24, on peut exprimer le résultat avec des jours.

Exemples :

1.

$$\begin{array}{r} 2 \text{ d } 17 \text{ h } 22 \text{ min } 17 \text{ s} \\ +\ 3 \text{ d } 18 \text{ h } 13 \text{ min } 56 \text{ s} \\ \hline 6 \text{ d } 11 \text{ h } 36 \text{ min } 13 \text{ s} \end{array}$$

Explicitons le calcul. Notons que 17 + 56 = 73 = 60 + 13. On doit donc retenir une minute. Comme 22 + 13 + 1 = 36, il n'y a pas de retenue sur les heures. En revanche,17 + 18 = 35 = 24 + 11 ; on doit donc retenir un jour.

2.

$$\begin{array}{r} 27 \text{ min } 34 \text{ s} \\ +\ 28 \text{ min } \ \ 2 \text{ s} \\ +\ 29 \text{ min } 56 \text{ s} \\ \hline 1 \text{ h } 25 \text{ min } 32 \text{ s} \end{array}$$

Le détail des opérations est :

$$34 + 2 + 56 = 92 = 60 + 32$$
$$27 + 28 + 29 + 1 = 85 = 60 + 25.$$

Soustraction

Les calculs s'effectuent comme dans le cas de l'addition.

Exemple :

$$\begin{array}{r} 4 \text{ d } 17 \text{ h } 22 \text{ min } 16 \text{ s} \\ -\ 2 \text{ d } 18 \text{ h } 13 \text{ min } 54 \text{ s} \\ \hline 1 \text{ d } 23 \text{ h } \ \ 8 \text{ min } 22 \text{ s} \end{array}$$

Comme 54 est supérieur à 16, on ajoute 60 à 16 et l'on fait une retenue sur les minutes. De même, comme 18 est supérieur à 17, on ajoute 24 à 17 et l'on fait une retenue sur les jours.

Multiplication par un nombre entier

Ici encore, on calcule successivement les nombres de secondes, de minutes, d'heures et de jours, en faisant attention aux retenues.

Exemple :

$$
\begin{array}{lr}
 & \textbf{3 d 45 min 39 s} \\
\times & \textbf{3} \\ \hline
 & \textbf{9 d 2 h 16 min 57 s}
\end{array}
$$

Les calculs intermédiaires (à faire de tête) sont les suivants :

$$3 \times 39 = 117 \text{ s} = 60 + 57 = 1 \text{ min } 57 \text{ s}$$
$$3 \times 45 + 1 = 136 \text{ min} = 2 \times 60 + 16 = 2 \text{ h } 16 \text{ min.}$$

Division par un nombre entier

Exemple : Diviser 11 d 10 h 43 min 30 s par 4.

$$11 = 2 \times 4 + 3$$
$$3 \times 24 + 10 = 82 = 20 \times 4 + 2$$
$$2 \times 60 + 43 = 163 = 40 \times 4 + 3$$
$$3 \times 60 + 30 = 210 = 52{,}5 \times 4$$

Le quotient cherché est 2 d 20 h 40 min 52,5 s.

On adopte souvent la disposition suivante :

$$
\begin{array}{rrrr|l}
11\text{ d} & 10\text{ h} & 43\text{ min} & 30\text{ s} & 4 \\ \cline{5-5}
-8 & & & & 2\text{ d }20\text{ h }40\text{ min }52{,}5\text{ s} \\ \cline{1-1}
3 & & & & \\
\times 24 & & & & \\ \cline{1-1}
72+10= & 82 & & & \\
 & -80 & & & \\ \cline{2-2}
 & 2 & & & \\
 & \times 60 & & & \\ \cline{2-2}
 & 120+43= & 163 & & \\
 & & -160 & & \\ \cline{3-3}
 & & 3 & & \\
 & & \times 60 & & \\ \cline{3-3}
 & & 180+30= & 210 & \\
 & & & -208 & \\ \cline{4-4}
 & & & 2 &
\end{array}
$$

Autre procédé : on peut convertir systématiquement les données en secondes, effectuer les opérations sur les secondes, et convertir le résultat en jours, heures, minutes et secondes. Ce point de vue s'impose particulièrement dans le cas des divisions.

Reprenons le dernier exemple :

$$
\begin{aligned}
\mathbf{11 \times 86\,400} &= \mathbf{950\,400}\\
\mathbf{10 \times 3\,600} &= \mathbf{36\,000}\\
\mathbf{43 \times 60} &= \mathbf{2\,580}
\end{aligned}
$$

On obtient le nombre total de secondes par addition :

$$
\begin{array}{r}
\mathbf{950\,400}\\
+\ \mathbf{36\,000}\\
+\ \mathbf{2\,580}\\
+\ \mathbf{30}\\
\hline
\mathbf{989\,010}
\end{array}
$$

Divisons ce nombre par 4 :

$$
\begin{array}{l|l}
\mathbf{989\,010} & \mathbf{4}\\
\cline{2-2}
\mathbf{18} & \mathbf{247\,252{,}5}\\
\ \ \mathbf{29} & \\
\ \ \ \ \mathbf{1\,0} & \\
\ \ \ \ \ \ \mathbf{21} & \\
\ \ \ \ \ \ \ \ \mathbf{10} & \\
\ \ \ \ \ \ \ \ \ \ \mathbf{20} & \\
\ \ \ \ \ \ \ \ \ \ \ \ \mathbf{0} &
\end{array}
$$

Il reste à convertir le quotient 247 252,5 en jours, heures, minutes et secondes. La partie entière de 247 252,5/86 400 est 2. En outre :

247 252,5 – 2 × 86 400 = 247 252,5 – 172 800 = 74 452,5.

Le nombre d'heures est la partie entière de 74 452,5/3 600, soit 20. De plus :

74 452,5 – 20 × 3 600 = 74 452,5 – 72 000 = 2 452,5.

Le nombre de minutes est la partie entière de 2 452,5/60, c'est-à-dire 40. Enfin, le nombre de secondes est :

2 452,5 – 40 × 60 = 2 452,5 – 2 400 = 52,5.

Usage d'une calculatrice de poche

Bien entendu, tous les calculs précédents sont grandement facilités par l'emploi d'une calculatrice « quatre opérations ». On trouve sur certaines calculatrices scientifiques une touche → H (heures) et une touche → H.MS (heures, minutes, secondes).

La touche → H permet de convertir les heures sexagésimales (c'est-à-dire avec une division en 60 parties) en heures décimales (les fractions d'heures étant exprimées en dixièmes, en centièmes, etc.). On est ainsi ramené à effectuer des calculs sur des nombres décimaux, suivant la procédure habituelle. Tous calculs faits, il suffit d'appuyer sur la touche → H.MS pour convertir les heures décimales en heures sexagésimales.

Exemples :

1. Convertir 7 583 s en heures, minutes et secondes.
On commence par diviser 7 583 par 3 600, afin d'obtenir des heures et une fraction d'heure ; on obtient ainsi 2,106 4. Il reste à appuyer sur la touche → H.MS pour retrouver 2,062 3 (c'est-à-dire 2 h 6 min 23 s). On comparera la rapidité de ce procédé avec celle du calcul de la page 134.

2. Multiplier 6 h 42 min 19 s par 8.
On introduit dans la calculatrice le nombre 6,421 9 (la partie entière désignant le nombre d'heures, les tranches de 2 chiffres après la virgule désignant respectivement les nombres de minutes et de secondes). En appuyant sur la touche → H, on obtient 6,705 28. On multiplie ce nombre par 8 :

$$8 \times 6{,}705\ 28 = 53{,}642\ 2.$$

En appuyant enfin sur la touche → H.MS, nous obtenons 53,383 2.
Ce nombre s'interprète : 53 h 38 min 32 s. (La calculatrice ne convertit pas les heures en jours ; on peut aussi remplacer 53 h par 2 d 5 h, ce qui se fait de tête.)

Hertz

Un phénomène périodique est constitué de cycles se répétant indéfiniment. La durée T d'un cycle s'appelle la période. L'inverse ν (lettre grecque « nu ») de la période est le nombre de cycles pendant l'unité de temps ; on l'appelle la fréquence :

$$\nu = \frac{1}{T}.$$

L'unité de fréquence est le cycle par seconde, encore appelé hertz, et noté Hz. Les multiples les plus employés sont le kilohertz et le mégahertz.

$$1 \text{ kHz} = 10^3 \text{ Hz}$$

$$1 \text{ MHz} = 10^6 \text{ Hz} = 10^3 \text{ kHz}.$$

Exemples :

1. En modulation de fréquence, les fréquences des divers émetteurs sont exprimées en MHz. Ainsi, la fréquence à Paris de France Musique est 91,7 MHz. La période est donc :

$$T = \frac{1}{91{,}7 \times 10^6} \approx 1{,}09 \times 10^{-8} \text{ s},$$

soit environ 11 ns.

2. En micro-informatique, la fréquence des processeurs s'exprime elle aussi en MHz. C'est un paramètre fondamental dans le choix d'un matériel, non pour l'exécution de calculs, mais pour la gestion des divers logiciels. Jusqu'en 1994, on se contentait de 25 ou 33 MHz. Les Power Macintosh se situent entre 60 et 110 MHz.
À titre de comparaison, la fréquence du processeur est de 3,9 MHz sur la calculatrice de poche Hewlett-Packard 48GX.

Début du jour

La journée est divisée en 24 heures, numérotées de 0 à 23. Le jour civil commence à minuit, ou zéro heure.

Pour obtenir l'heure d'arrivée d'un train ou d'un avion, on ajoute la durée à l'heure de départ. On commence par ajouter les minutes. On ajoute ensuite les heures (avec la retenue éventuelle ; voir p. 135). Si le nombre d'heures ainsi obtenu est compris entre 24 et 47, on retranche 24 à ce nombre. (L'arrivée s'effectue alors le lendemain du départ.)

Les cadrans des montres et des horloges étant généralement numérotés de 1 à 12, l'on distinguait naguère les heures du matin et celles de l'après-midi. Ainsi, quatre heures de l'après-midi désignait 16 h. Cet usage s'est conservé dans les pays anglo-saxons, avec les abréviations a.m. et p.m. (du latin : *ante meridiem* et *post meridiem*), signifiant avant midi et après midi.

■ On trouve parfois les abréviations a.m. et p.m. sur les montres à quartz numériques. Ainsi, 7 : 20 p.m. signifie 19 h 20 min.

■ Les juifs, les musulmans, les Chinois (et les Italiens jusqu'au XIXe siècle) font commencer le jour au coucher du soleil. Chez les Grecs modernes, le jour civil commence au lever du soleil.

Fuseaux horaires, heure d'été, heure d'hiver

Il est midi en un lieu au moment où le méridien de ce lieu passe devant le soleil. Ainsi, deux points de la Terre de longitudes différentes n'ont pas la même heure locale. Pour éviter une variation de l'heure, on a divisé la surface du globe en 24 parties appelées fuseaux horaires.

Les limitations sont des méridiens distants de 15° de longitude. Le fuseau n° 0 est situé de part et d'autre du méridien de longitude 0°. (Rappelons que c'est le méridien de Greenwich ; voir p. 241). Les fuseaux de 1 à 23 sont situés de plus en plus à l'est du fuseau n° 0. Pour obtenir l'heure du fuseau n° 1, on ajoute 1 h à celle du fuseau n° 0 ; pour avoir l'heure du fuseau n° k, on ajoute k heures à l'heure du fuseau n° 0.

■ Quand il est 12 h à Paris, on voit sur le planisphère (p. 140) qu'il est au même moment 7 h à New York et 21 h à Tokyo. En partant de Paris, il faut donc avancer sa montre de 1 heure à chaque fois que l'on franchit un fuseau horaire vers l'est, et retarder sa montre de 1 heure à chaque fois que l'on franchit un fuseau horaire vers l'ouest. On notera que le décalage horaire ne peut dépasser 12 heures.

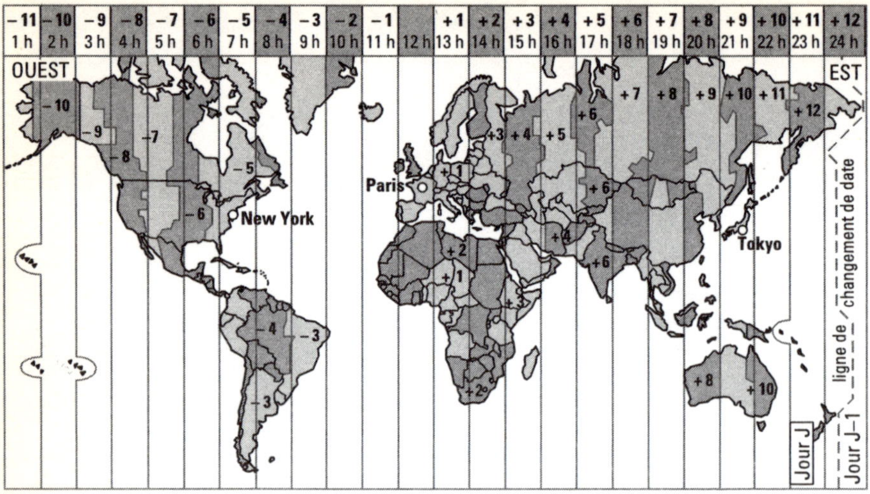

■ Jusqu'au XIXᵉ siècle, l'heure variait en France d'une ville à l'autre. Depuis 1911, la France est rattachée au fuseau n° 0 (et non plus au méridien de Paris). Cependant, pour des raisons d'économie d'énergie, l'heure légale en France avance d'une heure sur l'heure solaire, ce qui revient à rattacher la France au fuseau n° 1. En outre, toujours pour des raisons d'économie, depuis 1976 l'heure légale avance d'une seconde heure d'avril à septembre (les changements d'heure ayant lieu un dimanche matin).

■ Pour téléphoner à l'étranger, tenir compte du fait que, lorsqu'il est midi à Paris, il n'est encore que 4 h à Los Angeles, dans le fuseau n° 16. Mais il est seulement 21 h à Tokyo, dans le fuseau n° 9. Ces valeurs, indiquées par le schéma des fuseaux horaires, ne tiennent pas compte de l'heure légale ni de l'heure d'été. Ne pas oublier que les passages à l'heure d'été et à l'heure d'hiver ne s'effectuent pas forcément le même jour, comme le montre l'exemple de la France et de la Grande-Bretagne.

La semaine

Nous donnons les jours de la semaine, avec leur étymologie et leurs équivalents anglais (que l'on rencontre sur des montres ou sur des machines comptables).

lundi	*lunae dies*	jour de la Lune	*Monday*
mardi	*martis dies*	jour de Mars	*Tuesday*
mercredi	*mercurii dies*	jour de Mercure	*Wednesday*
jeudi	*jovis dies*	jour de Jupiter	*Thursday*
vendredi	*veneris dies*	jour de Vénus	*Friday*
samedi	*sabbati dies*	jour de Sabbat	*Saturday*
dimanche	*dominicus dies*	jour du Seigneur	*Sunday*

Noter que *Saturday* et *Sunday* signifient jour de Saturne et jour du Soleil.

Les mois

Voici les mois, avec leurs nombres de jours et leurs équivalents anglais :

janvier	31	*January*	juillet	31	*July*
février	28 ou 29	*February*	août	31	*August*
mars	31	*March*	septembre	30	*September*
avril	30	*April*	octobre	31	*October*
mai	31	*May*	novembre	30	*November*
juin	30	*June*	décembre	31	*December*

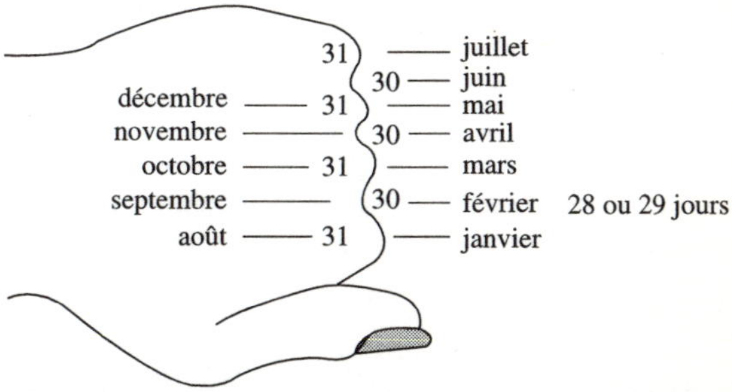

Pour retenir l'alternance des mois longs et courts (avec deux mois consécutifs de 31 jours), on part de l'index : les mois de 31 jours correspondent aux doigts, les mois de 30 jours et le mois de février correspondent aux intervalles entre les doigts. On passe ainsi de janvier à juillet, et on recommence : le mois d'août a 31 jours.

■ L'année romaine remonte à Romulus (753 av. J.-C.) ; elle comporte initialement dix mois et commence en Mars, du nom du dieu de la guerre dont Romulus prétendait descendre. L'étymologie d'avril est douteuse ; les mois de mai et de juin honorent les déesses Maia et Junon. Les six derniers mois portent des numéros (de 5 à 10, ce qui apparaît encore dans les noms de septembre, octobre, novembre et décembre). On attribue à Numa, successeur de Romulus, l'adjonction des mois de janvier et février, dont les noms proviennent de Janus et de Februo (dieu des morts). En l'an 716 de Rome, Antoine fit donner le nom de *julius* (devenu juillet) au cinquième mois, celui de la naissance de César. Trente ans plus tard, le Sénat voulut honorer Auguste en nommant *augustus* (devenu août) le sixième mois. Afin de mettre les deux empereurs sur un même rang, on enleva un jour à février (qui était passé à 29 jours depuis César) pour arriver à 31 jours en août.

■ Le début de l'année a été fixé au premier janvier par Jules César. L'année a commencé aussi à Noël, ou encore au 25 mars, date de l'Annonciation. Le premier janvier a été imposé de nouveau en France par Charles IX en 1567.

L'année est divisée en quatre trimestres, de trois mois chacun. Un bimestre est une durée de deux mois. Ne pas confondre une revue bimestrielle (paraissant un mois sur deux) avec une revue bimensuelle (paraissant tous les quinze jours).

Représentation numérique des dates

En Europe, il est d'usage de représenter les dates dans l'ordre suivant : quantième (numéro du jour dans le mois), mois, année.

Ainsi, 7/3/1935 désigne le 7 mars 1935.

Aux États-Unis, on note d'abord le mois, puis le quantième. Ainsi 7/3/1935 sera interprété outre-Atlantique comme le 3 juillet 1935.

Pour un traitement informatique, on emploie depuis 1972 une tout autre codification : de gauche à droite, on écrit l'année, le mois et le quantième.

On emploie en principe quatre chiffres pour désigner l'année (exceptionnellement deux chiffres lorsque aucune confusion entre siècles n'est à craindre). On emploie deux chiffres pour représenter le mois, et deux chiffres pour représenter le quantième. Ainsi, les neuf premiers mois de l'année et les neuf premiers jours du mois sont désignés par 01, 02, 03, etc. (et non par 1, 2, 3, etc.). Par exemple, le 7 mars 1935 est codifié 19350307, ou 1935 03 07, ou enfin 1935-03-07.

Cette notation inhabituelle est commode pour les calculs arithmétiques sur ordinateurs ; elle permet en outre de compléter la représentation d'une date de celle des nombres d'heures, minutes et secondes.

LE CALENDRIER

Calendrier julien

L'année solaire durant environ 365 jours un quart, Jules César a imposé il y a plus de deux mille ans que, sur quatre années consécutives, l'une dure 366 jours (année bissextile), les trois autres durant 365 jours (années communes). Dans la numérotation actuelle, les années bissextiles sont celles dont le millésime est divisible par 4. Ainsi, 1984 et 1988 sont bissextiles, tandis que 1983 ne l'est pas. Le jour supplémentaire (jour *bissexte*) est le 29 février.

L'année de 365 jours correspond sensiblement à 52 semaines. En fait :

$$52 \times 7 = 364.$$

Il y a donc un décalage d'un jour de la semaine d'une année sur l'autre pour les années communes (et parfois de deux jours si l'une des années est bissextile). Ainsi, le 7 mars 1983 tombe un lundi ; le 7 mars 1984 tombe un mercredi (car 1984 est bissextile) et le 7 mars 1985, un jeudi. Le cycle est de 28 ans. (Le nombre 28 est le produit du nombre 7 de jours de la semaine par le nombre 4 séparant deux années bissextiles.)

Ère

On appelle *ère* un jour fixé pour rapporter les années. L'ère julienne (du nom de Jules César) est le jour de la fondation de Rome ; la réforme julienne date de l'année 708 de la fondation de Rome.

L'ère chrétienne est le jour fixé par la tradition pour la circoncision du Christ. L'an 1 de notre ère correspond à l'an 754 de la fondation de Rome. (En fait, la naissance du Christ remonte probablement au 25 décembre de l'une des années 7, 6 ou 5 avant notre ère.) L'ère chrétienne a été adoptée en 532.

■ Pour les historiens, les années précédant l'an 1 sont notées av. J.-C. (abréviation de : avant Jésus-Christ). En particulier, l'année précédant l'ère chrétienne est l'an 1 av. J.-C. (Il n'y a pas d'année zéro.)

■ Pour les astronomes, le millésime est un nombre entier rationnel. L'année précédant l'ère chrétienne est l'année 0 ; les années d'avant sont les années – 1, – 2, – 3, etc. On voit ici encore un exemple simple d'emploi des nombres négatifs.

■ A.D. et B.C. sont des initiales utilisées dans les pays anglo-saxons. B.C. est l'abréviation de *before Christ*, c'est-à-dire avant Jésus-Christ. A.D signifie *anno Domini* (an de grâce). Ainsi, 1066 A.D. veut dire 1066 apr. J.-C., soit encore 1066.

Une décennie est une période de 10 ans (à ne pas confondre avec une décade, période de 10 jours). Un siècle est une période de 100 ans ; un millénaire est une période de 1 000 ans. Le premier siècle ayant commencé en l'an 1 et s'étant terminé avec l'année 100, le XXIe siècle et le troisième millénaire commenceront le premier janvier 2001 (et non le premier janvier 2000).

Calendrier grégorien

L'année vaut en fait 365,242 2 jours, c'est-à-dire 11 minutes 14 secondes de moins que l'année julienne. Pour éviter un décalage de plus en plus grand entre le calendrier et les saisons, Grégoire XIII a imposé en 1582 la réforme suivante :

Les années *séculaires* (c'est-à-dire dont le millésime se termine par deux zéros) cessent d'être bissextiles, sauf celles dont le nombre de siècles est divisible par 4. Par exemple, les années 1600 et 2000 restent bissextiles, mais l'année 1900 devient commune.

■ Pour ramener l'équinoxe de printemps au 21 mars, le pape a retranché 10 jours à l'an 1582.

■ Le calendrier grégorien est entré en vigueur à Rome, en Espagne, au Portugal, en France et aux Pays-Bas dès 1582. Le reste de l'Europe occidentale s'est aligné progressivement jusqu'au XVIIIe siècle. La Russie a conservé le calendrier julien jusqu'en 1918 et la Grèce, jusqu'en 1923, époque où le décalage atteignait 13 jours. Par exemple, la date 17/30 avril 1917 désigne le 17 avril vieux style (julien) et le 30 avril nouveau style (grégorien). Les coptes utilisent toujours le calendrier julien pour les fêtes religieuses.

Date de Pâques

La date de Pâques tombe, suivant les années, entre le 22 mars et le 25 avril. La formule de Gauss permet de calculer le quantième ; cependant, elle ne tient pas compte des années séculaires non bissextiles. Telle qu'elle est présentée ci-dessous, elle est valable de 1901 à 2100. (Pour les siècles avant ou après, il convient de la modifier légèrement.)

On détermine successivement :

– les restes a, b et c de la division du millésime par 19, 4 et 7 ;

– le reste d de la division de $19\,a + 24$ par 30 ;

– le reste e de la division de $2\,b + 4\,c + 6\,d + 5$ par 7.

Le quantième est $22 + d + e$ pour le mois de mars, si ce nombre ne dépasse pas 31, $d + e - 9$ pour le mois d'avril dans le cas contraire.

Le nombre $d + e - 9$ est la différence entre $22 + d + e$ et 31, ce dernier nombre étant le nombre de jours du mois de mars.) Lorsque $d + e - 9 = 26$, on remplace ce nombre par 19.

Exemple : l'année 1996.

$1996 = 19 \times 105 + 1 \qquad a = 1$

$1996 = 4 \times 499 \qquad b = 0$

$1996 = 7 \times 285 + 1 \qquad c = 1.$

D'où $19\,a + 24 = 43$, ce qui conduit à $d = 13$. Donc $2b + 4\,c + 6\,d + 5 = 87$, et enfin $e = 3$. La valeur de $22 + d + e$ est 38. Ce nombre ne représentant pas un quantième, il convient de lui retrancher 31 ; le quantième cherché, donnant un jour du mois d'avril, est : **38 – 31 = 7**.

En 1996, Pâques tombe donc le 7 avril.

Signalons que la division par 4 correspond aux années bissextiles, le nombre 7, aux jours de la semaine. Le nombre 19 est le plus petit nombre d'années de 365,25 jours coïncidant avec un nombre entier de lunaisons (cycle de Méton).

Calendriers perpétuels

Les calendriers se reproduisent à l'identique tous les vingt-huit ans. En effet, il y a sept possibilités pour les jours de la semaine, et le nombre de jours de l'année se reproduit tous les quatre ans, si l'on oublie les années séculaires. Autrement dit, il suffit de collectionner les calendriers pendant vingt-huit ans pour ne plus jamais avoir besoin d'en acheter : il suffit d'ajouter à chacun des millésimes le nombre 28, puis le nombre 56, etc. Par exemple, le calendrier pour 1995 resservira tel quel en 2023, le calendrier pour 2024 ne sera autre que celui de 1996, etc. (Théoriquement, on pourrait se contenter de quatorze modèles, mais leur ordre de succession serait beaucoup plus compliqué.)

Un calendrier perpétuel se doit de remplacer une collection de vingt-huit calendriers (ou tout au moins de quatorze). En fait, il existe deux conceptions des calendriers perpétuels.

On entend parfois ainsi un tableau dans lequel on peut faire coulisser les jours de la semaine en face des quantièmes, fixés à demeure. Mais un tel calendrier ne permet pas de déterminer le jour de la semaine correspondant à tel événement du passé, ou encore de trouver tous les vendredi 13 durant un siècle. Il existe pourtant des solutions fort simples ; elles tiennent sur une page d'un agenda de poche. Dans l'exemple ci-dessous, le tableau A correspond au cycle de 28 ans. L'an 2000, année bissextile, ne conduit à aucun décalage. En revanche, 1900 est une année commune (voir p. 143), ce qui explique le saut dans la colonne correspondante.

CALENDRIER PERPÉTUEL 1801-2036

A. ANNÉES										B. MOIS											
1801.1900				1901.2000				2001.36		J	F	M	A	M	J	J	A	S	O	N	D
01	29	57	85		25	53	81		09	4	0	0	3	5	1	3	6	2	4	0	2
02	30	58	86		26	54	82		10	5	1	1	4	6	2	4	0	3	5	1	3
03	31	59	87		27	55	83		11	6	2	2	5	0	3	5	1	4	6	2	4
04	32	60	88		28	56	84		12	0	3	4	0	2	5	0	3	6	1	4	6
05	33	61	89	01	29	57	85		13	2	5	5	1	3	6	1	4	0	2	5	0
06	34	62	90	02	30	58	86		14	3	6	6	2	4	0	2	5	1	3	6	1
07	35	63	91	03	31	59	87		15	4	0	0	3	5	1	3	6	2	4	0	2
08	36	64	92	04	32	60	88		16	5	1	2	5	0	3	5	1	4	6	2	4
09	37	65	93	05	33	61	89		17	0	3	3	6	1	4	6	2	5	0	3	5
10	38	66	94	06	34	62	90		18	1	4	4	0	2	5	0	3	6	1	4	6
11	39	67	95	07	35	63	91		19	2	5	5	1	3	6	1	4	0	2	5	0
12	40	68	96	08	36	64	92		20	3	6	0	3	5	1	3	6	2	4	0	2
13	41	69	97	09	37	65	93		21	5	1	1	4	6	2	4	0	3	5	1	3
14	42	70	98	10	38	66	94		22	6	2	2	5	0	3	5	1	4	6	2	4
15	43	71	99	11	39	67	95		23	0	3	3	6	1	4	6	2	5	0	3	5
16	44	72		12	40	68	96		24	1	4	5	1	3	6	1	4	0	2	5	0
17	45	73		13	41	69	97		25	3	6	6	2	4	0	2	5	1	3	6	1
18	46	74		14	42	70	98		26	4	0	0	3	5	1	3	6	2	4	0	2
19	47	75		15	43	71	99		27	5	1	1	4	6	2	4	0	3	5	1	3
20	48	76		16	44	72	00		28	6	2	3	6	1	4	6	2	5	0	3	5
21	49	77	00	17	45	73		01	29	1	4	4	0	2	5	0	3	6	1	4	6
22	50	78		18	46	74		02	30	2	5	5	1	3	6	1	4	0	2	5	0
23	51	79		19	47	75		03	31	3	6	6	2	4	0	2	5	1	3	6	1
24	52	80		20	48	76		04	32	4	0	1	4	6	2	4	0	3	5	1	3
25	53	81		21	49	77		05	33	6	2	2	5	0	3	5	1	4	6	2	4
26	54	82		22	50	78		06	34	0	3	3	6	1	4	6	2	5	0	3	5
27	55	83		23	51	79		07	35	1	4	4	0	2	5	0	3	6	1	4	6
28	56	84		24	52	80		08	36	2	5	6	2	4	0	2	5	1	3	6	1

C. JOUR

D	1	8	15	22	29	36
L	2	9	16	23	30	37
M	3	10	17	24	31	
M	4	11	18	25	32	
J	5	12	19	26	33	
V	6	13	20	27	34	
S	7	14	21	28	35	

Quel jour était le 6 juin 1930 ?

Cherchez en A le millésime et continuez sur la même ligne jusqu'à la colonne du mois. Ajoutez le chiffre que vous y trouvez au nombre du quantième, donc 0 plus 6 = 6. Cherchez en C face au chiffre 6 et vous y trouvez vendredi.

Document : *L'Agenda moderne*

Les réformes du calendrier

Les reproches que l'on fait à notre calendrier sont de trois ordres. Le changement perpétuel du jour de la semaine qui tombe à une date donnée fait le succès des montres-calendriers. La variabilité des nombres de jours d'un mois à l'autre, voire d'une année à l'autre, rend les trimestres inégaux, ce qui pose des problèmes dans toutes les branches d'activité, que ce soit dans l'enseignement ou le tourisme. De même, un mois peut comporter quatre ou cinq dimanches, ce qui complique la gestion des transports en commun ou des musées. Enfin, les fêtes mobiles, déterminées suivant un calendrier lunaire, s'adjoignent aux fêtes fixes, créant souvent une surabondance de congés au mois de mai.

Pour toutes ces raisons, les projets de rationalisation du calendrier n'ont cessé d'apparaître depuis plus d'un siècle et demi.

Ainsi, en 1849, Auguste Comte proposa une année de 13 mois de 28 jours suivie d'un jour blanc le 29 décembre, le jour bissexte étant reporté au 29 juin. C'est le calendrier fixe, repris en 1911 par l'Américain Eastman.

Un projet proposé par Armelin et Manin en 1887 fut publié en 1912 par Camille Flammarion : année de 12 mois à trimestres identiques de 91 jours, avec un jour blanc en fin d'année et le jour bissexte le 31 juin. C'est le calendrier universel.

Consultée en 1924 par la Société des Nations, l'Église a donné son accord de principe à une régularisation de la date de Pâques, par exemple entre le 3 et le 9 avril, ce qui aurait l'avantage de coïncider avec l'anniversaire de la Résurrection. Mais il faut l'avis d'un concile, lequel ne peut être saisi qu'après un consensus universel. En 1927, la Société des Nations a donc demandé à tous les États de présenter un rapport sur la question. Des deux cents projets reçus, deux types ont été retenus ; ce sont précisément le calendrier fixe et le calendrier universel, déjà bien connus. Ce dernier a reçu l'adhésion des principaux pays européens, du Japon, de l'Inde et du Canada.

La question a encore été soulevée au moment du concile Vatican II, mais un souci d'œcuménisme risque de reporter le calendrier universel aux calendes grecques…

Calendrier républicain

Le calendrier républicain, créé par les Conventionnels dans un souci de rationalisation, n'a guère été utilisé en pratique. Cela montre la vanité des réformes du calendrier, si séduisantes soient-elles : il est difficile de faire table rase des usages.

La loi du 5 octobre 1793 instaure le calendrier républicain avec comme ère le 22 septembre 1792, jour à la fois de la proclamation de la République et de l'équinoxe d'automne cette année-là. Le début de l'année devenait désormais le jour de l'équinoxe d'automne à Paris ; un décret devait donc fixer le début de chaque année, déterminé par des calculs astronomiques.

L'année compte douze mois de trente jours, divisés chacun en trois décades (donc périodes de dix jours). Comme pour le système métrique, le nombre 10 joue un rôle privilégié, remplaçant les vertus magiques des nombres 7 et 12 pour les Anciens. Ainsi, la journée est divisée en 10 heures de 100 minutes, la minute étant divisée elle-même en 100 secondes.

On arrive au total de 365 ou 366 jours grâce à cinq ou six jours supplémentaires, comme dans le calendrier égyptien : ce sont les *sans-culottides*. La période de quatre ans correspondant au cycle des années bissextiles est la *franciade* ; la sixième *sans-culottide* est le jour de la Révolution. Les années bissextiles ne coïncidèrent pas avec celles du calendrier grégorien ; ce furent l'an III, l'an VII et l'an XI.

Les noms des mois ont été fixés par un décret du 24 novembre 1793 ; ils ont été choisis par le poète Fabre d'Églantine, guillotiné moins de six mois après. Les terminaisons correspondent aux saisons : vendémiaire, brumaire, frimaire ; nivôse, pluviôse, ventôse ; germinal, floréal, prairial ; messidor, thermidor, fructidor.

Les jours de la décade ont une étymologie latine : primidi, duodi, tridi, quartidi, quintidi, sextidi, septidi, octidi, nonidi, décadi.

Les saints du calendrier font place à des instruments aratoires pour les décadis : herse, serpette, cordeau, pioche, etc., à des noms d'animaux ou de plantes dans les autres cas : laurier-thym, orme, lapin, endive, garance, citrouille…

Par un décret du 22 fructidor an XIII (9 septembre 1805), Napoléon rétablit le calendrier grégorien à partir du 1er janvier 1806. Mais le calendrier républicain, employé essentiellement dans les actes officiels, était pratiquement abandonné depuis des années. On se souvient du coup d'État du 18 brumaire an VIII (9 novembre 1799) ; en revanche, le sacre de l'Empereur est célébré le 2 décembre 1804.

La Commune a tenté de réhabiliter le calendrier républicain en 1871.

Une velléité analogue a eu lieu en Union soviétique en 1929, avec toujours une année de 12 mois de 30 jours, groupés non en trois décades, mais en six semaines de cinq jours. Ce calendrier, probablement jamais utilisé, a été aboli en 1940.

L'habitude de considérer 12 mois de 30 jours s'est perpétuée dans l'année commerciale, afin de simplifier les calculs d'escompte.

Calendrier israélite

Le calendrier de l'Ancien Testament est luni-solaire, composé au départ de 354 jours répartis en 12 mois alternativement de 29 et de 30 jours. Pour compenser le désaccord avec le mouvement du Soleil, on insère 7 années de 13 mois (années embolismiques) par cycle de 19 ans ; ce sont les années de numéros 3, 6, 8, 11, 14 et 19. Les jours sont groupés en semaines ; ils ne portent pas de nom, à part le sabbat (devenu notre samedi).

Pour éviter deux jours de repos consécutifs, l'année hébraïque ne pouvait commencer la veille ou le lendemain du sabbat, non plus que le quatrième jour de la semaine. Si le nouvel an devait tomber l'un de ces jours-là, on le reculait d'un jour. D'où six sortes d'années : les années communes, de

12 mois, régulières, abondantes ou défectives (354, 355 ou 353 jours) ; les années embolismisques, de 13 mois régulières, elles aussi régulières, abondantes ou défectives (384, 385 ou 383 jours).

Les noms des mois, hérités des Chaldéens lors de la captivité à Babylone, sont Tishri, Marcheswan, Kislew, Tebeth, Shebat, Adar, Nisan, Ijar, Sivan, Tammuz, Ab, Elul ; le treizième mois, Véadar, est intercalé entre Adar et Nisan. L'année commence le 1er Tishri ; Yom-Kippour (le « grand pardon ») tombe le 10 Tishri.

Au IVe siècle de notre ère, dès qu'ils eurent connaissance du cycle de Méton (19 années ou 235 lunaisons), les juifs ont abandonné l'empirisme au profit du calcul pour régler définitivement leur calendrier. En particulier, le lundi 24 septembre 344 (un premier Tishri), les chronologistes ont fixé la première néoménie (ou nouvelle lune) du monde au lundi 7 octobre 3761 avant notre ère, ayant estimé que 216 cycles de Méton, soit 4 104 ans, permettaient de placer tous les événements de l'histoire de l'humanité. Le décalage par rapport au calendrier grégorien ne dépassant guère un mois, on obtient la correspondance entre les deux calendriers par une simple addition. On trouve ainsi que l'an 5755 est à cheval sur les années grégoriennes 1994 et 1995.

SEPTEMBRE 1994 – OCTOB — תשנ״ה – 5755 TICHRI

SEPTEMBRE 1994			Tichri
6 M	1er j. de Roch Hachana 5755 Tachlikh ‖ 21 h 04	א׳ דראש השנה תשנ״ה	1
7 Me	2e j. de Roch Hachana 5755 ✡✡✡ 21 h 04	ב׳ דראש השנה	2
8 J	Jeûne de Guedalia Début : 4 h 35 - Fin : 21 h 02	צום גדליה	3
9 V	‖ de 18 h 58 à 19 h 18		4
10 S	Vayélekh, Chabat Chouva ✡✡✡ 20 h 57	וילך, שבת שובה	5
11 D			6
12 L			7
13 M			8
14 Me	Erev Kipour, Kol Nidré ‖ 19 h 50	ערב יום כפור, כל נדרי	9
15 J	Yom Kipour, Yizkor ✡✡✡ 20 h 46	יום כפור, יזכור	10
16 V	‖ de 18 h 46 à 19 h 06		11
17 S	Haazinou ✡✡✡ 20 h 42	האזינו	12
18 D			13
19 L	Erev Soukot ‖ à partir de 18 h 40 limite d'entrée à 19 h 39	ערב סוכות	14
20 M	1er j. de Soukot ‖ 20 h 33	א׳ דסוכות	15
21 Me	2e j. de Soukot ✡✡✡ 20 h 33	ב׳ דסוכות	16
22 J	1er j. de 'Hol Hamoèd	א׳ דחח״מ סוכות	17
23 V	2e j. de 'Hol Hamoèd ‖ de 18 h 33 à 18 h 53	ב׳ דחח״מ סוכות	18
24 S	Chab. Hol Hamoèd Kohèlet ✡✡✡ 20 h 27	שבת חה״מ סוכות, קהלת	19
25 D	4e j. de 'Hol Hamoèd HEURE D'HIVER	ד׳ דחח״מ סוכות	20
26 L	Hochana Raba ‖ 18 h 24	הושענא רבא	21
27 M	Chemini Atséret, Yizkor Guéchem ‖ 19 h 18	ש״ע, יזכור, גשם	22
28 Me	Sim 'hat Tora, Vezot Haberakha ✡✡✡ 19 h 18	שמחת תורה, וזאת הברכה	23
29 J	Isrou 'Hag	אסרו חג	24
30 V	‖ 18 h 15		25
OCTOB			
1 S	Beréchit, Bén. du mois ✡✡✡ 19 h 12	בראשית, מבה״ח	26
2 D			27
3 L			28
4 M			29
5 Me	1er j. de Roch 'Hodech	א׳ דראש חדש	30

2 Tichri 5621 (18.09.1860) : Naissance de Simon DOUBNOV historien, mort en martyr le 18 Kislev 5702 (08.12.1941)

10 Tichri 3880 (122) : Mort de R. AKIVA en martyr tué par les romains.

Document : Roger Salomon Warga

■ L'an 1994 du calendrier grégorien est à cheval sur les années 5755 et 5756 du calendrier israélite.

■ L'année juive 5689 a commencé le 15 septembre 1928, et s'est terminée le 4 octobre 1929.

■ De manière générale, l'année juive commence en septembre ou début octobre.

Calendrier musulman

L'ère musulmane est l'*hégire* (en arabe : « fuite »). En effet, l'islam, comme beaucoup de religions, repose sur une fuite : le 17 juillet 622, Mahomet quitta La Mecque pour se réfugier à Médine.

Le calendrier musulman, adopté vers 632, est en fait le calendrier arabe d'un usage immémorial. C'est un calendrier uniquement lunaire, qui comporte douze mois alternativement de 29 et de 30 jours. Un décalage par rapport au mouvement de la Lune a conduit à ajouter onze fois un jour intercalaire sur une période de trente ans ; les années de 355 jours, dites extraordinaires, portent les numéros 2, 5, 7, 10, 13, 16, 18, 21, 24, 26 et 29.

Le total de 354 ou 355 jours conduit à un décalage d'une année tous les trente-trois ans. Par suite, le ramadan, neuvième mois du calendrier de l'islam et période de jeûne, peut tomber en n'importe quelle saison. Il ne suffit donc pas de faire une soustraction pour savoir en quelle année de l'hégire on se trouve.

Ainsi, l'an 1415 de l'hégire commence le 21 juillet 1994, alors qu'il s'est écoulé seulement

1 994 – 622 = 1 372 ans

dans le calendrier grégorien.

Comme en Chaldée et en Palestine il y a trois mille cinq cents ans, la nouvelle lune est déterminée par deux témoins dignes de foi. Le début du ramadan peut différer d'une journée d'une ville à l'autre à cause de circonstances accidentelles (passage d'un nuage...).

Février 1995 — باريس PARIS

Ramadhane 1415 H		الفجر Fadjr	الظهر Dhuhr	العصر Assr	المغرب Maghrib	العشاء Ishaa	الشروق Shorouk
Mercredi	1	6.38	13.05	15.23	17.49	19.25	8.21
Jeudi	2	6.37	13.05	15.25	17.50	19.27	8.19
Vendredi	3	6.36	13.06	15.26	17.52	19.28	8.18
Samedi	4	6.35	13.06	15.28	17.53	19.30	8.16
Dimanche	5	6.34	13.06	15.29	17.55	19.31	8.15
Lundi	6	6.33	13.06	15.30	17.57	19.32	8.13
Mardi	7	6.31	13.06	15.32	17.58	19.33	8.12
Mercredi	8	6.30	13.06	15.33	17.59	19.35	8.10
Jeudi	9	6.28	13.06	15.35	18.01	19.36	8.09
Vendredi	10	6.27	13.06	15.36	18.03	19.37	8.07
Samedi	11	6.26	13.06	15.37	18.05	19.39	8.05
Dimanche	12	6.24	13.06	15.38	18.07	19.40	8.04
Lundi	13	6.23	13.06	15.40	18.08	19.42	8.02
Mardi	14	6.21	13.06	15.41	18.10	19.43	8.01
Mercredi	15	6.20	13.06	15.42	18.12	19.45	7.59
Jeudi	16	6.18	13.06	15.43	18.14	19.47	7.57
Vendredi	17	6.17	13.06	15.44	18.15	19.48	7.55
Samedi	18	6.15	13.06	15.46	18.17	19.50	7.54
Dimanche	19	6.14	13.06	15.47	18.18	19.51	7.52
Lundi	20	6.12	13.06	15.48	18.20	19.53	7.50
Mardi	21	6.10	13.06	15.49	18.22	19.54	7.48
Mercredi	22	6.09	13.06	15.50	18.23	19.56	7.46
Jeudi	23	6.07	13.05	15.52	18.25	19.57	7.45
Vendredi	24	6.06	13.05	15.53	18.26	19.59	7.43
Samedi	25	6.04	13.05	15.54	18.28	20.00	7.41
Dimanche	26	6.02	13.05	15.55	18.30	20.02	7.39
Lundi	27	6.00	13.05	15.56	18.31	20.03	7.37
Mardi	28	5.58	13.04	15.58	18.33	20.05	7.35

Châlon-sur-Marne : – 8 mn
Evreux : + 4 mn
Nancy : – 15 mn

Document : Institut musulman de la mosquée de Paris

EXERCICES

1. Calculer les périodes correspondant aux fréquences suivantes :

87,8	MHz	(France Inter)	104,3	kHz	(RTL)
90,4	MHz	(FIP)	104,7	kHz	(Europe 1)
93,5	MHz	(France Culture)	105,5	kHz	(France Infos)
101,1	MHz	(Radio classique)	9,9	GHz	(radars de la Gendarmerie française)
103,1	kHz	(Radio Monte Carlo)			

2. Le temps d'une éclusée est d'environ une demi-heure. Le plan incliné de Saint-Louis Arzviller remplace 17 écluses. Le temps de passage sur le plan incliné étant de 25 min, trouver le pourcentage de temps ainsi économisé.

3. Le 22 août 1962 tombait un mercredi. Quels jours de la semaine seront le 22 août 1996, le 22 août 2000 ? Trouver le jour de la semaine correspondant au 22 août 1862 (naissance de Claude Debussy).

4. Déterminer le jour de la semaine correspondant au 18 juin 1815 (bataille de Waterloo).

5. À l'aide de la formule de Gauss, déterminer la date de Pâques de 1990 à 2000.

6. *Cycle de Méton.* Le cycle de Méton correspond à la fois à 19 années de 365,25 jours et à 235 lunaisons.
a) Le calendrier israélite comportant des années de 12 et de 13 mois, trouver le nombre d'années de 13 mois dans un cycle.
b) Déterminer le nombre de cycles de Méton écoulés depuis l'ère juive jusqu'en 5743, et le numéro de l'année 5743 dans son cycle.
c) Calculer la durée d'une lunaison à partir du cycle de Méton.
d) Le mois lunaire valant en fait 29,530 6 jours, déterminer l'erreur commise par Méton sur 19 ans.

MESURE DES VITESSES

DÉFINITIONS

La *vitesse* est la distance parcourue pendant l'unité de temps. L'unité principale est le *mètre par seconde*, noté m/s.

Pour mesurer la vitesse des véhicules terrestres, des avions subsoniques, etc., on emploie le *kilomètre par heure*, noté km/h.

Rappelons qu'il est interdit de mélanger des noms et des symboles, comme km/heure, par exemple. On écrit donc km/h ou *kilomètre par heure*. (Il est cependant toléré de dire « kilomètre à l'heure ».)

Comme 1 km = 1 000 m et que 1 h = 3 600 s :

$$\mathbf{1\ km/h = \frac{1\,000}{3\,600} = \frac{1}{3{,}6} \approx 0{,}278\ m/s.}$$

Exemple : La vitesse moyenne de la Terre sur son orbite est :

$$\mathbf{2{,}98 \times 10^4\ m/s = 29{,}8\ km/s.}$$

La distance parcourue par la Terre pendant une année est :

$$\mathbf{365{,}242 \times 86\,400 \times 29{,}8 = 9{,}40 \times 10^8\ km.}$$

Cette distance est donc proche d'un milliard de kilomètres.

Dans les pays anglo-saxons, l'unité de vitesse est le mile par heure, noté m.p.h. Par exemple, sur une autoroute américaine, un panneau marqué 65 signifie que la vitesse est limitée à 65 m.p.h., soit environ :

$$\mathbf{1{,}609 \times 65 \approx 105\ km/h.}$$

■ Le Royaume-Uni adoptant progressivement le Système International d'unités, les compteurs de vitesse des voitures britanniques portent parfois la double graduation en km/h et en m.p.h.

■ Pour mesurer les vitesses des navires, on utilise le nœud (voir p. 242). Pour mesurer les vitesses angulaires, on utilise le tour par seconde, ou le tour par minute (voir p. 178).

Nombre de Mach

La vitesse v d'un avion ou d'une fusée dans l'atmosphère dépend de la vitesse du son c à l'endroit considéré. On appelle *nombre de Mach* le rapport :

$$M = \frac{v}{c}.$$

Par définition, un avion est supersonique si son nombre de Mach peut dépasser 1.

Exemple : À basse altitude et à 20 °C, la vitesse du son est 343,1 m/s = 1 235 km/h. À 10 000 mètres par – 60 °C, cette vitesse n'est que 293,1 m/s = 1 055 km/h. La vitesse de croisière du Concorde étant de 2 200 km/h, le nombre de Mach correspondant est :

$$\frac{2\,200}{1\,055} \approx 2{,}08.$$

Inversement, le nombre de Mach maximal atteint par cet avion est 2,2. La vitesse correspondante en altitude est 2,2 × 1 055 = 2 321 km/h.
Pour des raisons de bruit, de sécurité et de consommation, il n'est pas question d'atteindre à basse altitude le nombre de Mach 2,2, qui correspondrait à une vitesse de 2,2 × 1 235 = 2 717 km/h.

Vitesse de la lumière

La vitesse de la lumière (ou, plus généralement, des ondes électromagnétiques) dans le vide est :

$$c = 2{,}997\,924\,58 \times 10^8 \text{ ms},$$

soit environ 300 000 km/s. (c est l'initiale de *célérité*.)

Depuis octobre 1883, la vitesse de la lumière est une unité fondamentale servant à la définition du mètre (voir p. 127).
C'est la plus grande vitesse qu'il soit possible de réaliser. Les vitesses dépassant la vitesse de la lumière ne se rencontrent que dans certains romans de science-fiction.

Année de lumière

L'année de lumière n'est pas une unité de temps, mais de longueur : c'est la distance parcourue en une année par des ondes électro-magnétiques dans le vide ; on la note a.l. (On dit souvent, à tort, année-lumière.) Cette distance est :

$$365{,}242 \times 86\,400 \text{ c} = 9{,}460\,5 \times 10^{15} \text{ m}.$$

L'unité astronomique étant environ $149\,600 \times 10^6$ m,

$$1 \text{ a.l.} = \frac{9{,}460\,5 \times 10^{15}}{1{,}496\,0 \times 10^{11}} = 63\,242 \text{ UA}.$$

L'année de lumière intervient dans le calcul des distances intersidérales.

Exemple : L'étoile la plus proche de la Terre est la Proxima du Centaure, à 4,29 années de lumière. La distance à la Terre est donc :

$$4{,}29 \times 9{,}460 \times 10^{12} = 4{,}06 \times 10^{13} \text{ km},$$

soit environ 40 000 milliards de kilomètres.

Baud

En télécommunication, l'unité de vitesse est le *baud* (du nom de l'ingénieur Émile Baudot), correspondant à la transmission d'un bit en une seconde.

Exercice : On transmet un message de 24 000 octets sur une ligne téléphonique à 1 200 bauds. Chaque octet est précédé d'un signal « START », d'un bit, et suivi d'un signal « STOP », de deux bits. Calculer la durée de la transmission.
Rappelons qu'un octet est l'équivalent de huit bits. La transmission d'un octet nécessite donc 8 + 1 + 2 = 11 bits. La longueur du message est 11 × 24 000 bits, et la durée de transmission est :

$$\frac{11 \times 24\,000}{1\,200} = 11 \times 20 = 220 \text{ s},$$

soit encore 3 min 40 s.

VITESSE MOYENNE ET MOYENNE DES VITESSES

Voici des pièges classiques :

Exercices :

1. Un cycliste gravit une côte de 3 km à la vitesse de 12 km/h ; il parcourt ensuite une descente de 3 km à la vitesse de 36 km/h. Quelle est sa vitesse moyenne ?
Il ne faut pas croire que la vitesse moyenne est la moyenne des vitesses, c'est-à-dire : $\frac{1}{2}(12+36)=24$ km/h, bien que les distances parcourues soient égales. La vitesse moyenne n'est la moyenne des vitesses que si les durées sont égales.

En fait, la première partie du trajet a duré 15 min et la seconde, 5 min. La durée totale est 20 min, soit un tiers d'heure. La distance totale étant 6 km, la vitesse moyenne est seulement **18 km/h.**

2. Par suite d'un bouchon sur l'autoroute A 13, un automobiliste a parcouru les 90 premiers kilomètres en une heure. Quelle distance doit-il parcourir à 130 km/h pour établir une moyenne de 110 km/h ?
Il ne s'agit pas de rouler pendant encore 90 km, mais pendant encore une heure. La distance cherchée est donc **130 km.**

> La durée d'un trajet étant inversement proportionnelle à la vitesse, les problèmes de vitesse moyenne sont des problèmes de moyenne sur l'inverse de la vitesse.

EXERCICES

1. *T.G.V.* La durée du trajet Paris-Lyon en chemin de fer est de 4 h par le rapide, pour 511 km. Cette durée se réduit en 1980 à 3 h 50 min toujours pour 511 km, et en 1983 à 2 h, cette fois pour 426 km.
   Dans chacun des trois cas, trouver la vitesse moyenne.
2. Trouver la longueur d'un film cinématographique de 35 mm, la projection durant 1 h 40 min. La cadence est de 24 images par seconde, et le pas du film (distance entre les centres de deux images consécutives), 19 mm.
3. Dans une presse rotative, le papier avance à la vitesse de 500 m/min. Exprimer cette vitesse : **a)** en km/h ; **b)** en cm/s.
4. Les ascenseurs de la tour Maine-Montparnasse ont une vitesse de 6 m/s.
   a) Exprimer cette vitesse en km/h.
   b) Trouver le temps nécessaire pour accéder au 56e étage (210 m), en supposant la vitesse constante.
   c) Le temps réel est 38 s. Calculer la vitesse moyenne.
   Reprendre les deux premières questions pour le World Trade Center (8,60 m/s et 411 m de hauteur).
5. Devant un obstacle imprévu, un automobiliste met un dixième de seconde avant de commencer à freiner (durée du réflexe). Calculer la distance parcourue pendant ce temps : **a)** à 60 km/h ; **b)** à 90 km/h ; **c)** à 130 km/h.
6. La vitesse de croisière de l'Airbus A 300 est 870 km/h. Convertir cette vitesse en miles par heure.
   Même question pour le Boeing 747 (v = 1 030 km/h).
7. La vitesse de croisière du Boeing 727 est 538 miles par heure. Trouver l'équivalent en km/h, puis en m/s.
8. Trouver la durée du défilement de 1 100 m de bande magnétique à la vitesse de : **a)** 19 cm/s ; **b)** 9,5 cm/s.
9. Trouver la longueur de bande magnétique dans une cassette de 90 min (à la vitesse de défilement de 4,75 cm/s). Ne pas oublier que les cassettes sont réversibles.
10. Un cycliste doit parcourir 60 km en 3 heures. Arrivé à la moitié du chemin, il s'aperçoit que sa vitesse moyenne est inférieure de 2 km à ce qu'elle aurait dû être. Quelle doit être sa vitesse moyenne pendant le temps qui lui reste pour arriver à l'heure fixée ?
11. Dans un disque compact, les échantillons sont constitués de 16 bits pour chaque canal (gauche et droite). Chaque groupe de six échantillons est accompagné de 396 bits de contrôle et de synchronisation. La lecture s'effectue à la cadence de 44 100 échantillons par seconde.
    a) Calculer la vitesse de transmission.
    b) Calculer le nombre de bits sur un disque durant 71 minutes.
    (Une seule face est utilisée pour l'enregistrement.)

CARRÉ ET RECTANGLE MESURE DES SUPERFICIES

CARRÉ

Le carré est un quadrilatère *ABCD* dont les quatre côtés sont égaux et dont les diagonales sont égales.

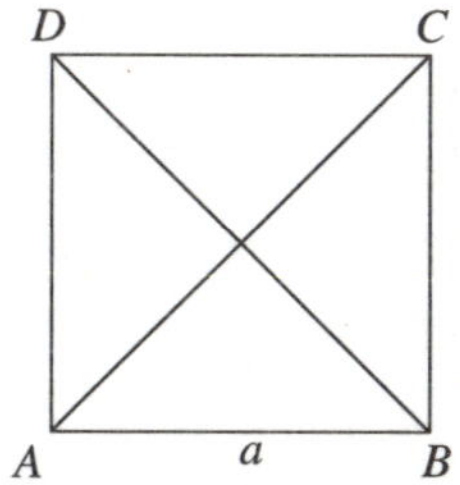

Cela revient à dire que les côtés sont égaux et que tous les angles sont droits (voir p. 177). Un carré est encore un quadrilatère dont les côtés sont égaux et deux à deux parallèles, et dont au moins un angle est droit.

Soit a le côté.

$$AB = BC = CD = DA = a$$

$$AC = BD = a\sqrt{2}.$$

Le *périmètre* du carré (c'est-à-dire la somme des longueurs des côtés) est $4a$.
L'*aire* du carré est a^2.

Exercices :

1. Trouver le côté d'un carré dont le périmètre est 28.
Le côté est :

$$a = \frac{1}{4} \times 28 = 7.$$

2. Trouver le côté d'un carré dont l'aire est 169.
Le côté est :

$$a = \sqrt{169} = 13.$$

Le rectangle est un quadrilatère $ABCD$ dont les côtés non consécutifs sont deux à deux égaux et dont les diagonales sont égales.

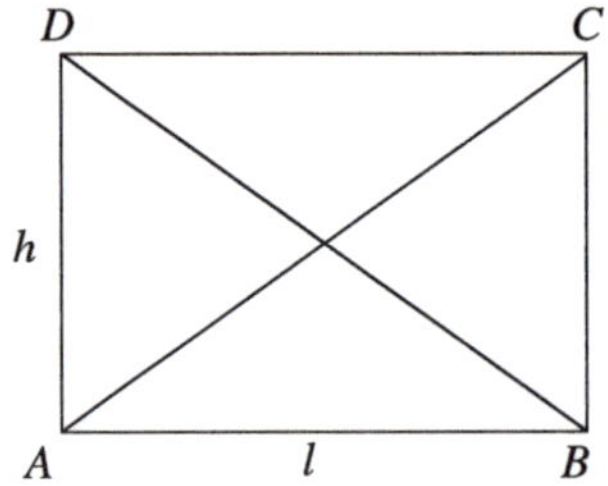

Cela revient à dire que les côtés sont deux à deux parallèles et que l'un au moins des angles est droit (voir p. 177).

La distance $l = AB = CD$ s'appelle *longueur* du rectangle.

La distance $h = BC = AD$ s'appelle *largeur*, ou *hauteur*, du rectangle.

Le périmètre est $2(l + h)$.

L'aire est lh.

Le mot « longueur », désignant déjà l'un des côtés du rectangle, ne peut désigner en même temps la somme des longueurs de tous les côtés.

Un carré est un rectangle dont la longueur est égale à la largeur.

Dans le cas où le rectangle n'est pas un carré, il est d'usage de désigner par *longueur* le plus grand côté, par *hauteur* ou *largeur* le plus petit côté.

Rectangles d'aire maximale

On considère un rectangle de périmètre donné. Trouver à quelle condition l'aire de ce rectangle est la plus grande possible.

Soit p le périmètre. Notons l la longueur ; la hauteur est alors :

$$h = \frac{p}{2} - l.$$

L'aire est donc :

$$\mathscr{A} = lh = l\left(\frac{p}{2} - l\right).$$

En utilisant l'égalité remarquable $a^2 - b^2 = (a - b)(a + b)$ (voir p. 27), on obtient :

$$\mathscr{A} = \left(\frac{p}{4}\right)^2 - \left(l - \frac{p}{4}\right)^2.$$

Le maximum est obtenu lorsque :

$$\left(l-\frac{p}{4}\right)^2=0,$$

soit $l = \frac{p}{4}$, auquel cas $h = l$.

Parmi les rectangles de périmètre donné, le carré a l'aire maximale.

Rectangles de périmètre minimal

On considère un rectangle d'aire donnée. Trouver à quelle condition le périmètre est le plus petit possible.

Soit $\mathscr{A}$ l'aire. Notons l la longueur ; la hauteur est alors :

$$h=\frac{\mathscr{A}}{l}.$$

D'où le périmètre :

$$p=2\,(l+h)=2\left(l+\frac{\mathscr{A}}{l}\right).$$

On peut considérer $l+\frac{\mathscr{A}}{l}$ comme la somme des termes extrêmes du carré de $\sqrt{l}-\sqrt{\frac{\mathscr{A}}{l}}$.

> On utilise l'égalité remarquable $a^2 + b^2 = (a-b)^2 + 2\,ab$ (voir p. 26).

L'expression de p prend alors la forme suivante :

$$p=2\left[\left(\sqrt{l}-\sqrt{\frac{\mathscr{A}}{l}}\right)^2+2\sqrt{\mathscr{A}}\right].$$

Le minimum est atteint lorsque :

$$\sqrt{l}-\sqrt{\frac{\mathscr{A}}{l}}=0,$$

c'est-à-dire $l=\sqrt{\mathscr{A}}$, auquel cas $h = l$.

Parmi les rectangles d'aire donnée, le carré a le périmètre minimal.

MESURE DES SUPERFICIES

L'unité d'aire est le mètre carré, noté m^2 ; c'est l'aire d'un carré dont le côté a pour mesure 1 mètre.

Les multiples et sous-multiples se définissent de même : km^2, hm^2, dam^2, dm^2, cm^2, mm^2.

$$\mathbf{1\ dam^2 = 100\ m^2}$$

$$\mathbf{1\ hm^2 = 100\ dam^2 = 10^4\ m^2}$$

$$\mathbf{1\ dm^2 = 10^{-2}\ m^2}$$

$$\mathbf{1\ cm^2 = 10^{-2}\ dm^2 = 10^{-4}\ m^2}$$

$$\mathbf{1\ mm^2 = 10^{-2}\ cm^2 = 10^{-4}\ dm^2 = 10^{-6}\ m^2}$$

■ Lorsqu'on multiplie l'unité de longueur par 10, l'unité d'aire est multipliée par $10^2 = 100$ (et non par 10). De même, lorsqu'on multiplie l'unité de longueur par 100, l'unité d'aire est multipliée par $100^2 = 10^4 = 10\,000$ (et non par 100). Nous retrouverons cette difficulté à propos des mesures agraires (voir p. 161), et une difficulté analogue au moment de la mesure des volumes (voir p. 217).

■ Dans toutes les formules donnant l'aire à partir du produit de deux longueurs, prendre garde au choix des unités. Par exemple, dans le cas de l'aire d'un rectangle, la longueur et la largeur doivent être exprimées à l'aide de la même unité, l'aire est alors obtenue dans l'unité d'aire correspondante. Ainsi, lorsque la longueur et la largeur sont exprimées en centimètres, l'aire est exprimée en centimètres carrés. Si les données sont l'une en centimètres, l'autre en millimètres, il faut commencer par convertir les centimètres en millimètres (pour trouver des millimètres carrés), ou par convertir les millimètres en centimètres (pour trouver des centimètres carrés).

Exemple : Une pièce rectangulaire a 5,20 m de long et 3,60 m de large. Trouver la surface de moquette nécessaire pour couvrir le sol.
L'aire du rectangle est le produit de la longueur par la largeur. Si les dimensions de la pièce sont données en mètres, on obtient le résultat en mètres carrés. Dans le cas présent :

$$\mathcal{A} = \mathbf{5{,}20 \times 3{,}60 = 18{,}72\ m^2.}$$

■ Nombre d'or

Depuis l'Antiquité, on considère qu'un rectangle a des proportions parfaites si, lorsqu'on enlève un carré, le rectangle restant a les mêmes proportions que le rectangle initial ; cela revient à dire que le rapport de la longueur a à la largeur b vérifie l'égalité :

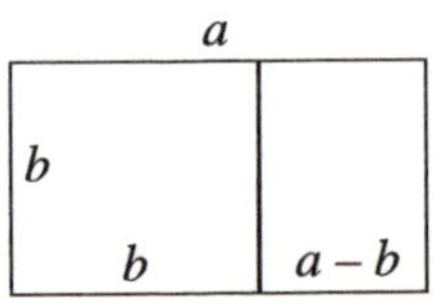

$$\frac{a}{b} = \frac{b}{a-b}.$$

Le rapport $\frac{a}{b}$ est alors le nombre d'or :

$$\frac{\mathbf{1+\sqrt{5}}}{\mathbf{2}} \approx \mathbf{1{,}618.}$$

L'inverse du nombre d'or est :

$$\frac{2}{1+\sqrt{5}} = \frac{2\left(\sqrt{5}-1\right)}{5-1} = \frac{\sqrt{5}-1}{2} \approx \mathbf{0{,}618.}$$

Pour la construction graphique du nombre d'or, voir p. 200.

Formats normalisés

Les formats de papiers d'écriture sont définis par les règles suivantes :

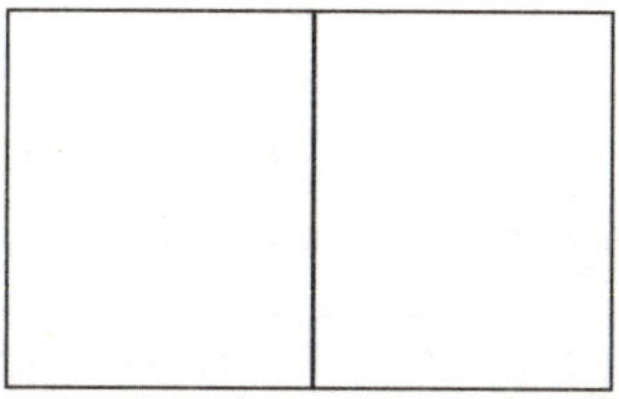

– Le rapport des côtés est $\sqrt{2}$.

– La série normale est constituée par une suite de formats tels que chacun d'eux soit obtenu par division en deux parties égales du format immédiatement supérieur parallèlement au petit côté.

– Le format de base A0 de la série principale A a une aire de 1 m^2.

Le rapport des côtés d'un format est $\sqrt{2}$. Si on divise le grand côté en deux, le petit côté devient le grand côté, et le rapport est $\frac{2}{\sqrt{2}}$, c'est-à-dire encore $\sqrt{2}$.

– Le petit côté du format de base B0 de la série auxiliaire B est égal à 1 m.

■ *Série principale* A. Soit a la longueur du format A0. La largeur est $b = \frac{a}{\sqrt{2}}$.

L'aire est $ab = \frac{a^2}{\sqrt{2}}$. Puisque, par convention, cette aire est égale à 1 m^2,

$$\boldsymbol{a = \sqrt{\sqrt{2}} \approx 1{,}189\ \mathrm{m}}$$

$$\boldsymbol{b = \frac{a}{\sqrt{2}} = \frac{1}{\sqrt{\sqrt{2}}} \approx 0{,}841\ \mathrm{m.}}$$

En millimètres, le format A0 est donc 841 × 1 189. En arrondissant chaque fois au millimètre inférieur, on obtient successivement :

– pour A1 594 × 841

– pour A2 420 × 594

– pour A3 297 × 420

– pour A4 210 × 297, etc.

L'aire est chaque fois divisée par 2.

Le format A4 est le format commercial, et aussi celui de la micro-informatique. Le format A3, très utilisé en dessin industriel, correspond à une double feuille. Les indications A3 et A4 figurent sur les photocopieurs.

■ *Série auxiliaire* B. Prenons pour valeur approchée de $\sqrt{2}$ le nombre 1,414. La largeur du format B0 étant 1 000 mm, la longueur est :

1 000 × 1,414 = 1 414 mm.

D'où le format B0 : 1 000 × 1 414. Divisons le grand côté en deux, en arrondissant au millimètre inférieur.

Nous obtenons successivement :

– pour B1 707 × 1 000

– pour B2 500 × 707, etc.

Ici encore, l'aire est divisée par 2 à chaque étape.

FORMATS FINIS (1) **(en millimètres)**					
SÉRIE PRINCIPALE (dérivés réguliers)			**SÉRIE AUXILIAIRE (ne comporte pas de formats oblongs)**		
Désignation	Dimensions (1) mm	Surface m^2	Désignation	Dimensions (1) mm	Surface m^2
A0 (base)	841 × 1 189	1	B0	1 000 × 1 414	$\sqrt{2}$
A1	594 × 841	1/2	B1	707 × 1 000	$\frac{\sqrt{2}}{2}$
A2	420 × 594	1/4	B2	500 × 707	$\frac{\sqrt{2}}{4}$
A3	297 × 420	1/8	B3	353 × 500	$\frac{\sqrt{2}}{8}$
A4	210 × 297	1/16	B4	250 × 353	$\frac{\sqrt{2}}{16}$
A5	148 × 210	1/32	B5	176 × 250	$\frac{\sqrt{2}}{32}$
A6	105 × 148	1/64	B6	125 × 176	$\frac{\sqrt{2}}{64}$
A7	74 × 105	1/128	B7	88 × 125	$\frac{\sqrt{2}}{128}$
A8	52 × 74	1/256	B8	62 × 88	$\frac{\sqrt{2}}{256}$
A9	37 × 52	1/512	B9	44 × 62	$\frac{\sqrt{2}}{512}$
A10	26 × 37	1/1 024	B10	31 × 44	$\frac{\sqrt{2}}{1\,024}$

(1) Dimensions arrondies au millimètre inférieur.

L'aire du format A4 est théoriquement 1/16 de mètre carré, soit 0,625 m². Le produit $0{,}21 \times 0{,}297$ ne donne que 0,623 7 m². La différence tient aux arrondis à chaque division en deux.

Mesures agraires

Pour la mesure des superficies agraires (aire d'un champ, d'un bois, etc.), on emploie traditionnellement comme unité l'are, égal à 100 m² :

$$\mathbf{1\ a = 100\ m^2 = 1\ dam^2.}$$

Il y a un seul multiple, l'hectare, et un seul sous-multiple, le centiare :

$$\mathbf{1\ ha = 10\ 000\ m^2}$$

$$\mathbf{1\ ca = 1\ m^2.}$$

■ On passe au multiple et au sous-multiple par un facteur 100 (et non par un facteur 10). En effet, si l'on multiplie l'unité de longueur par 10, l'unité d'aire est multipliée par 100. (Un carré d'aire égale à 10 m² a pour longueur des côtés $\sqrt{10} \approx 3{,}162$ m.) On retiendra donc : les unités agraires sont les aires des carrés de côtés 1 m, 10 m et 100 m.

■ Le centiare, n'étant autre que le mètre carré, n'est plus guère employé que dans les actes notariaux. L'hectare est utilisé pour la description des grands jardins, des parcs, des domaines. L'écriture en m² comporterait trop de zéros, l'écriture en km² serait peu flatteuse : on parlera d'un terrain de sport de 6 hectares, et non de 0,06 km².

Exemples :

1. La ville de Paris (Bois de Boulogne et Bois de Vincennes inclus) couvre 10 500 ha. Déterminer la superficie en km².
Il suffit de diviser ce nombre par 100 pour obtenir le résultat :

$$\frac{1}{100} \times 10\,500 = 105\ \text{km}^2.$$

2. La superficie de New York est 814 km². Convertir cette mesure en hectares.
Cette fois, on multiplie par 100 le nombre donné :

$$100 \times 814 = 81\ 400\ \text{ha.}$$

(On passe des hectares aux kilomètres carrés en supprimant deux zéros ; on passe des kilomètres carrés aux hectares en ajoutant deux zéros.)

3. Ajouter les mesures suivantes, et convertir le résultat en m² :

	2 ha	**45 a**	**18 ca**
+	**1 ha**	**2 a**	**93 ca**
+		**75 a**	**9 ca**
	4 ha	**23 a**	**20 ca**

soit encore 42 320 m².

On peut aussi commencer par convertir les trois nombres en mètres carrés, et faire l'addition selon la manière habituelle :

$$\begin{array}{r} 24\,518 \\ +\,10\,293 \\ +\;\;7\,509 \\ \hline 42\,320\ \text{m}^2 \end{array}$$

4. Calculer le prix d'un terrain de 2 ha, sachant que le mètre carré vaut 150 F. Comme 1 ha = 10 000 m², l'aire est 2 × 10 000 m², soit 20 000 m². Le prix cherché est donc :

$$\mathbf{20\,000 \times 150 = 3\,000\,000\ F = 3\ MF.}$$

EXERCICES

1. Une pelouse rectangulaire mesure 9 m de large sur 17 m de long. Une tondeuse à gazon a une largeur de coupe de 60 cm. Doit-on passer la tondeuse parallèlement au grand côté ou au petit côté ? (On néglige le temps mis pour effectuer les demi-tours.)
Même question avec une largeur de coupe de 50 cm.

2. Les dimensions minimales et maximales des cartes postales sont 14 × 9 et 15 × 10,7 (en cm).
a) Calculer les aires correspondantes.
b) Sachant que la tolérance est 2 mm en plus ou en moins, calculer les aires extrêmes admises par La Poste.

3. Les dimensions des images des films cinématographiques sont, en mm :

format	largeur × longueur
8 mm	3,5 × 4,8
super 8	4,0 × 6,0
9,5 mm	6,5 × 8,5
16 mm	7,4 × 10
35 mm muet	18 × 24
35 mm sonore	19 × 22

a) Calculer les aires des divers rectangles.
b) Dans chaque cas, exprimer le rapport de l'aire avec celle du format super 8.

4. Une collection de vulgarisation au format de poche 176 × 115 (en mm) a publié 56 millions d'exemplaires de 128 pages.
a) Trouver le nombre de pages imprimées.
b) Trouver la surface totale de papier, en hectares. (Ne pas oublier que le papier est imprimé recto-verso.) Quelle fraction de la superficie de Paris cela représente-t-il ?

5. Deux terrains carrés dont les superficies diffèrent de 75 ares et dont la somme des périmètres est de mille mètres sont achetés par une même personne à raison de 60 F le mètre carré. Les frais d'enregistrement et de notariat s'élèvent à 10 % de la valeur totale estimée de ces deux terrains.
Trouver le prix de chaque terrain et la somme totale déboursée par l'acquéreur.

6. La palette européenne, utilisée dans les supermarchés, a un plateau de 120 cm de long sur 80 cm de large. Déterminer le nombre de paquets rectangulaires que l'on peut disposer sur le plateau, la largeur et la longueur étant en cm :

60 × 80 ;	40 × 60 ;	26 × 60 ;	20 × 60 ;	16 × 60 ;
40 × 40 ;	30 × 40 ;	26 × 40 ;	20 × 40 ;	17 × 40 ;
16 × 40 ;	15 × 40 ;	13 × 40 ;	12 × 40 ;	10 × 40.

Carte au 1 / 200 000 – 1 cm = 2 km.

Carte au 1 / 1 000 000 – 1 cm = 10 km.

ÉCHELLES

La représentation d'un objet peut parfois s'effectuer en vraie grandeur : 1 cm sur le dessin correspond à 1 cm sur l'objet. Si l'objet est très petit, il y a évidemment intérêt à agrandir le dessin (pour assurer une meilleure lisibilité, et aussi pour pouvoir placer les cotes). Si l'objet est trop grand, il est impossible de le représenter en vraie grandeur. (C'est le cas pour le plan d'un appartement, et à plus forte raison pour le plan d'une ville.)

On appelle échelle d'un dessin le rapport entre la dimension linéaire de la représentation sur le dessin et la dimension linéaire de l'élément à représenter.

L'échelle « vraie grandeur » est le rapport 1 : 1. Les échelles d'agrandissement correspondent aux rapports plus grands que 1 : 1 ; les échelles de réduction correspondent aux rapports plus petits que 1 : 1.

La longueur de l'objet est proportionnelle à la longueur sur le dessin. Considérons par exemple l'échelle d'agrandissement 20 : 1. Un centimètre sur le dessin correspond à 0,5 mm sur l'objet. Mais l'aire est proportionnelle au carré de l'échelle : 1 cm^2 sur le dessin correspond à 0,25 mm^2 sur l'objet.

Dans tous les domaines (mécanique, électricité, génie civil, architecture, etc.), on emploie de préférence les échelles suivantes :

Échelles d'agrandissement :

50 : 1 20 : 1 10 : 1 5 : 1

Échelles de réduction :

1 : 5 1 : 10 1 : 20 1 : 50 1 : 100 1 : 200

1 : 500 1 : 1 000 1 : 2 000 1 : 5 000 1 : 10 000

Les échelles 2 : 1 et 1 : 2 sont déconseillées, car elles peuvent donner lieu à des impressions trompeuses.

Dans les dessins d'architecture, de bâtiment et de génie civil, on préconise les échelles suivantes :

plan de masse 1 : 2 000

plan d'ensemble 1 : 1 000 - 1 : 500 - 1 : 200

dessin d'avant-projet détaillé, plan d'exécution des ouvrages, dossier des ouvrages exécutés 1 : 100 - 1 : 50

détails 1 : 20 - 1 : 10 - 1 : 5 - 1 : 1

Exemple : On veut représenter le plan d'une maison de 14 m de long et de 9 m de large sur une feuille de papier au format A3 (c'est-à-dire 420 × 297, en mm). Quelle échelle peut-on adopter ?

L'échelle, de la forme 1 : x, doit être inférieure à la fois à $\frac{420}{14\,000}$ et à $\frac{297}{9\,000}$.

Or :

$$\frac{420}{14\,000} = \frac{42}{1\,400} = \frac{3}{100} \quad \text{et} \quad \frac{297}{9\,000} = \frac{33}{1\,000}.$$

Ainsi, le nombre x doit être un entier supérieur à:

$$\frac{100}{3} \approx 33{,}33 \quad \text{et à} \quad \frac{1\,000}{33} \approx 30{,}30.$$

La plus grande échelle possible est donc 1 : 50.

Cartes

Dans le cas des cartes, l'échelle est notée sous forme de fraction. Ainsi, la carte de référence en France est la carte d'état-major ; les cartes au 1/80 000 et au 1/20 000 (du Service géographique de l'Armée) ont été remplacées par la carte au 1/50 000 (de l'Institut géographique national). Les cartes routières du commerce, qui en dérivent, sont au 1/200 000 et au 1/1 000 000 (cartes Michelin), au 1/100 000, au 1/250 000 et au 1/25 000 (cartes IGN). Par exemple, pour une carte au 1/200 000, un centimètre sur la carte représente deux kilomètres sur le terrain.

Les échelles des plans cadastraux sont 1/1 000 et 1/2 500.

De manière générale, on obtient la distance réelle entre deux points en multipliant la distance mesurée sur la carte par le dénominateur de l'échelle.

Exemple : Sur une carte au 1/50 000, la distance entre Plouharnel et Auray est 25 cm ; la distance réelle entre ces deux villes est 50 000 × 25 cm, c'est-à-dire 12,5 km.

Curvimètre

Le curvimètre est un appareil destiné à mesurer la distance entre deux points le long d'une route (et non à vol d'oiseau). Lorsqu'on déplace le curvimètre le long d'une route dessinée sur la carte, la roulette entraîne l'aiguille. La distance est alors donnée par l'échelle graduée correspondant à l'échelle de la carte (l'aiguille étant remise à zéro avant usage).

Le cadran comporte plusieurs graduations (éventuellement recto-verso), correspondant aux échelles courantes ou à l'ancienne échelle des cartes d'état-major. Lorsque l'échelle de la carte ne correspond à aucune échelle du curvimètre, on se sert de la division du cadran graduée en centimètres. On multiplie alors le nombre de centimètres indiqué sur le cadran par l'inverse de l'échelle.

Dans le cas d'un curvimètre électronique, il suffit d'afficher l'échelle pour obtenir le résultat par lecture directe.

Cartes marines

Il est impossible de représenter une partie importante de la Terre sans déformations notables. On est amené à choisir entre l'exactitude des angles et l'exactitude des rapports de distances. Or, la mesure des angles est fondamentale en navigation (maritime ou aérienne). On sacrifie donc la représentation correcte des distances.

Dans le cas fréquent de la projection de Mercator, l'échelle est variable suivant la latitude. Les côtés est et ouest de la carte portent alors les échelles de latitude. Pour déterminer la distance entre deux points de la carte, on reporte (à l'aide d'un compas à pointes sèches) la distance de ces points sur la carte en face de la partie correspondante de l'échelle.

EXERCICES

1. Sur un plan cadastral à l'échelle 1/2 500, un chemin mesure 15 cm de long et 2,5 mm de large. On veut recouvrir ce chemin d'une couche de gravier. Ce gravier revient à 80 F le mètre carré. Combien cela coûtera-t-il ?

2. Un dessin occupe une partie de la superficie d'une feuille de papier de format A4. À quelle échelle faudra-t-il reproduire ce dessin pour qu'il occupe la même partie de la superficie d'une feuille de format A2 ? A8 ?

3. On veut représenter sur une feuille de papier de format A4 un terrain rectangulaire de 180 m sur 46 m.
a) Quelle échelle devra-t-on adopter ? Quelle sera, en centimètres carrés, la superficie de cette représentation ?
b) On veut rajouter sur le plan une maison carrée de 10 m de côté qui soit accessible par un chemin partant du milieu de l'un des grands côtés du champ. Quelle pourra être la taille réelle maximale du chemin (c'est-à-dire la distance du champ à la maison) en mètres, si l'on veut que les représentations de la maison et du champ à la même échelle que précédemment tiennent sur une feuille de format A4 ?

CERCLE

Définitions

Le *cercle* est la figure géométrique constituée des points du plan à une même distance d'un point donné O. Le point O s'appelle *centre* ; la distance commune s'appelle *rayon* et se note R (ou r).

L'ensemble des points du plan à une distance de O inférieure à R s'appelle *disque* de centre O et de rayon R.

La distinction entre disque et cercle remplace l'ancienne distinction entre cercle et circonférence.

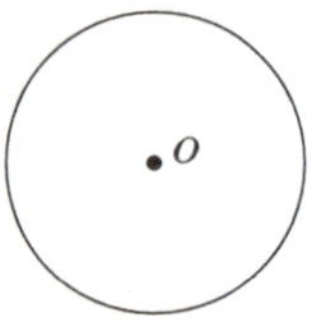

cercle

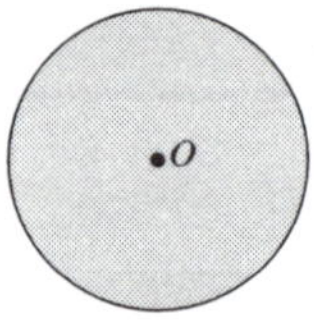

disque

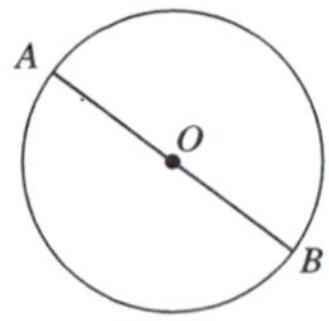

diamètre d'un cercle

Une *corde* est un segment joignant deux points distincts du cercle.

Un *diamètre* est une corde passant par le centre du cercle. Tous les diamètres d'un même cercle ont la même longueur D, laquelle est le double du rayon. Cette longueur s'appelle *diamètre* du cercle :

$$D = 2R.$$

La longueur d'une corde autre qu'un diamètre est strictement inférieure à $2R$.

■ Dans l'industrie, on note le diamètre par le symbole Ø (représentant un cercle barré par un diamètre).

■ *Diamètre de braquage*. La facilité de manœuvrer un véhicule est caractérisée par le diamètre du plus petit cercle que l'on puisse décrire en tournant le volant à fond.

On distingue le diamètre de braquage entre trottoirs (ne faisant pas intervenir les parties en porte-à-faux) et le diamètre de braquage entre murs (dépendant de la longueur hors tout). Le premier intervient pour un demi-tour ; le second importe pour se ranger dans un créneau. Bien entendu, dans chaque cas, le rayon de braquage est la moitié du diamètre de braquage.

Le diamètre de braquage dépend évidemment de l'empattement (distance des axes des essieux). Pour obtenir un maximum de volume utile sur les petites voitures, on fait appel à un grand empattement, d'où un diamètre de braquage élevé. Ainsi, le diamètre de braquage de la Peugeot 106 est de 11,25 m, au lieu de 11 m sur la 306, plus longue de 43 cm. Dans une même famille, le diamètre de braquage peut dépendre de la motorisation : une version sportive braque moins bien que le modèle de base. Enfin, le diamètre de braquage peut varier, dans un sens ou dans l'autre, lorsque la direction est assistée : il diminue de 25 cm sur la 106, mais il augmente de 30 cm sur la 306.

■ *Rayon d'action*. Le rayon d'action d'un véhicule ou d'un avion est le rayon du cercle que l'on peut atteindre avant d'être obligé de retourner au point de départ. Le rayon d'action est donc la moitié de l'autonomie (c'est-à-dire de la distance franchissable sans refaire le plein de carburant).

Intersection d'une droite et d'un cercle

Soit d la distance du centre O à la droite Δ, c'est-à-dire la distance OH.

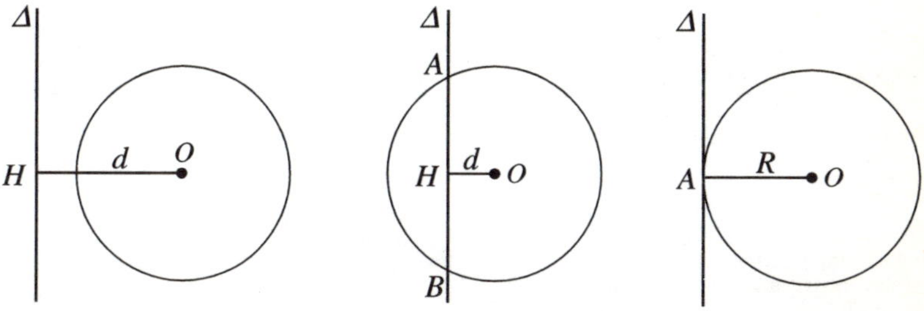

$d > R$ $\quad$ $d < R$ $\quad$ $d = R$

Si $d > R$, la droite ne rencontre pas le cercle.

Si $d < R$, la droite rencontre le cercle en deux points A et B, symétriques par rapport à la perpendiculaire OH à Δ abaissée de O.

Si $d = R$, la droite Δ rencontre le cercle en un point A et un seul. On dit que Δ est la *tangente* au cercle en A.

Le cas de la tangente peut être considéré comme celui où les points A et B sont confondus.

Pour qu'une droite soit tangente à un cercle, il faut et il suffit qu'elle soit perpendiculaire à un rayon, en l'extrémité de celui-ci.

Intersection de deux cercles

Considérons deux cercles de centres O et O', de rayons R et R'. Plaçons-nous dans le cas où R est strictement supérieur à R'. Posons $d = OO'$. La position relative des deux cercles est donnée par le tableau suivant :

$\boldsymbol{d > R + R'}$	cercles extérieurs
$\boldsymbol{d = R + R'}$	cercles tangents extérieurement
$\boldsymbol{R - R' < d < R + R'}$	cercles sécants
$\boldsymbol{d = R - R'}$	cercles tangents intérieurement
$\boldsymbol{d < R - R'}$	cercles intérieurs

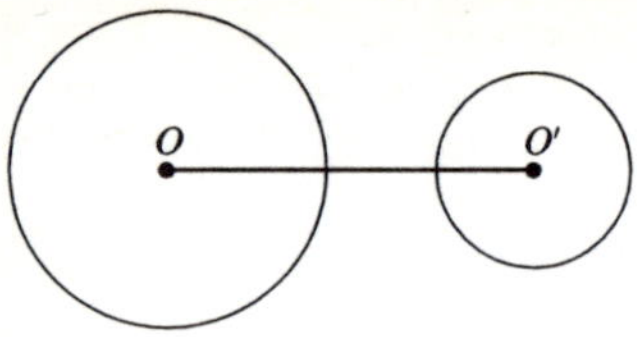

Cercles extérieurs

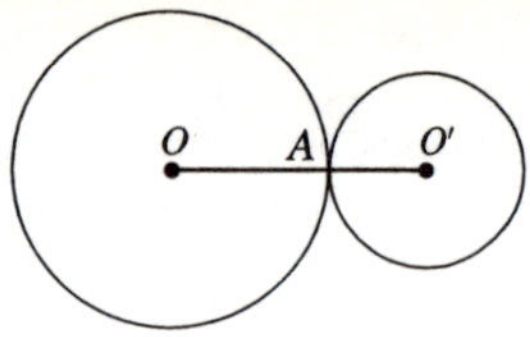

Cercles tangents extérieurement

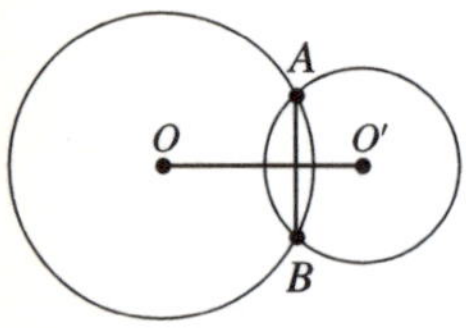

Cercles sécants
Les points d'intersection A et B sont symétriques par rapport à la droite OO'.

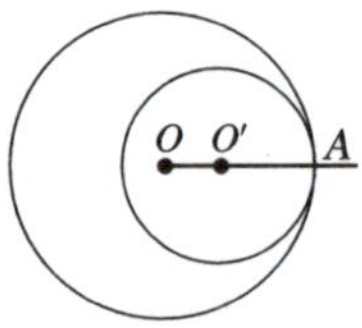

Cercles tangents intérieurement

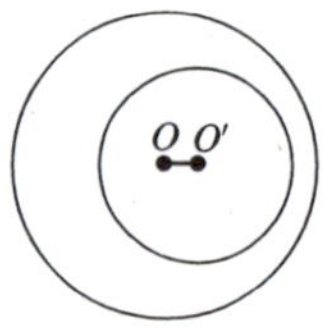

Cercles intérieurs

Dans le cas particulier où $d = 0$ (c'est-à-dire où les points O et O' sont confondus), les cercles sont dits *concentriques*.

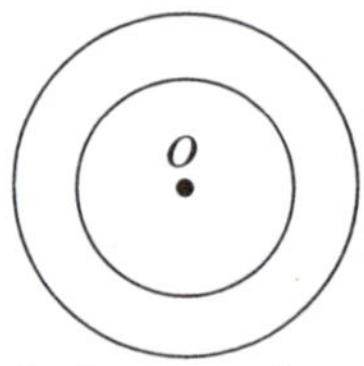

Cercles concentriques

Pour que deux cercles se rencontrent en deux points, il faut et il suffit que la distance de leurs centres soit strictement comprise entre la somme et la différence des rayons.

Pour que deux cercles soient tangents, il faut et il suffit que la distance de leurs centres soit égale à la somme ou à la différence de leurs rayons.

Constructions géométriques

La *médiatrice* d'un segment AB est l'ensemble des points à la même distance de A et de B. C'est la perpendiculaire à AB issue du milieu O de AB.

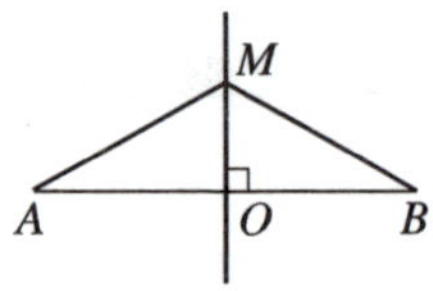

Construction de la médiatrice

On trace deux cercles de centres A et B, de même rayon choisi de telle sorte que ces cercles se coupent en deux points M et N. La droite joignant M et N est la médiatrice cherchée.

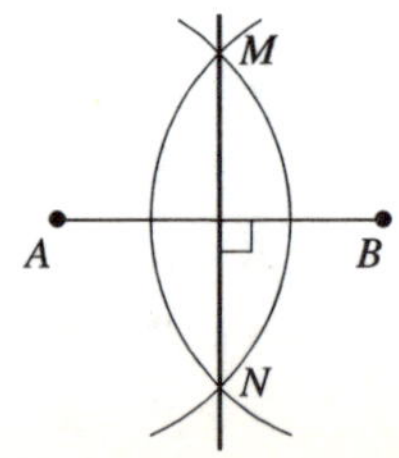

À partir de cette construction, on peut résoudre les problèmes suivants.

Construction de la perpendiculaire à une droite issue d'un point

Pour mener la perpendiculaire à la droite *D* à partir d'un point *O*, on trace un cercle de centre *O* rencontrant la droite *D* en *A* et *B*. La perpendiculaire cherchée est la médiatrice de *AB*.

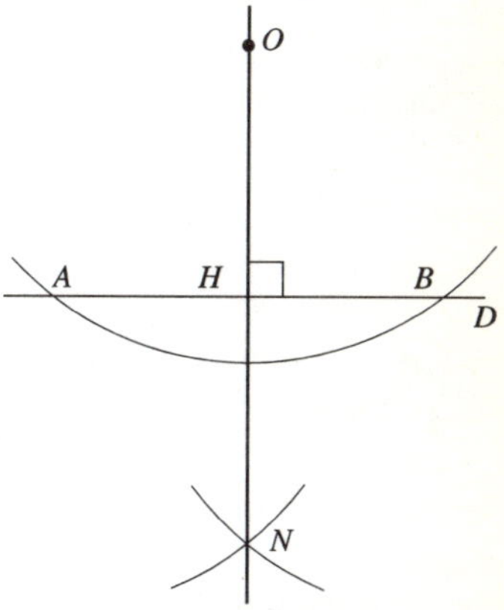

■ On connaît déjà un point de la médiatrice, à savoir *O*. Il suffit donc de déterminer un seul des points *M* et *N*.

■ Il n'est pas nécessaire de distinguer deux cas suivant que *D* passe ou non par *O*.

Construction de la tangente à un cercle en un point

Pour mener la tangente en un point *A*, on construit la perpendiculaire en *A* au segment *OA* comme il vient d'être dit.

Construction des tangentes issues d'un point

Soit *A* un point extérieur au cercle *C* (c'est-à-dire tel que $OA > R$). On construit le cercle de diamètre *OA* ; à cet effet, on commence par construire la médiatrice du segment *OA*.

Le cercle de diamètre *OA* rencontre le cercle donné *C* en deux points *M* et *M'*. Les droites *AM* et *AM'* sont les tangentes issues de *A* au cercle *C*.

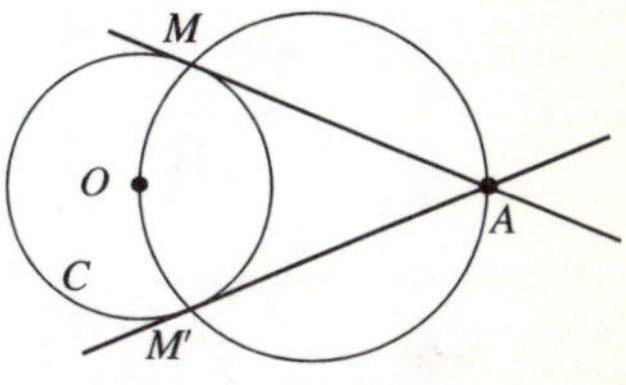

Longueur du cercle

La longueur *l* du cercle est proportionnelle au rayon :

$$l = 2\pi R = \pi D$$

où $\pi = 3{,}141\ 592\ldots$

■ La lettre grecque π (lire « pi ») rappelle le mot *périmètre*, synonyme de *longueur*.

■ La longueur du cercle n'est pas trois fois le diamètre, comme on l'a cru dans l'Antiquité.

■ On prend souvent comme valeur approchée de π le nombre 3,14, ou encore la fraction 22/7.

■ Une calculatrice de poche scientifique fournit π à la précision 10^{-9} (il suffit d'appuyer sur la touche π).

■ Il est facile de retenir les premières décimales de π, car ce sont les nombres de lettres des mots du vers ci-dessous :

Que	*j'*	*aime*	*à*	*faire*	*apprendre*	*un*	*nombre*	*utile*	*aux*	*sages !*
3	1	4	1	5	9	2	6	5	3	5

On arrive au trente et unième chiffre avec les trois vers suivants :

Immortel Archimède, artiste, ingénieur,
Qui de ton jugement peut priser la valeur ?
Pour moi, ton problème eut de pareils avantages.

(La poésie s'arrête là, le trente-troisième chiffre étant un zéro.)

■ L'inverse de π est 0,318 309 8... Le moyen mnémotechnique est cette fois : « Les 3 journées de 1830 sont un 89 renversé. »

Exercice : Trouver le diamètre d'un cercle connaissant la longueur l de ce cercle.
Nous savons que $l = \pi D$. Donc $D = \frac{l}{\pi} = l \times \frac{1}{\pi}$.

L'inverse de π est approximativement 0,318 3. Ainsi, $D \approx 0{,}318\ 3\ l$.

Tour de doigt

La taille d'une bague est désignée par sa longueur, en millimètres. On obtient donc le diamètre en divisant la taille par le nombre π. Par exemple, une alliance de taille 66 a pour diamètre 21 mm.

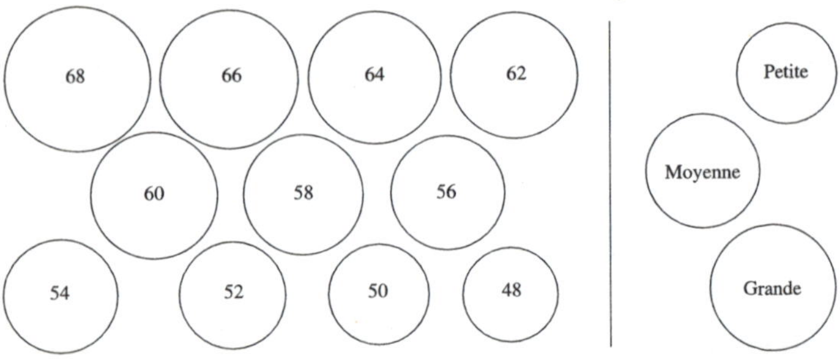

En posant un bijou sur le cercle le plus approchant, on détermine sa taille. On trouve aussi des tours de doigt de millimètre en millimètre. À droite du dessin, on découvre des modèles destinés aux personnes sachant lire les lettres, mais non les chiffres.

Développement d'un vélo

C'est la distance parcourue pour un tour de pédalier.

Prenons le cas d'un plateau de 28 dents et d'une roue libre également de 28 dents (une telle combinaison s'emploie en montagne). La roue arrière fait évidemment un tour lorsque le plateau fait un tour. Le développement est alors la longueur de la roue. Pour une roue de 700 mm de diamètre, le développement est donc le produit de π par 0,7 m, c'est-à-dire sensiblement 2,20 m. Dans le cas d'un plateau de 52 dents et d'une roue libre de 13 dents, la roue arrière effectue quatre tours lorsque le pédalier en fait un. Le développement est quatre fois le précédent, soit 8,80 m.

De manière générale, le développement est $\frac{p}{r}\pi d$, où d est le diamètre de la roue (650 ou 700 millimètres), p est le nombre de dents du plateau et r, le nombre de dents de la roue libre.

Le développement est proportionnel à la denture du plateau, inversement proportionnel à celle de la roue libre.

Ainsi, pour un développement de 5 m, avec une roue de 700, on emploiera par exemple un plateau de 44 dents et une roue libre de 19 dents (ce qu'on note parfois 44×19).

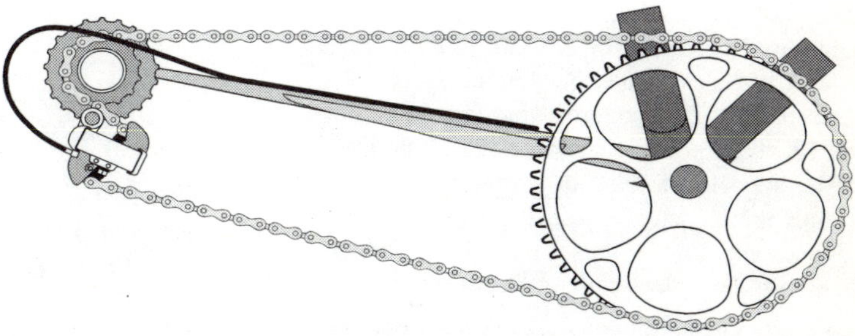

Considérons le cas d'un « dix-vitesses », c'est-à-dire deux plateaux et cinq pignons. Par exemple 52 et 42 à l'avant, 14, 16, 18, 20 et 22 à l'arrière. On peut obtenir plusieurs fois le même développement ; il y a donc beaucoup moins de 10 vitesses. (De toute façon, pour des raisons de rendement mécanique et d'usure, il vaut mieux conserver la chaîne proche d'un plan, et rouler « tout à gauche » ou « tout à droite ». Ainsi, 52×22 et 42×18 conduisent sensiblement au même développement, mais la première combinaison, tordant la chaîne, est à déconseiller.)

Pneumatiques

Les dimensions données pour les pneus des voitures de tourisme et les camionnettes sont :

– la largeur B de l'enveloppe, en millimètres ;

– le diamètre D de la jante au siège du pneu, en pouces.

Exemple : Pour un pneu noté 165-13, la jante a pour diamètre :

$$13 \times 25{,}4 \approx 330 \text{ mm.}$$

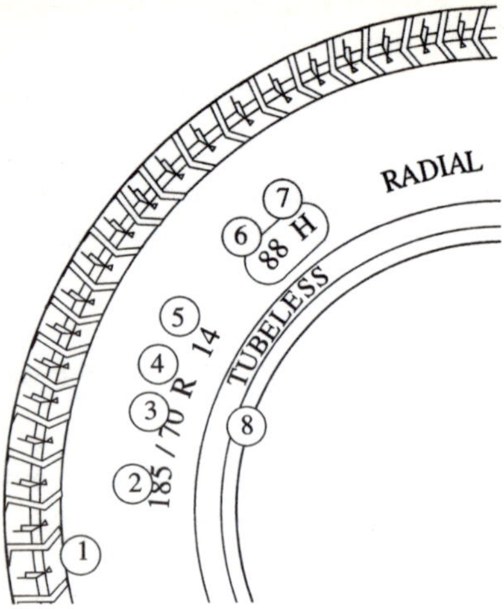

1. « Bib » repérant l'emplacement de l'indicateur d'usure.
2. Largeur du pneu ≈ 185 mm
3. Série du pneu *H*/*B* : 70
4. Structure : R (radial)
5. Diamètre intérieur : 14 pouces (correspondant à celui de la jante)
6. Indice de charge : 88 (560 kg)
7. Symbole de vitesse : H (210 km/h)
8. Pneu sans chambre : Tubeless.

■ Les jantes de 15 pouces (soit environ 380 mm) ont succédé en 1957 aux jantes de 400 mm. Actuellement, la plupart des voitures sont équipées de jantes de 13 ou 14 pouces, les jantes de 15 pouces équipant les modèles de haut de gamme : Peugeot 605, Renault Safrane, etc. On trouve des jantes de 16 ou 17 pouces sur des voitures à vocation sportive (Porsche), voire 18 pouces sur certaines Ferrari.

■ Les codes de vitesse maximale, en km/h, sont les suivants : J (100), K (110), L (120), M (130), N (140), P (150), Q (160), R (170), S (180), T (190), H (210), V (240) ; W (270), Y (300), VR (> 210), ZR (> 240 km/h). Rappelons que, même en France, la vitesse n'est pas toujours limitée : ambulances, convois officiels, rallyes…

■ Pour la définition de l'indice de charge, voir p. 252.

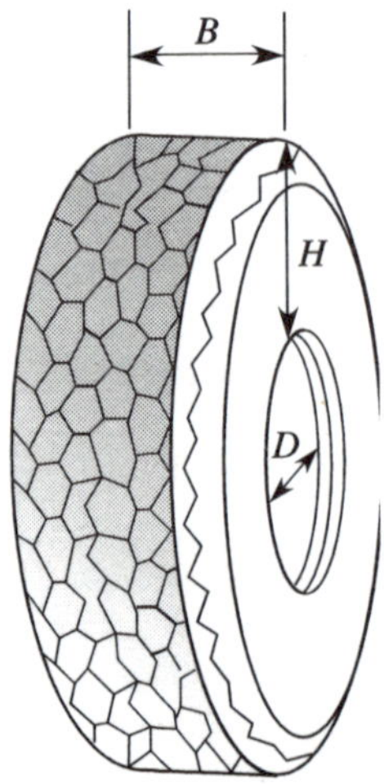

Série d'un pneu

La série d'un pneu est le rapport *H*/*B* de la hauteur *H* à la largeur *B*, exprimé en pourcentage. Ce nombre est normalement voisin de 0,7.

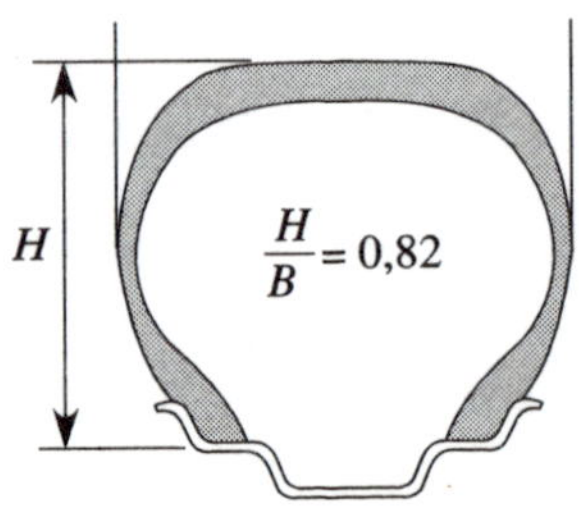

Ainsi, pour un pneu 145-13 de série 82, la hauteur est :

$$\boldsymbol{H = 0{,}82 \times 145 \approx 119 \text{ mm.}}$$

Ce pneu peut être remplacé par un 165/70-13 ; la hauteur est cette fois :

$$\boldsymbol{H = 0{,}70 \times 165 = 115{,}5 \text{ mm.}}$$

Le diamètre du pneu est $D + 2\,H$, soit dans le second cas :

$$\mathbf{330 + 2 \times 115{,}5 = 561\ mm.}$$

La longueur de la bande de roulement est :

$$\pi\,(D + 2\,H) \approx 3{,}14 \times 561 \approx 1\,760\ \text{mm} = 1{,}76\ \text{m}.$$

■ Lorsque la série est faible, on dit que le pneu est « taille basse ». C'est le cas notamment des voitures de sport. Le rapport *H*/*B* prend alors l'une des valeurs 0,70 0,65 0,60 0,55 0,50 0,45 0,40 0,35. Contrairement à ce que l'on pourrait croire, un pneu « taille basse » n'est pas un pneu plus plat ; c'est en fait un pneu plus large.

■ Les pneus Michelin TRX, qui malheureusement tendent à disparaître, nécessitent une jante spéciale. Pour éviter toute confusion, le diamètre de celle-ci est mesuré en millimètres. Par exemple, 190/65 HR 390 signifie que la largeur du pneu est 190 mm, que la hauteur des flancs correspond à 65 % de la largeur du pneu et que le diamètre de la jante est 390 mm.

■ Aire du cercle

L'aire du cercle est proportionnelle au carré du rayon.

$$\mathcal{A} = \pi R^2 = \pi \frac{D^2}{4}.$$

La longueur se retient bien en fonction du diamètre, tandis que l'aire se retient bien en fonction du rayon.

Exercice : Trouver le rayon d'un cercle, connaissant l'aire de ce cercle.

La relation $\mathcal{A} = \pi R^2$ s'écrit $R^2 = \frac{\mathcal{A}}{\pi}$. Ainsi, $R = \sqrt{\frac{\mathcal{A}}{\pi}}$.

Quadrature du cercle. Le problème de la quadrature du cercle est celui de la construction à la règle et au compas d'un carré ayant pour aire celle d'un cercle donné ; cela revient à construire le nombre π. L'impossibilité de résoudre ce problème a été établie en 1882 (sans pour autant mettre fin aux recherches sur ce sujet…).

Couronne circulaire

La couronne est la partie du plan comprise entre deux cercles concentriques.

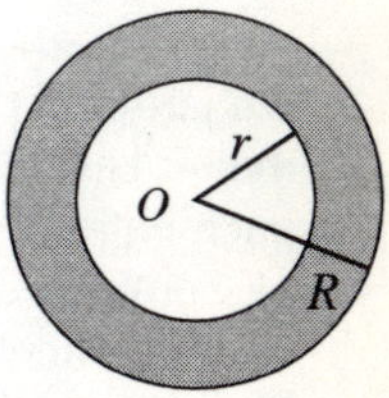

L'aire $\mathcal{A}$ de la couronne circulaire est la différence des aires des cercles de rayons R et r :

$$\mathcal{A} = \pi R^2 - \pi r^2 = \pi\,(R^2 - r^2).$$

Exercice : Trouver les aires $\mathcal{A}$ et $\mathcal{A}'$ d'un disque microsillon de 30 cm et d'un disque compact de 12 cm, les diamètres des trous centraux étant respectivement 7,5 mm et 15 mm. Calculer le rapport de ces aires.

La formule précédente conduit à :

$$\mathscr{A} = \frac{\pi}{4}(30^2 - 0{,}75^2) \approx 706 \text{ cm}^2 \qquad \mathscr{A}' = \frac{\pi}{4}(12^2 - 1{,}5^2) \approx 111 \text{ cm}^2.$$

Le rapport $\mathscr{A}/\mathscr{A}'$ est donc de l'ordre de 16 %.

EXERCICES

1. Dans chacun des cas suivants, déterminer la position relative des cercles C et C' de centres O et O' et de rayons r et r', les distances OO' et les longueurs r et r' étant exprimées en centimètres :

$OO' = 12$	$r = 7$	$r' = 4$
$OO' = 5$	$r = 13$	$r' = 6$
$OO' = 8$	$r = 0{,}5$	$r' = 7{,}5$
$OO' = 5$	$2 < r < 3$	$4 < r' < 6$
$OO' = 2\pi$	$r = \frac{9}{2}\pi$	$r' = \frac{5}{2}\pi$

2. Un cycliste dont le vélo est équipé de roues de 700 a roulé pendant 20 km. Combien de tours ses roues ont-elles effectués ?

3. Un cycliste possède un vélo à dix vitesses avec des roues de 700 ; il a à l'avant deux plateaux de 52 et 42 dents, et à l'arrière cinq pignons de 14, 16, 18, 20 et 22 dents. Déterminer son plus petit et son plus grand développement.

4. Dans une plaque de tôle carrée de 2,50 mètres de côté, on découpe le plus grand disque possible.
a) Quelle est l'aire de ce disque ? des chutes ?
b) Quel pourcentage de l'aire du disque représente l'aire des chutes ?
c) En reprenant les calculs des questions a) et b), montrer que ce pourcentage est le même quelle que soit la longueur L du côté de la plaque utilisée.
Application : quelle devra être la longueur du côté de la plaque de tôle si l'on souhaite obtenir 2,5 mètres carrés de chutes ?

5. Un jardinier plante des fleurs autour d'un bassin circulaire de 20 m de diamètre. Les fleurs sont plantées à 50 cm du bord et de telle façon que l'espace entre deux fleurs consécutives soit de 30 cm.
a) Combien de fleurs le jardinier devra-t-il planter ? L'espace de 30 cm sera-t-il réellement respecté pour toutes les fleurs ?
b) En gardant le nombre de fleurs trouvé à la question a), déterminer de combien de centimètres il faudra modifier la distance de départ entre deux fleurs pour que deux fleurs consécutives aient toujours le même espacement.

MESURE DES ANGLES

Soient D et D' deux demi-droites issues d'un même point O. L'angle compris entre D et D' est le rapport de la longueur de l'arc MM' découpé sur un cercle de centre O à la longueur du rayon du cercle.

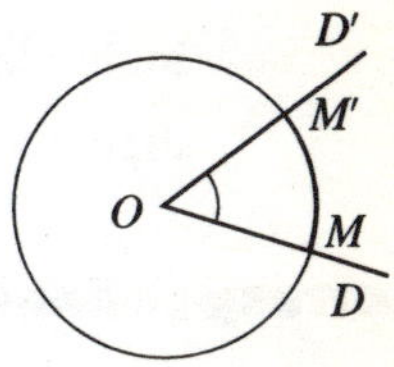

■ En particulier, si le cercle a pour rayon l'unité de longueur, l'angle s'identifie à la longueur de l'arc MM'.

■ Suivant l'usage actuel, on distingue entre *angle* et *secteur angulaire*, c'est-à-dire la partie du plan limitée par D et D' et contenant l'arc MM'. La notion de secteur angulaire n'intervient pas dans les calculs.

L'angle unité est l'angle compris entre deux rayons qui interceptent sur un cercle un arc de longueur égale à celle du rayon. L'angle unité s'appelle *radian* et se note rad.

Rappelons que la longueur du cercle de rayon R est égale à $2\pi R$.

L'angle correspondant à un tour complet sur le cercle s'appelle *tour* et se note tr.

L'angle plat a pour mesure π rad ; il est égal à un demi-tour.

L'angle droit a pour mesure $\frac{\pi}{2}$ rad ; il est égal à un quart de tour.

Angle plat

Angle droit

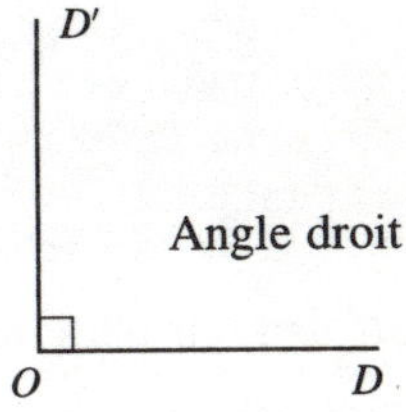

■ Degré et grade

On appelle *degré* et on note ° la quatre-vingt-dixième partie de l'angle droit. On divise le degré en soixante minutes (d'angle) et la minute en 60 secondes (d'angle). La minute et la seconde sont notées respectivement ' et ". Ainsi :

$$\mathbf{1\ rad \approx 57{,}295\ 78° \approx 57°\ 17'\ 45''.}$$

Ne pas confondre avec la minute et la seconde de temps (voir p. 133).

Classification des angles en radians

angle nul	$\alpha = 0$	angle aigu	$0 < \alpha < \frac{\pi}{2}$
angle saillant	$0 < \alpha < \pi$	angle droit	$\alpha = \frac{\pi}{2}$
angle plat	$\alpha = \pi$	angle obtus	$\frac{\pi}{2} < \alpha < \pi$
angle rentrant	$\pi < \alpha < 2\pi$		

Correspondance entre degrés et radians

$$\mathbf{1\ tr = 2\pi\ rad \approx 6{,}283\,185\ rad}$$

$$\mathbf{1° = \frac{\pi}{180}\ rad \approx 0{,}017\,453\,3\ rad}$$

$$\mathbf{1' = \frac{1°}{60} = \frac{\pi}{10\,800}\ rad \approx 2{,}909 \times 10^{-4}\ rad}$$

$$\mathbf{1'' = \frac{1°}{60} = \frac{\pi}{648\,000}\ rad \approx 4{,}848 \times 10^{-6}\ rad.}$$

■ Le radian est la seule unité utilisée par les mathématiciens (car cette unité simplifie l'étude des fonctions trigonométriques).

■ Le tour est employé dans l'étude des solides en rotation : on exprime par exemple la vitesse de rotation d'un moteur, ou *régime*, en tours par minute. Ainsi, la vitesse de rotation d'un moteur d'automobile est comprise entre 1 000 et 10 000 tr/min. Une turbine à gaz, un moulin à café tournent à environ 20 000 tr/min. La fraise des dentistes, entraînée par un moteur électrique et une courroie, avait une vitesse de rotation de 20 000 tr/min, il y a cinq décennies. On atteint actuellement 400 000 tr/min grâce à une turbine fonctionnant à l'air comprimé.

■ On passe aux tours par seconde en notant que 1 min = 60 s, et donc que :

1 tr/s = 60 tr/min.

■ Le degré est utilisé traditionnellement depuis les Babyloniens (voir p. 133) pour les besoins de l'astronomie. On emploie aussi le degré pour préciser la situation d'un point sur la Terre (voir p. 241).

On emploie parfois pour unité le *grade*, noté gon (anciennement gr) :

$$\mathbf{1\ gon = \frac{\pi}{200}\ rad \approx 0{,}015\,708\,0\ rad.}$$

Le grade présente l'avantage de la division décimale : c'est la centième partie de l'angle droit. Les sous-multiples sont le *décigrade* (dgon), le *centigrade* (cgon), le *milligrade* (mgon).

Le grade n'est jamais entré dans les mœurs : en effet, les angles intervenant le plus souvent en trigonométrie sont le tiers, le quart et le sixième de l'angle plat. Or, $\pi/6$ rad = 30° et $\pi/3$ rad = 60°, ce qui ne correspond pas à des nombres entiers de grades :

30° = 33,33… gon.

Mesure des angles remarquables

radians	0	$\frac{\pi}{6}$	$\frac{\pi}{4}$	$\frac{\pi}{3}$	$\frac{\pi}{2}$	$\frac{2\pi}{3}$	$\frac{5\pi}{6}$	π	$\frac{3\pi}{2}$	2π
degrés	0	30	45	60	90	120	150	180	270	360

Exemple : La vitesse de rotation maximale du moteur d'une voiture est 6 000 tr/min. Le rapport du pont est 0,258 6 et le rapport de la boîte en quatrième, 0,959 6. Les pneumatiques ayant une longueur de roulement de 1,720 m, déterminer la vitesse maximale de cette voiture en km/h.
La démultiplication totale est le produit des démultiplications dues à la boîte de vitesses et au pont, c'est-à-dire :

$$\mathbf{0{,}258\ 6 \times 0{,}959\ 6 \approx 0{,}248\ 2.}$$

La vitesse de rotation des roues est donc :

$$\mathbf{0{,}248\ 2 \times 6\ 000 \approx 1\ 489\ tr/min.}$$

La distance parcourue à chaque tour de roue étant 1,720 m, la voiture parcourt en une minute :

$$\mathbf{1\ 489 \times 1{,}720 \approx 2\ 561\ m = 2{,}561\ km.}$$

La distance parcourue en une heure étant soixante fois plus grande, la vitesse cherchée est :

$$\mathbf{60 \times 2{,}561 = 153{,}66\ km/h \approx 154\ km/h.}$$

Angles supplémentaires, angles complémentaires

On dit que deux angles sont *supplémentaires* si leur somme est l'angle plat. On dit que deux angles sont *complémentaires* si leur somme est l'angle droit.

Le supplément d'un angle saillant α est la différence entre l'angle plat et α (en radians : $\pi - \alpha$). Le complément d'un angle aigu α est la différence entre l'angle droit et α (en radians : $\pi/2 - \alpha$).

Cas des degrés. Pour trouver le supplémentaire, on prend la différence entre 180° et l'angle donné ; pour trouver le complémentaire, on prend la différence entre 90° et l'angle donné (autrement dit, on prend le complément à 90°).

Exemples :
L'angle supplémentaire de 27° est :

$$\mathbf{180 - 27 = 153°.}$$

L'angle complémentaire de 59° est :

$$\mathbf{90 - 59 = 31°.}$$

Pour trouver le supplémentaire de 153° ou le complémentaire de 31°, il ne faut pas recommencer le calcul : le supplémentaire de 153° est 27°, le complémentaire de 31° est 59°.

Calculs sur les angles

Les calculs sur les angles exprimés en radians ne présentent pas de difficulté spéciale. Les calculs sur les angles exprimés en degrés, minutes et secondes nécessitent des précautions lors des retenues ; ces calculs étant pratiquement les mêmes que pour les temps exprimés en heures, minutes et secondes, nous renvoyons pour les exemples aux pages 134 à 137.

Emploi du rapporteur

Le rapporteur est généralement un demi-cercle gradué de 0 à 180° dans les deux sens, ce qui évite de devoir le retourner. Le rapporteur peut être aussi un cercle, gradué de 0 à 360° dans les deux sens.

Mesurer un angle donné

On place le rapporteur sur l'angle, le centre *C* sur le sommet *O* de l'angle et la division 0 sur l'un des côtés, *D* par exemple. On lit alors le numéro de la division qui se trouve sur l'autre côté, *D'*.

L'angle de *D* et *D'* est égal à 48°.

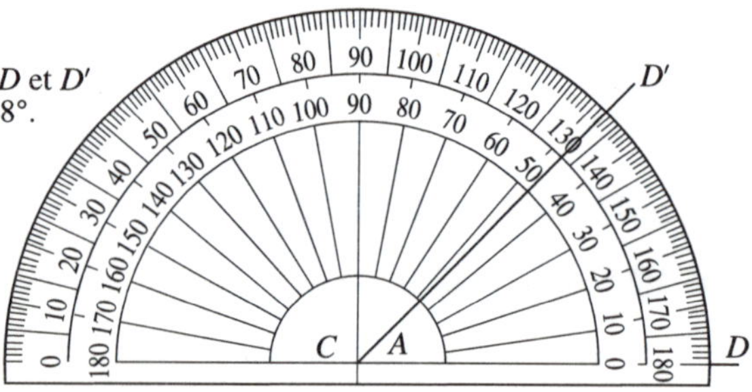

Construire un angle de grandeur donnée

Soit par exemple à construire un angle de 140°, de sommet donné *O*, le côté *D* étant déjà tracé. On place le centre *C* du rapporteur en *O* et le zéro sur le côté *D*. On marque un point *M* sur le demi-cercle en face de la division 140. On enlève le rapporteur et l'on joint les points *O* et *M* à la règle.

Bissectrice d'un angle

La bissectrice d'un angle de demi-droites *D* et *D'* d'origine *O* est la demi-droite Δ d'origine *O* qui partage cet angle en deux autres angles égaux entre eux.

Dans le cas d'un angle saillant, la bissectrice est encore l'ensemble des points à la même distance de *D* et de *D'*.

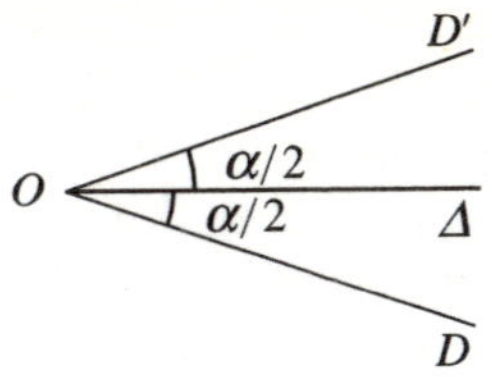

Bissectrice d'un angle saillant

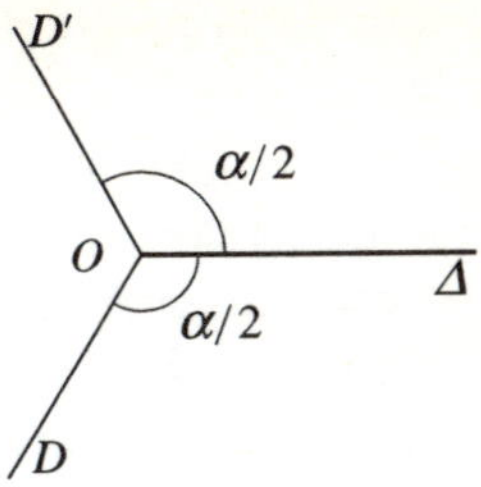

Bissectrice d'un angle rentrant

Pour qu'un point M appartienne à la bissectrice Δ de D et D', il faut et il suffit que les distances MH et MH' soient égales.

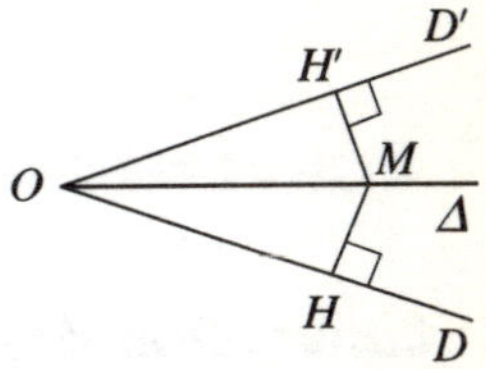

Construction de la bissectrice

Une méthode rapide, mais peu précise, consiste à mesurer l'angle α (en degrés, à l'aide d'un rapporteur) et à construire la demi-droite Δ formant l'angle $\alpha/2$ avec D et D'.

Dans le cas d'un angle saillant, voici une construction précise, utilisant la règle et le compas.

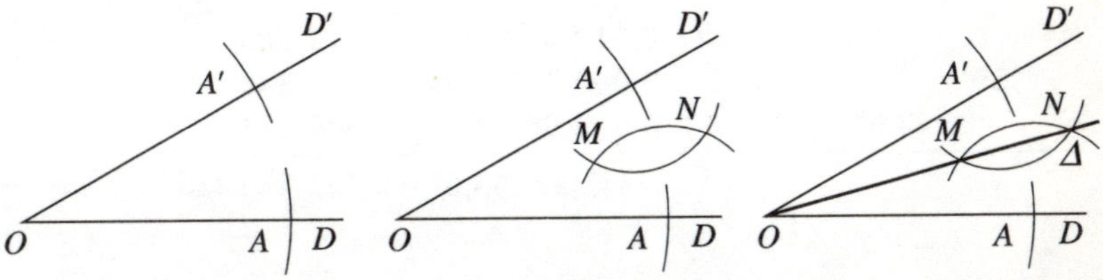

On trace un cercle de centre O coupant D et D' en A et en A'. On trace des cercles de centres A et A', de même rayon choisi de telle sorte que ces cercles se coupent. Leurs points d'intersection M et N appartiennent à la bissectrice ; il ne reste donc plus qu'à joindre ces points à O.

Trisection de l'angle. On peut donc couper un angle en deux à l'aide de la règle et du compas. Mais on ne peut, en général, couper un angle en trois par ce procédé. (Cette impossibilité a été prouvée vers 1830.)

Angle inscrit et angle au centre

Soient A et B des points d'un cercle de centre O. L'angle AOB s'appelle *angle au centre*. Pour tout point M du cercle, l'angle AMB s'appelle *angle inscrit*.

L'angle inscrit est la moitié de l'angle au centre qui intercepte le même arc.

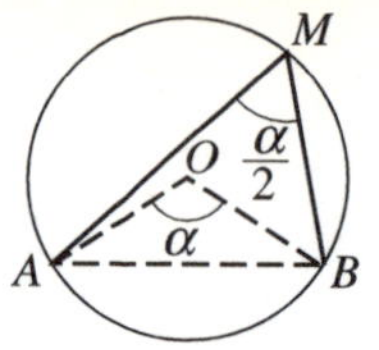

En particulier, si l'angle au centre est plat, l'angle inscrit est droit. Le cercle est alors l'ensemble des points M d'où l'on voit le diamètre AB sous un angle droit.

Exemple : L'angle AMB, inscrit dans un demi-cercle, est droit ; il en est de même pour l'angle $AM'B$.

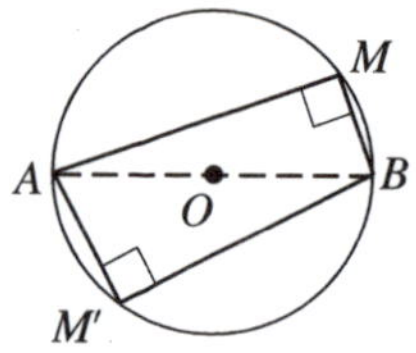

Conversions

1. Conversion des degrés en radians

On utilise les relations :

$$1° \approx 0{,}017\ 453\ 293 \text{ rad}$$
$$1' \approx 0{,}000\ 290\ 888 \text{ rad}$$
$$1'' \approx 0{,}000\ 004\ 848 \text{ rad.}$$

Exemple : Convertir en radians 41° 39′ 43,6".

41°	**= 41**	**× 0,017 453 293**	**≈ 0,715 585**
39'	**= 39**	**× 0,000 290 888**	**≈ 0,011 345**
43,6"	**= 43,6**	**× 0,000 004 848**	**≈ 0,000 211**
		41° 39' 43,6"	**≈ 0,727 141 rad.**

2. Conversion des radians en degrés

On utilise les relations :

$$1 \text{ rad} \approx 57°\ 17'\ 44{,}8'' \approx 3\ 437{,}747' \approx 206\ 264{,}8''.$$

Exemple : Convertir 2,85 rad en degrés, minutes et secondes.

$$2{,}85 \times 206\ 264{,}8 \approx 587\ 854{,}7.$$

On divise par 3 600 ce nombre de secondes pour obtenir le nombre de degrés :

$$587\ 854{,}7 = 3\ 600 \times 163 + 1\ 054{,}7.$$

On divise le reste par 60 pour obtenir le nombre de minutes :

$$1\ 054{,}7 = 60 \times 17 + 34{,}7.$$

Le dernier reste est le nombre de secondes (et de dixièmes de seconde).
En résumé :

$$2{,}85 \text{ rad} = 163°\ 17'\ 34{,}7''.$$

Pour qu'un point M appartienne à la bissectrice Δ de D et D', il faut et il suffit que les distances MH et MH' soient égales.

Construction de la bissectrice

Une méthode rapide, mais peu précise, consiste à mesurer l'angle α (en degrés, à l'aide d'un rapporteur) et à construire la demi-droite Δ formant l'angle $\alpha/2$ avec D et D'.

$$\frac{\pi}{180} \times 41{,}662\,11 \approx 0{,}727\,141.$$

Dans le cas d'un angle saillant, voici une construction précise, utilisant la règle et le compas.

On trace un cercle de centre O coupant D et D' en A et en A'. On trace des cercles de centres A et A', de même rayon choisi de telle sorte que ces cercles se coupent. Leurs points d'intersection M et N appartiennent à la bissectrice ; il ne reste donc plus qu'à joindre ces points à O.

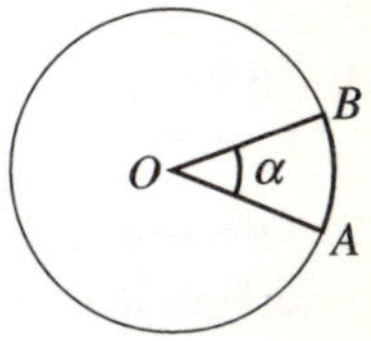

Trisection de l'angle. On peut donc couper un angle en deux à l'aide de la règle et du compas. Mais on ne peut, en général, couper un angle en trois par ce procédé. (Cette impossibilité a été prouvée vers 1830.)

Angle inscrit et angle au centre

$$\ell = \frac{2\pi}{6} = \frac{\pi}{3} \approx 1{,}05\text{ m}.$$

Soient A et B des points d'un cercle de centre O.

$$\ell = \frac{43}{360} \times 2\pi \times 5 = \frac{43}{36}\pi \approx 3{,}752\text{ m}.$$

L'angle AOB s'appelle *angle au centre*. Pour tout point M du cercle, l'angle AMB s'appelle *angle inscrit*.

$$\ell = \frac{43}{400} \times 2\pi \times 5 = \frac{43}{40}\pi \approx 3{,}377\text{ m}.$$

L'angle inscrit est la moitié de l'angle au centre qui intercepte le même arc.

En particulier, si l'angle au centre est plat, l'angle inscrit est droit. Le cercle est alors l'ensemble des points M d'où l'on voit le diamètre AB sous un angle droit.

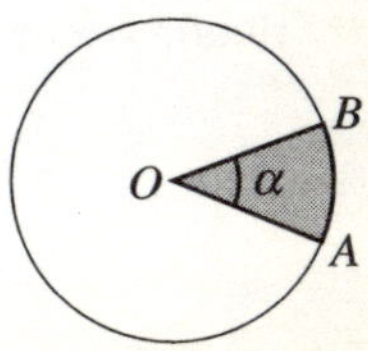

$$\mathcal{A} = \frac{\alpha}{2} R^2.$$

On retient le résultat en notant que si $\alpha = 2\pi$, on retrouve l'aire du disque, c'est-à-dire πR^2. Dans le cas général, $\mathscr{A} = \frac{\alpha}{2\pi}\pi R^2 = \frac{\alpha}{2} R^2$.

Exemple : Déterminer l'aire d'un secteur circulaire découpé sur un disque de rayon 2 m par un angle de 30°.

L'aire est : $\frac{1}{2} \times \frac{\pi}{6} \times 2^2 = \frac{\pi}{3} \approx 1{,}05\ \mathrm{m}^2$.

EXERCICES

1. Déterminer la vitesse angulaire de la Terre dans le mouvement diurne. (Un tour autour de l'axe des pôles dure un jour sidéral, c'est-à-dire 23 h 56 min.)

2. Déterminer la vitesse angulaire de la Terre dans le mouvement autour du Soleil, la trajectoire étant assimilée à un cercle.

3. Le rapport de démultiplication de la direction d'une automobile est 20 : 1. Le nombre de tours de volant d'une butée à l'autre est 3,7. Trouver l'angle dont peuvent tourner les roues avant.

4. La vitesse de rotation d'une unité de disques magnétiques pour ordinateur atteint 3 600 tr/min. Le diamètre d'un disque étant d'environ 38 cm, trouver la vitesse de défilement en km/h devant une tête magnétique située au bord du disque.

5. Une table de lecture permet de faire tourner les disques aux vitesses de 45 tours et de 33 tours 1/3 par minute. Le plateau est muni d'une poulie de diamètre 163 mm. L'axe du moteur est muni de deux poulies. Déterminer leurs diamètres, sachant que la vitesse de rotation du moteur est 250 tr/min.

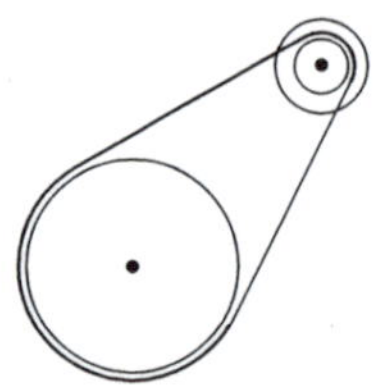

6. Une face d'un disque microsillon 33 tr/min dure 31 min 15 s. Trouver le nombre de sillons. Même question pour un 45 tours, la durée étant 6 min 11 s.

7. Dans un lecteur de disques compacts (CD), la vitesse de lecture est constante (1,25 m/s).

a) Trouver la longueur de la piste pour un enregistrement de 60 min.

b) La vitesse de rotation varie de 500 tr/min en début de lecture à 215 tr/min en fin de disque (la lecture se faisant de l'intérieur vers l'extérieur). Trouver les diamètres extrêmes de la plage d'enregistrement.

SINUS ET COSINUS

Considérons un demi-cercle de centre O et de rayon 1. Traçons le diamètre horizontal $A'A$, le point A étant le plus à droite du cercle. On peut représenter tout angle α compris entre 0 et π radians par un point M du cercle et un seul au-dessus de OA. Ainsi, $AOM = \alpha$.

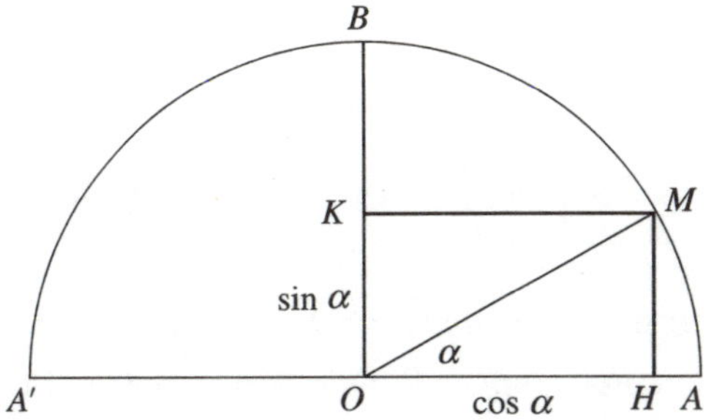

On trace la perpendiculaire à OA issue de O. Les parallèles à OA et OB issues de M rencontrent respectivement OB et $A'A$ en des points K et H. La longueur de OK s'appelle *sinus* de l'angle α et se note sin α.

$$\mathbf{\sin \alpha = OK}$$

Deux angles supplémentaires (voir p. 179) ont le même sinus.

On appelle *cosinus* de l'angle α et on note cos α :

— la longueur de OH si H est à droite de O (cas de l'angle aigu) ;

— l'opposé de la longueur de OH si H est à gauche de O (cas de l'angle obtus).

Si l'angle α est droit, le point H est en O, et cos $\alpha = 0$.

$$\cos \alpha = OH \qquad \text{si } 0 \leqslant \alpha \leqslant \frac{\pi}{2}$$
$$\cos \alpha = -OH \qquad \text{si } \frac{\pi}{2} < \alpha \leqslant \pi$$

■ Le sinus d'un angle saillant est compris entre 0 et 1 ; en particulier, c'est un nombre positif. Le cosinus, lui, prend toutes les valeurs entre – 1 et 1 ; il est négatif dans le cas d'un angle obtus.

■ On peut définir de même le sinus et le cosinus d'un angle rentrant. Le sinus est alors négatif ; le cosinus est encore positif si H est à droite de O, négatif si H est à gauche de O.

■ On peut définir aussi le sinus et le cosinus d'un nombre réel α (non nécessairement compris entre 0 et 2 π) : ce sont le sinus et le cosinus du produit par 2π de la partie fractionnaire de $\frac{\alpha}{2\pi}$ (voir p. 72).

TANGENTE ET COTANGENTE ■

Supposons que cos α n'est pas nul (c'est-à-dire que $\alpha \neq \frac{\pi}{2}$). Le rapport $\frac{\sin \alpha}{\cos \alpha}$ s'appelle tangente de l'angle α et se note tan α.

$$\tan \alpha = \frac{\sin \alpha}{\cos \alpha}$$

La notation traditionnelle tg α a disparu dans les années 1980, seule la notation tan α figurant sur les calculatrices de poche.

Supposons que sin α n'est pas nul (c'est-à-dire que $\alpha \neq 0$ et $\alpha \neq \pi$). Le rapport $\frac{\cos \alpha}{\sin \alpha}$ s'appelle *cotangente* de l'angle α et se note cot α.

Ainsi, pour tout nombre réel α appartenant à $\left]0, \frac{\pi}{2}\right[$ ou à $\left]\frac{\pi}{2}, \pi\right[$,

$$\cot \alpha = \frac{1}{\tan \alpha}$$

Les nombres cos α, sin α, tan α et cot α s'appellent *lignes trigonométriques* (ou rapports trigonométriques) de l'angle α.

Relation fondamentale

$$\cos^2 \alpha + \sin^2 \alpha = 1$$

Il s'agit d'un cas particulier du théorème de Pythagore (voir p. 199).

On en déduit que :

$$\frac{1}{\cos^2 \alpha} = 1 + \tan^2 \alpha \qquad \frac{1}{\sin^2 \alpha} = 1 + \cot^2 \alpha$$

Angles complémentaires

$$\cos\left(\frac{\pi}{2} - \alpha\right) = \sin \alpha \qquad \sin\left(\frac{\pi}{2} - \alpha\right) = \cos \alpha$$

$$\tan\left(\frac{\pi}{2} - \alpha\right) = \cot \alpha \qquad \cot\left(\frac{\pi}{2} - \alpha\right) = \tan \alpha$$

Le cosinus de l'un est le sinus de l'autre. Le mot *cosinus* signifie « sinus du complément ».

Angles supplémentaires

$$\cos(\pi - \alpha) = -\cos\alpha \qquad \sin(\pi - \alpha) = \sin\alpha$$

$$\tan(\pi - \alpha) = -\tan\alpha \qquad \cot(\pi - \alpha) = -\cot\alpha$$

Valeurs remarquables des lignes trigonométriques

α	$\sin\alpha$	$\cos\alpha$	$\tan\alpha$
0	0	1	0
$\frac{\pi}{6}$	$\frac{1}{2}$	$\frac{\sqrt{3}}{2}$	$\frac{\sqrt{3}}{3}$
$\frac{\pi}{4}$	$\frac{\sqrt{2}}{2}$	$\frac{\sqrt{2}}{2}$	1
$\frac{\pi}{3}$	$\frac{\sqrt{3}}{2}$	$\frac{1}{2}$	$\sqrt{3}$
$\frac{\pi}{2}$	1	0	
$\frac{2\pi}{3}$	$\frac{\sqrt{3}}{2}$	$-\frac{1}{2}$	$-\sqrt{3}$
$\frac{3\pi}{4}$	$\frac{\sqrt{2}}{2}$	$-\frac{\sqrt{2}}{2}$	-1
$\frac{5\pi}{6}$	$\frac{1}{2}$	$-\frac{\sqrt{3}}{2}$	$-\frac{\sqrt{3}}{3}$
π	0	-1	0

■ On retient les valeurs de sin α lorsque α est égal à 0, $\frac{\pi}{6}$, $\frac{\pi}{4}$, $\frac{\pi}{3}$, $\frac{\pi}{2}$ en les écrivant sous la forme $\frac{\sqrt{0}}{2}$, $\frac{\sqrt{1}}{2}$, $\frac{\sqrt{2}}{2}$, $\frac{\sqrt{3}}{2}$, $\frac{\sqrt{4}}{2}$.

On en déduit les valeurs de cos α en lisant la liste précédente à l'envers. Enfin, on trouve tan α en effectuant le quotient de sin α par cos α, lorsque cela est possible.

■ On évite des erreurs grossières en traçant un demi-cercle.

Angles en degrés

Lorsqu'un angle est mesuré en degrés, on se ramène au cas des radians : il suffit de multiplier sa mesure par $\pi/180$ (voir p. 178).

Ainsi :

$$\cos 30° = \cos\frac{\pi}{6} \qquad \sin 135° = \sin\frac{3\pi}{4}.$$

Lorsqu'on ne précise pas l'unité, il s'agit toujours du radian.

TABLES TRIGONOMÉTRIQUES

Les tables trigonométriques donnent les valeurs de sin α, cos α, tan α et cot α, l'angle α étant exprimé en *degrés*. Les valeurs de α varient de degré en degré, de 1– à 45–. Si α est compris entre 46– et 89–, on se ramène au cas précédent, en passant à l'angle complémentaire. Si α est compris entre 91– et 179–, on passe à l'angle supplémentaire (voir p. 278).

Exemples :

1. Trouver tan 32°. On lit dans la table 0,624 9.

2. Trouver cos 59°. Le nombre 59 se trouve dans la dernière colonne (il correspond à la valeur complémentaire 31° dans la première colonne). On lit la valeur du cosinus dans la première colonne (le mot *cosinus* apparaît au bas de cette colonne) ; le nombre cherché est 0,515 0. C'est encore la valeur de sin 31°.

3. Trouver sin 37° 30'. La table ne donne que sin 37° = 0,601 8 et sin 38° = 0,615 7. Comme 37° 30' est la demi-somme de 37° et de 38°, on peut prendre comme valeur approchée :

$$\sin 37° \, 30' = \frac{1}{2}(0{,}601\,8 + 0{,}615\,7) \approx 0{,}608\,8.$$

On peut généraliser ce procédé en effectuant une règle de trois. Ainsi, pour calculer sin 37°42', on prendra :

$$\sin 37° + \frac{42}{60}(\sin 38° - \sin 37°),$$

c'est-à-dire :

$$0{,}601\,8 + 0{,}009\,7 = 0{,}611\,5.$$

Cette méthode, dite d'interpolation linéaire, mène à des calculs fastidieux et parfois imprécis. Pour obtenir les lignes trigonométriques d'un angle ne figurant pas dans la table, il est bien préférable d'employer une calculatrice de poche, comme on va le voir ci-dessous.

USAGE D'UNE CALCULATRICE DE POCHE

Les calculatrices de poche scientifiques donnent directement les valeurs des lignes trigonométriques. On choisit d'abord la représentation de l'angle α en degrés ou en radians (éventuellement en grades). On affiche la valeur de α. Il suffit alors d'appuyer sur la touche SIN, COS ou TAN pour obtenir sin α, cos α ou tan α.

Exemples :

1. Calculer sin 35° 34'.

Il faut commencer par convertir 34' en fraction décimale. À cet effet, on emploie la touche → H (voir p. 137).

$$35° \, 34' = 35{,}566\,7°.$$

On appuie sur la touche SIN. (Ne pas oublier d'afficher DEG, si on ne l'a pas déjà fait au cours d'un calcul antérieur.) On obtient alors 0,581 6.

2. Calculer cos 117° 50' 12".
On passe de même à une fraction décimale ; on obtient 117,836 7°. Le cosinus est – 0,467 0. (On contrôle le signe en notant que l'angle est obtus.)

3. Calculer la tangente de 0,220 7 rad.
On obtient aussitôt 0,224 4 (à condition d'avoir affiché RAD).

4. Calculer cot 73° 19' 11".
On passe par l'intermédiaire de 73,319 7°. La calculatrice ne donnant pas directement la cotangente, on calcule d'abord la tangente, et on obtient l'inverse en appuyant sur la touche 1/x. On trouve ainsi tan 73° 19' 11" = 3,337 3 et enfin cot 73° 19' 11" = 0,299 6.

La touche TAN^{-1} ne signifie pas $\frac{1}{TAN}$ (voir ci-dessous).

5. Calculer tan 90° et tan $\frac{\pi}{2}$.
Ces expressions n'ont pas de sens.

De telles expressions peuvent s'introduire par suite d'une étourderie dans l'affichage, ou dans les calculs précédents. Contrairement à ce qui se passe généralement (division par 0, racine carrée d'un nombre strictement négatif), la calculatrice ne signale pas l'erreur.
On trouve respectivement (sur certaines calculatrices) $9{,}999\,999 \times 10^{99}$ et – 4 878 048 780. Le premier résultat dénote un dépassement de capacité, c'est-à-dire un calcul impossible. Le second résultat n'est pas contradictoire : la valeur 1,570 796 327 donnée par la calculatrice pour π/2 est une valeur approchée par excès, et le résultat affiché est effectivement la valeur de tan 1,570 796 327.

Sur certaines calculatrices, on trouve aussi les touches SIN^{-1}, COS^{-1} et TAN^{-1}. Ces touches correspondent à l'usage inverse de la table ; elles fournissent les angles dont on connaît le sinus, le cosinus ou la tangente.

Exemples :

1. Calculer l'angle en radians ayant pour sinus 0,696 9.
La touche SIN^{-1} donne la valeur 0,771 0 (si l'on a affiché RAD).

2. Calculer l'angle en degrés ayant pour cosinus – 0,172 2. On obtient en un premier temps 99,915 8–. Grâce à la touche → H.MS, on passe aux minutes et aux secondes :

99,915 8° = 99° 54' 57".

(La présence du signe moins dans la donnée permet de prévoir que le résultat sera supérieur à 90–.)

3. Calculer l'angle en radians, puis en degrés, ayant pour tangente 3,50.
On trouve aussitôt 1,292 5 rad. Pour obtenir le résultat en degrés, on peut réintroduire la valeur 3,50 et recommencer en affichant DEG, ou convertir 1,292 5 rad en degrés (voir p. 178). Dans les deux cas, on obtient :

74,054 6° = 74° 03' 17".

4. Calculer l'angle en degrés ayant pour cosinus – 1,2.
La calculatrice affiche *Error.*

Le cosinus étant toujours compris entre – 1 et 1, le nombre – 1,2 ne peut être interprété comme un cosinus.

Exercice : Pour minimiser l'erreur de piste, l'angle α que fait une tête de lecture avec le bras d'un tourne-disque est donné par :

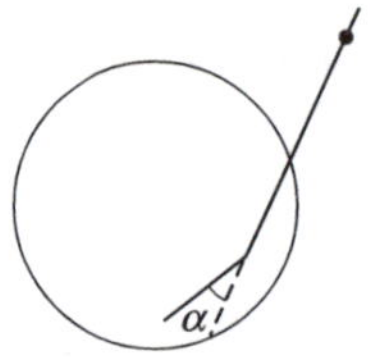

$$l \sin \alpha = 93{,}4$$

où l est la longueur utile du bras, en millimètres. Calculer α en degrés pour les valeurs suivantes de l :

200 210 220 230 240 250 260 270.

À l'aide de la calculatrice de poche, on trouve aussitôt les valeurs suivantes :

27,8° 26,4° 25,1° 24,0° 22,9° 21,9° 21,1° 20,2°.

SEGMENT DE CERCLE

Un segment de cercle est la partie du plan limitée par un cercle et une corde de ce cercle.

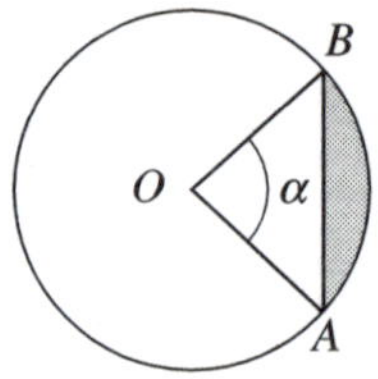

Si l'angle α est saillant, l'aire du segment est la différence entre l'aire du secteur (voir p. 183) et l'aire du triangle *OAB* ; c'est donc :

$$\mathscr{A} = \frac{\alpha}{2} R^2 - \frac{1}{2} R^2 \sin \alpha = \frac{R^2}{2} (\alpha - \sin \alpha).$$

On contrôle le résultat en prenant $\alpha = \pi$, auquel cas on retrouve l'aire du demi-cercle.

Si l'angle α est rentrant, l'aire du segment est la différence entre l'aire du cercle et celle du segment correspondant à l'angle $\beta = 2\pi - \alpha$; c'est donc :

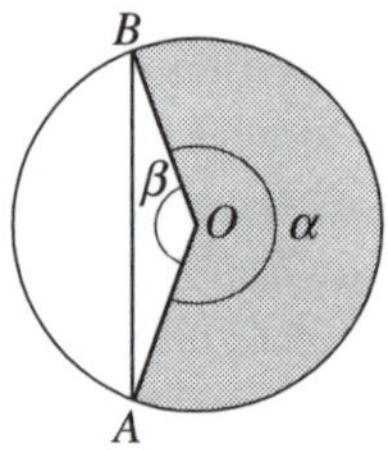

$$\mathscr{A}' = \pi R^2 - \frac{R^2}{2} (\beta - \sin \beta),$$

soit encore :

$$\mathscr{A}' = \frac{R^2}{2} (\alpha + \sin \beta).$$

Exemple : Considérons le cas où *AB* est le côté du triangle équilatéral inscrit.

Si l'angle est saillant, $\alpha = \frac{2\pi}{3}$ et :

$$\mathscr{A} = \frac{R^2}{2} \left(\frac{2\pi}{3} - \frac{\sqrt{3}}{2} \right).$$

Si l'angle est rentrant, $\alpha = \frac{4\pi}{3}$ et :

$$\mathscr{A}' = \pi R^2 - \mathscr{A} = \frac{R^2}{2}\left(\frac{4\pi}{3} + \frac{\sqrt{3}}{2}\right).$$

EXERCICES

1. Soit α un angle dont le sinus vaut 0,5.
a) Quelles valeurs son cosinus peut-il prendre ? (Pour chacune des valeurs, indiquer quel est alors l'angle α.)
b) Mêmes questions pour des angles dont les sinus valent 0 ; 1 ; $-\frac{\sqrt{2}}{2}$.

2. a) Déterminer le cosinus du plus petit des angles dont le sinus vaut 0,5 ; 0,2 ; $\frac{\sqrt{3}}{4}$.
b) Déterminer le sinus de l'angle compris entre π et 2π dont le cosinus vaut $\frac{\sqrt{2}}{2}$; 0,2 ; $\sqrt{\frac{3}{16}}$.
c) Déterminer la tangente positive de l'angle dont le cosinus vaut 0,6.
d) Déterminer la cotangente négative de l'angle dont le cosinus vaut 0,4.

3. Soit α un angle. Simplifier l'expression A suivante :

$$A = \cos\left(\frac{\pi}{2} - \alpha\right) + \tan(\pi - \alpha) + \sin\left(\frac{\pi}{2} - \alpha\right) + \cot\left(\frac{\pi}{2} - \alpha\right) + \cos(\pi - \alpha).$$

4. Soit C un cercle de rayon 10 cm.
Si l'on veut obtenir un segment de cercle d'une aire de 200 cm², l'angle α engendrant ce segment de cercle devra-t-il être saillant ou rentrant ? Inférieur ou supérieur à $3\pi/2$?

5. Un mobile se déplace à vitesse constante sur un cercle C de centre O. Il part d'un point A situé sur ce cercle, et en une seconde, il se trouve au point B tel que l'angle AOB mesure $\pi/7$.
a) Combien de temps lui faut-il pour effectuer un tour de cercle ? Combien de temps faudra-t-il au mobile pour repasser en A une fois ? Deux fois ? Cent fois ?
b) Soit un point M situé sur le cercle et tel que l'angle AOM mesure $4\pi/5$. Combien de temps faudra-t-il au mobile pour passer en M une fois ? Deux fois ? 1 994 fois ?
c) Déterminer le cosinus et le sinus de l'angle α formé par A, O et le point où se trouve le mobile au bout de 2 s ; 5 s ; 2 h 10 min 12 s.

Un triangle est déterminé par trois points A, B, C non alignés, appelés *sommets*. Les segments BC, CA et AB sont appelés *côtés* du triangle ; leurs longueurs sont notées a, b et c.

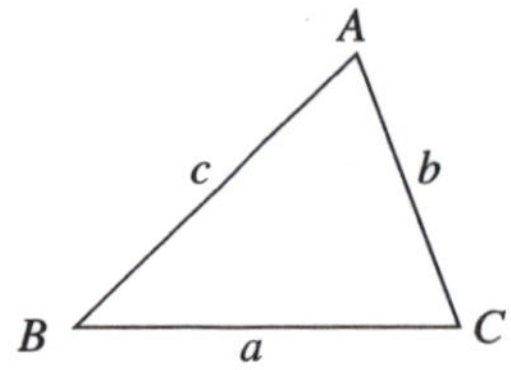

■ La lettre minuscule désigne le côté opposé au sommet noté par la lettre majuscule.

■ Le *périmètre*, ou *longueur*, du triangle est la somme des longueurs des côtés.
On note p le demi-périmètre. Ainsi :

$$2p = a + b + c.$$

On réserve la lettre p au demi-périmètre, car celui-ci intervient dans l'expression de l'aire du triangle en fonction des côtés (voir p. 198).
Les angles formés par les côtés sont notés $\hat{A}$, $\hat{B}$ et $\hat{C}$.

Droites concourantes dans le triangle

Hauteurs

La perpendiculaire abaissée d'un sommet sur le côté opposé s'appelle *hauteur* issue de ce sommet. Les trois hauteurs ont un point commun H et un seul, appelé *orthocentre* du triangle.

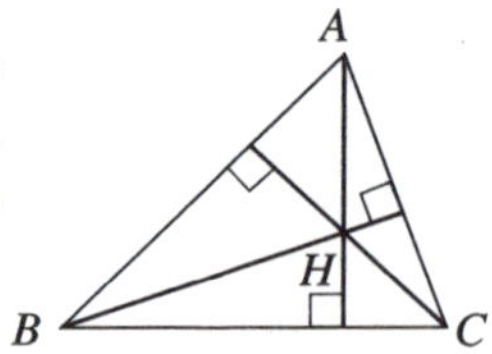

Bissectrices

Les bissectrices des angles BAC, CBA et ACB s'appellent *bissectrices* du triangle. Les trois bissectrices ont un point commun I et un seul ; ce point est à la même distance r des trois côtés. Le cercle de centre I et de rayon r est donc tangent aux trois côtés du triangle ; c'est pourquoi le point I s'appelle *centre du cercle inscrit* dans le triangle.

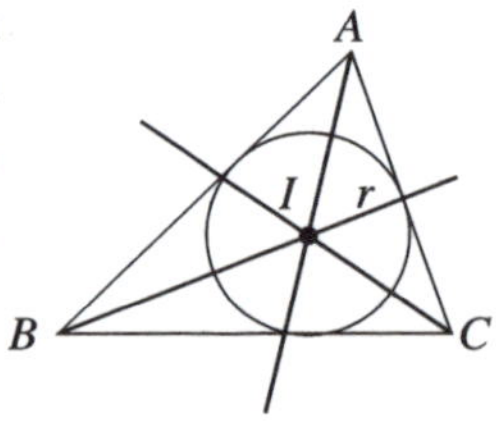

Médiatrices

Les médiatrices des segments BC, CA et AB s'appellent *médiatrices* du triangle. Les trois médiatrices ont un point commun O et un seul ; ce point est à la même distance R des trois sommets. Le cercle de centre O et de rayon R passe donc par A, B et C ; c'est pourquoi le point O s'appelle *centre du cercle circonscrit* au triangle.

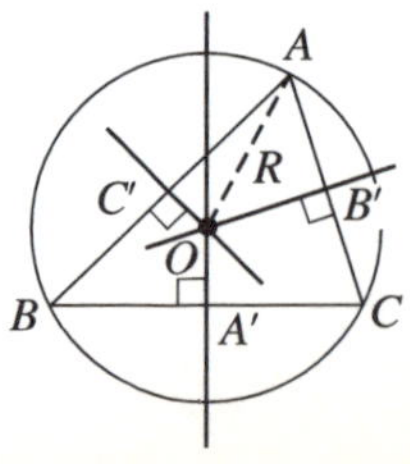

Médianes

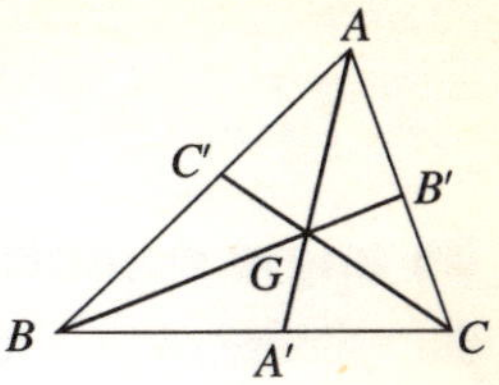

Les segments joignant un sommet au milieu du côté opposé s'appellent *médianes* du triangle. Les trois médianes ont un point commun G et un seul, appelé *centre de gravité* du triangle. Ce point est situé aux deux tiers des segments AA', BB' et CC' à partir des sommets.

Inégalités triangulaires

Chaque côté d'un triangle est strictement inférieur à la somme des deux autres, et strictement supérieur à leur différence. Ainsi, lorsque $b \geqslant c$,

$$b - c < a < b + c.$$

Angles d'un triangle

La somme des angles d'un triangle est l'angle plat :

$$\hat{A} + \hat{B} + \hat{C} = \pi.$$

Chacun des angles d'un triangle est saillant. Au plus l'un d'eux est obtus.

Exemples :

1. Trouver l'angle $\hat{C}$ d'un triangle, sachant que $\hat{A} = 27°$ et $\hat{B} = 118°$.

L'angle $\hat{C}$ est donné en degrés par la relation :

$$\hat{C} = 180 - \hat{A} - \hat{B}.$$

Dans le cas présent, $\hat{A} + \hat{B} = 27 + 118 = 145°$. Finalement,

$$\hat{C} = 180 - 145 = 35°.$$

2. Trouver l'angle $\hat{C}$ d'un triangle, sachant que $\hat{A} = 93°$ et $\hat{B} = 102°$.
Le problème n'a pas de sens, car les deux angles donnés sont obtus.

Détermination d'un triangle

Nous allons voir trois cas où la donnée de certains éléments (angles et côtés) d'un triangle permet de déterminer les autres éléments.

Un côté adjacent à deux angles

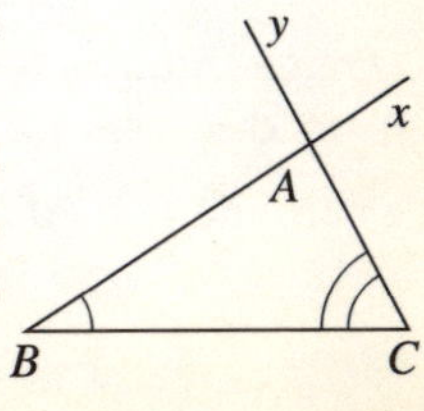

On suppose connus le côté a et les angles $\hat{B}$ et $\hat{C}$. On doit supposer que $\hat{B} + \hat{C} < \pi$.
Marquons les points B et C à la distance a. À l'aide d'un rapporteur, menons d'un même côté de BC les demi-droites Bx et Cy formant les angles $\hat{B}$ et $\hat{C}$ avec BC. Ces demi-droites ont un point commun A et un seul.

Le triangle ABC est déterminé à déplacement et symétrie près : la position du segment BC est arbitraire, et il y a deux solutions pour A, de part et d'autre de BC. On pourra faire des remarques analogues dans les deux cas suivants.

Un angle compris entre deux côtés

On suppose connus les côtés b et c, ainsi que l'angle $\hat{A}$.

Marquons les points A et B à la distance c. À l'aide d'un rapporteur, menons la demi-droite Ax formant l'angle $\hat{A}$ avec AB (ce qui peut se faire de part et d'autre de AB). Le point C est alors à la distance b de A.

Les trois côtés

On suppose connus a, b et c. On doit imposer les conditions $a < b + c$, $b < c + a$ et $c < a + b$.

Marquons les points B et C à la distance a. Traçons le cercle de centre B et de rayon c, ainsi que le cercle de centre C et de rayon b. Comme $b < c + a$, ces cercles ont deux points communs A' et A''. On peut prendre pour A l'un ou l'autre de ces points.

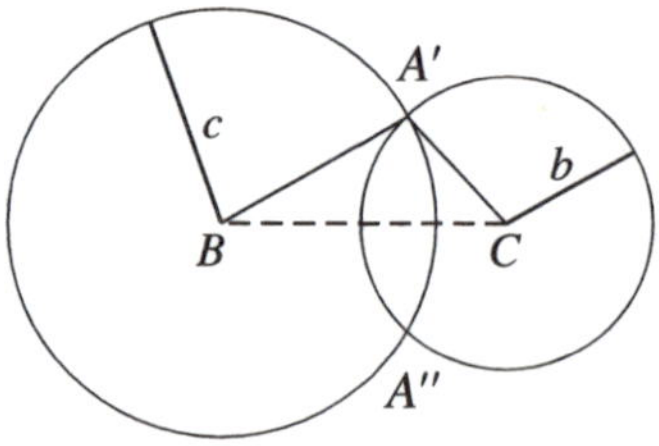

Relations métriques dans le triangle

La somme des carrés des deux côtés d'un triangle est égale au double du carré de la médiane issue du sommet commun augmenté de la moitié du carré du troisième côté :

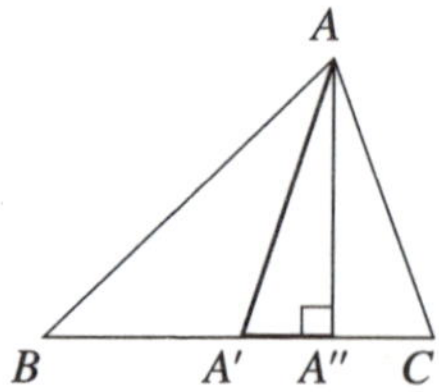

$$AB^2 + AC^2 = 2\,AA'^2 + \frac{1}{2}\,BC^2.$$

La différence des carrés de deux côtés d'un triangle est égale au double du produit du troisième côté par la projection sur ce côté de la médiane correspondante.

$$\text{Si } c^2 \geqslant a^2, \quad AB^2 - AC^2 = 2\,BC \cdot A'A''.$$

Ces deux résultats sont connus sous le nom de *théorèmes de la médiane*.

Exercice : Trouver les longueurs des médianes d'un triangle, connaissant les longueurs des côtés : $a = 132$ cm, $b = 90$ cm, $c = 53$ cm.

Le carré de la médiane issue de A est donné par :

$$AB^2 + AC^2 = 2AA'^2 + \frac{1}{2}\,BC^2.$$

On en déduit que : $$AA'^2 = \frac{1}{2}\left(b^2 + c^2 - \frac{1}{2}\,a^2\right).$$

Avec les données du problème :

$$AA'^2 = \frac{1}{2}\left(90^2 + 53^2 - \frac{1}{2} \times 132^2\right),$$

c'est-à-dire : $$AA'^2 = \frac{1}{2} \times 2\,197 = 1\,098{,}5 \text{ cm}^2.$$

En conclusion : $$AA' = \sqrt{1\,098{,}5} \approx 33{,}1 \text{ cm.}$$

De même : $$BB'^2 = \frac{1}{2}\left(53^2 + 132^2 - \frac{1}{2} \times 90^2\right) = \frac{1}{2} \times 16\,183 = 8\,091{,}5 \text{ cm}^2$$

et : $$BB' = \sqrt{8\,091{,}5} \approx 90 \text{ cm.}$$

Enfin : $$CC'^2 = \frac{1}{2}\left(132^2 + 90^2 - \frac{1}{2} \times 53^2\right) = \frac{1}{2} \times 24\,119{,}5 = 12\,059{,}75 \text{ cm}^2$$

et : $$CC' = \sqrt{12\,059{,}75} \approx 110 \text{ cm.}$$

Dans les exercices sur les triangles, il est particulièrement recommandé de faire une figure à l'échelle, avec un double décimètre et un rapporteur. On pourra ainsi contrôler les résultats obtenus et éviter des erreurs grossières.

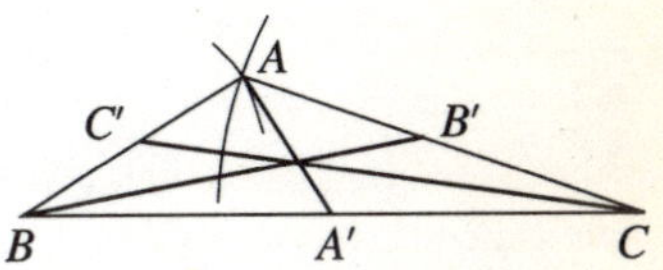

Relations trigonométriques dans le triangle

$$a^2 = b^2 + c^2 - 2\,bc \cos \hat{A}$$
$$b^2 = c^2 + a^2 - 2\,ca \cos \hat{B}$$
$$c^2 = a^2 + b^2 - 2\,ab \cos \hat{C}$$

■ Il suffit de retenir l'une de ces formules, les deux autres s'en déduisant par permutation des lettres.

■ Si l'angle $\hat{A}$ est droit, la première formule se réduit au théorème de Pythagore (voir p. 199).

$$\frac{a}{\sin \hat{A}} = \frac{b}{\sin \hat{B}} = \frac{c}{\sin \hat{C}} = 2R,$$

où R est le rayon du cercle circonscrit.

Exercices :

1. Déterminer les angles et les côtés d'un triangle, connaissant l'angle $\hat{A} = 36°$ et les côtés $b = 85$ cm, $c = 54$ cm.

Le côté a est déterminé par la relation :

$$\mathbf{a^2 = b^2 + c^2 - 2\,bc\cos\hat{A}.}$$

On connaît $b = 85$ cm, $c = 54$ cm et $\cos\hat{A} = \cos 36° = 0{,}809\ 0$. Ainsi :

$$a^2 = 85^2 + 54^2 - 2 \times 85 \times 54 \times 0{,}809\ 0$$
$$= 7\ 225 + 2\ 916 - 7\ 426{,}62 = 2\ 714{,}38 \text{ cm}^2.$$

En conclusion :

$$a = \sqrt{2\ 714{,}38} \approx 52{,}1 \text{ cm}.$$

Connaissant maintenant les trois côtés, on peut calculer $\cos\hat{B}$:

$$\cos\hat{B} = \frac{1}{2ca}(a^2 + c^2 - b^2) = \frac{2\ 714{,}38 + 2\ 916 - 7\ 225}{2 \times 52{,}1 \times 54} = -\,0{,}283\ 4.$$

Le carré de a est déjà connu. Il serait maladroit de calculer le carré de 52,1 (ce qui donnerait 2 714,41 au lieu de 2 714,38).

Grâce à la touche COS^{-1}, on trouve $\hat{B} = 106°\ 27'$.

Enfin, $\hat{C} = 180 - \hat{A} - \hat{B} = 37°\ 33'$.

■ On pourra contrôler le résultat à l'aide de la relation :

$$\cos\hat{C} = \frac{1}{2\,ab}(a^2 + b^2 - c^2).$$

■ Les relations $\sin\hat{B} = \frac{b}{a}\sin\hat{A}$ et $\sin\hat{C} = \frac{c}{a}\sin\hat{A}$ ne déterminent pas complètement $\hat{B}$ et $\hat{C}$. En effet, deux angles supplémentaires ont le même sinus. Ces relations permettent cependant un contrôle :

$$\sin\hat{B} = \sin 106°29' \approx 0{,}958\ 9$$
$$\frac{b}{a}\sin\hat{A} = \frac{85}{52{,}1} \times 0{,}587\ 8 \approx 0{,}958\ 9.$$

Aux erreurs d'arrondissage près, on trouve effectivement la même valeur. On pourra recommencer une vérification avec $\sin\hat{C}$.

2. Déterminer le rayon R du cercle circonscrit, connaissant les longueurs des côtés : $a = 80$ mm, $b = 50$ mm, $c = 45$ mm.

Il suffit de connaître $\sin\hat{A}$, puisque $2\,R = \frac{a}{\sin\hat{A}}$. Or :

$$\cos\hat{A} = \frac{1}{2\,bc}(b^2 + c^2 - a^2) = -\,0{,}416\ 7.$$

On en déduit :

$$\sin^2\hat{A} = 1 - \cos^2\hat{A} = 1 - 0{,}173\ 64 = 0{,}826\ 36.$$

Ainsi, $$\sin\hat{A} = \sqrt{0{,}826\ 36} = 0{,}909\ 0.$$

Il n'est pas nécessaire d'expliciter l'angle $\hat{A}$.

Enfin : $$R = \frac{a}{2\sin\hat{A}} = \frac{80}{2 \times 0{,}909\ 0} \approx 44 \text{ mm}.$$

Distance à un point inaccessible

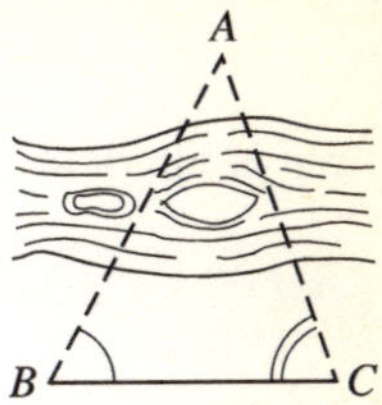

On cherche la distance de deux points A et B séparés par un fleuve, l'observateur étant du côté de B.

On choisit un point accessible C d'où l'on voit A et B. On mesure la longueur $a = BC$, ainsi que les angles $\hat{B}$ et $\hat{C}$ du triangle ABC.

La relation $\dfrac{c}{\sin \hat{C}} = \dfrac{a}{\sin \hat{A}}$ montre que $c = a\,\dfrac{\sin \hat{C}}{\sin \hat{A}}$.

Comme $\hat{A} + \hat{B} + \hat{C} = \pi$,

$$\sin \hat{A} = \sin\left(\pi - \hat{B} - \hat{C}\right) = \sin\left(\hat{B} + \hat{C}\right).$$

Finalement :

$$c = a\,\frac{\sin \hat{C}}{\sin\left(\hat{B} + \hat{C}\right)}.$$

Application numérique : $a = 128$ m, $\hat{B} = 72°$ et $\hat{C} = 65°$.
Dans ces conditions :

$$\sin \hat{C} = \sin 65° = 0{,}906\,3 \qquad \sin(\hat{B} + \hat{C}) = \sin 137° = 0{,}682\,0.$$

Par conséquent :

$$c = 128 \times \frac{0{,}906\,3}{0{,}682\,0} = 128 \times 1{,}329 \approx 170 \text{ m}.$$

Aire du triangle

L'aire du triangle est la moitié du produit d'un côté par la hauteur correspondante :

$$\mathscr{A} = \frac{1}{2}\,ah.$$

Le nombre h est la distance de A au côté BC.

On dit que le côté BC est la *base*. L'aire est alors la moitié du produit de la base par la hauteur. Les trois côtés du triangle pouvant servir indifféremment de base, on obtient trois manières possibles de calculer l'aire.

L'aire du triangle est aussi la moitié du produit de deux côtés et du sinus de l'angle compris entre ces côtés :

$$\mathscr{A} = \frac{1}{2}\,bc \sin \hat{A}.$$

Les trois sommets peuvent être choisis indifféremment, d'où encore trois manières possibles de calculer l'aire du triangle.

On peut enfin calculer l'aire connaissant seulement les côtés :

$$\mathscr{A} = \sqrt{p\,(p-a)\,(p-b)\,(p-c)},$$

où p est le demi-périmètre.

Exercice : Calculer l'aire d'un triangle, connaissant les côtés : $a = 14$ m, $b = 21$ m et $c = 28$ m.
Le demi-périmètre est :

$$p = \frac{1}{2}(a+b+c) = \frac{1}{2}(14+21+28) = 31{,}5 \text{ m}.$$

D'où : $$\mathscr{A} = \sqrt{31{,}5 \times 17{,}5 \times 10{,}5 \times 3{,}5} = \sqrt{20\,258{,}44}.$$

Ainsi : $$\mathscr{A} \approx 142 \text{ m}^2.$$

En comparant les diverses expressions de l'aire d'un triangle, on obtient la longueur de la hauteur issue de A en fonction des côtés :

$$h = \frac{2\mathscr{A}}{a} = \frac{2}{a}\sqrt{p\,(p-a)\,(p-b)\,(p-c)}.$$

Exercice : Trouver les longueurs des hauteurs du triangle de côtés $a = 14$ m, $b = 21$ m et $c = 28$ m.
Nous venons de voir que l'aire est 142 m^2. Les hauteurs issues de A, B et C sont donc :

$$h_a = \frac{2\mathscr{A}}{a} \approx 20{,}3 \text{ m} \qquad h_b = \frac{2\mathscr{A}}{b} \approx 13{,}5 \text{ m} \qquad h_c = \frac{2\mathscr{A}}{c} \approx 10{,}1 \text{ m}.$$

On obtient une expression plus simple de l'aire si l'on a déjà calculé le rayon R du cercle circonscrit :

$$\mathscr{A} = \frac{abc}{4R}.$$

Exercice : Reprenons le cas où $a = 80$ mm, $b = 50$ mm et $c = 45$ mm (voir p. 196). Alors $R \approx 44$ mm et :

$$\mathscr{A} \approx \frac{80 \times 50 \times 45}{4 \times 44} \approx 1023 \text{ mm}^2.$$

TRIANGLE RECTANGLE

Un *triangle rectangle* est un triangle dont l'un des angles est droit.

Le côté opposé à l'angle droit s'appelle *hypoténuse*.

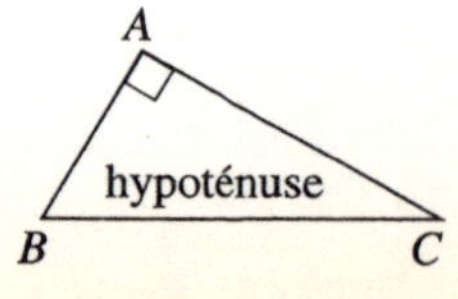

■ Attention à l'orthographe ! « Orthocentre » et « hypoténuse » s'écrivent chacun avec un h et un seul.

■ Si l'angle $\hat{A}$ est droit, on dit que le triangle est rectangle en A.

L'angle $\hat{A}$ étant droit, $\hat{B} + \hat{C} = \frac{\pi}{2}$. Les angles $\hat{B}$ et $\hat{C}$ sont donc complémentaires : en particulier, ils sont tous deux saillants.

Relations métriques dans le triangle rectangle

Théorème de Pythagore

Dans un triangle rectangle, le carré de l'hypoténuse est égal à la somme des carrés des deux autres côtés :

$$BC^2 = AB^2 + AC^2.$$

Réciproquement, si dans un triangle, $a^2 = b^2 + c^2$, alors le triangle est rectangle en A.

Exemple : Un triangle tel que $a = 5$, $b = 3$ et $c = 4$ est rectangle en A.
En effet, $a^2 = 5^2 = 25$ et $b^2 + c^2 = 3^2 + 4^2 = 9 + 16 = 25$.

Cette propriété permet de construire la perpendiculaire en un point A à une droite D passant par ce point. On trace le cercle de centre A et de rayon 4 ; soit B l'un de ses points d'intersection avec D. Soit C l'un des points communs au cercle de centre A et de rayon 3 et au cercle de centre B et de rayon 5. Le triangle ABC est rectangle en A. La droite joignant A et C est la perpendiculaire cherchée.

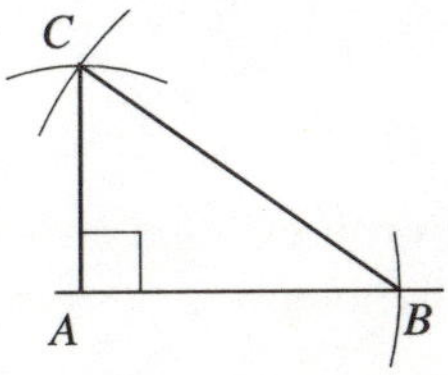

Application. Diagonale d'un rectangle

La diagonale AC d'un rectangle $ABCD$ est aussi l'hypoténuse du triangle rectangle ABC. On obtient donc $d^2 = l^2 + h^2$, et enfin :

$$d = \sqrt{l^2 + h^2}.$$

Dans le cas particulier d'un carré de côté a, $l = h = a$ et $d = a\sqrt{2}$.

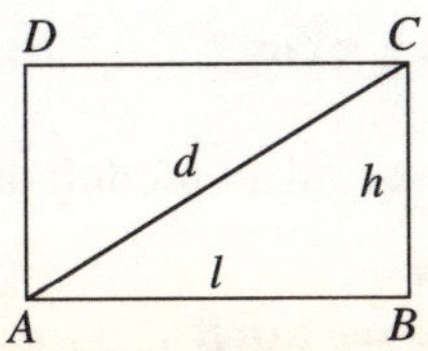

Construction du nombre d'or. On peut construire le nombre d'or $\frac{1+\sqrt{5}}{2}$ (voir p. 159) à la règle et au compas. On trace un triangle rectangle dont les côtés de l'angle droit ont pour longueurs 1 et 1/2. Son hypoténuse mesure $\sqrt{1+\frac{1}{4}}=\frac{\sqrt{5}}{2}$. Il suffit alors de tracer un arc de cercle pour obtenir le nombre d'or (et donc un rectangle parfaitement harmonieux).

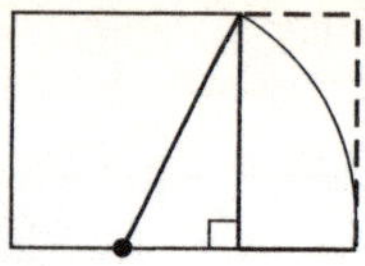

Médiane

La médiane issue du sommet de l'angle droit est la moitié de l'hypoténuse :

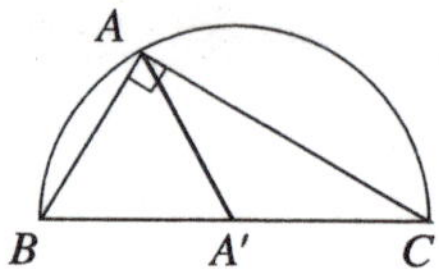

$$AA' = \frac{1}{2} BC = BA' = A'C.$$

Autrement dit, le centre du cercle circonscrit à un triangle rectangle est le milieu de l'hypoténuse.

Hauteur

Le produit des côtés de l'angle droit est égal au produit de l'hypoténuse par la hauteur correspondante.

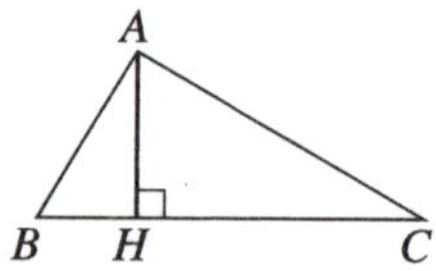

$$AB.\ AC = BC.\ AH.$$

■ La valeur commune des deux membres est le double de l'aire du triangle (voir p. 197).

■ La lettre H désigne la projection de A sur BC. L'orthocentre du triangle n'est pas en H, mais en A.

Le carré d'un côté de l'angle droit est égal au produit de l'hypoténuse et de la projection de ce côté sur l'hypoténuse.

$$AB^2 = BC \cdot BH \qquad AC^2 = CA \cdot CH.$$

■ Relations trigonométriques dans le triangle rectangle

Chaque côté de l'angle droit est le produit de l'hypoténuse par le sinus de l'angle opposé :

$$b = a \sin \hat{B} = a \cos \hat{C} \qquad c = a \sin \hat{C} = a \cos \hat{B}.$$

Chaque côté de l'angle droit est égal au produit du second côté par la tangente de l'angle opposé :

$$b = c \tan \hat{B} \qquad c = b \tan \hat{C}.$$

Autrement dit, pour chacun des angles $\hat{B}$ et $\hat{C}$:
— le sinus est le rapport du côté opposé et de l'hypoténuse ;
— le cosinus est le rapport du côté adjacent et de l'hypoténuse ;
— la tangente est le rapport du côté opposé et du côté adjacent.

$$\sin \alpha = \frac{\text{côté opposé}}{\text{hypoténuse}} \qquad \cos \alpha = \frac{\text{côté adjacent}}{\text{hypoténuse}} \qquad \tan \alpha = \frac{\text{côté opposé}}{\text{côté adjacent}}.$$

Ces formules expriment les lignes trigonométriques sous forme de rapports, ce qui explique leur nom de *rapports trigonométriques*.

Exercice : Déterminer les côtés et les angles d'un triangle rectangle en A, connaissant $a = 72$ cm et $\hat{B} = 58°$.
L'angle $\hat{C}$ est le complémentaire de $\hat{B}$. D'où :

$$\hat{C} = 90 - \hat{B} = 90 - 58 = 32°.$$

D'autre part :

$$b = a \sin \hat{B} \approx 72 \times 0{,}848\,0 \approx 61{,}06 \text{ cm}$$
$$c = a \cos \hat{B} \approx 72 \times 0{,}529\,9 \approx 38{,}15 \text{ cm}.$$

■ Pente d'une route

La pente d'une route est le rapport HA/OH, c'est-à-dire la tangente de l'angle α que fait la route avec l'horizontale. On exprime la pente par un pourcentage ; c'est alors la hauteur en mètres dont s'élève la route pour 100 m parcourus horizontalement.

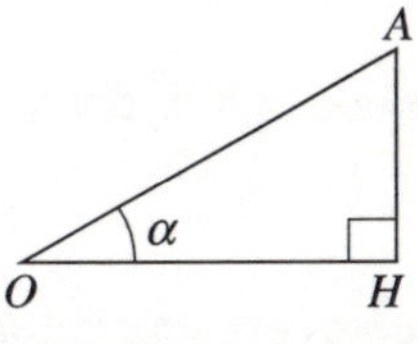

■ La distance indiquée sur la carte est OA, et non OH ; elle tient compte de la pente. (La distance indiquée par un compteur kilométrique est bien entendu OA.)

■ Si l'angle α est petit (ce qui est le plus souvent le cas), la pente est approximativement égale au rapport $AH/OA = \sin \alpha$, ce qui représente le nombre de mètres dont s'élève la route pour 100 m parcourus sur la route. Dans le cas d'une pente de 100 %, le triangle OHA est rectangle isocèle ; l'angle α vaut 45° ; par suite, $\sin \alpha = 0{,}707$. On commettrait donc une erreur considérable en confondant la tangente avec le sinus.

■ Toujours pour les petites valeurs de α, on peut remplacer $\tan \alpha$ par la valeur de α en radians. On passe aux degrés en multipliant par $180/\pi \approx 57{,}3$. Ainsi, pour une pente de 6 %, l'angle est sensiblement 0,06 rad, soit encore $6 \times 0{,}573 \approx 3{,}44° \approx 3°\,26'$. Le résultat obtenu est correct à la minute près.

Exercice : Un cycliste grimpe une côte de 2,3 km, la pente étant de 14 %. Trouver la hauteur dont il s'est élevé.
On connaît $OA = 2{,}3$ km et $\tan \alpha = 0{,}14$. Ainsi $\alpha \approx 7{,}970°$ et $\sin \alpha \approx 0{,}139$. Finalement, la dénivellation est :

$$\mathbf{2\,300 \times 0{,}139 \approx 319 \text{ m.}}$$

■ Si l'on avait confondu $\tan \alpha$ et $\sin \alpha$, on aurait trouvé :

$$\mathbf{2\,300 \times 0{,}14 = 322 \text{ m.}}$$

■ Si l'on ne dispose pas d'une calculatrice scientifique ni d'une table trigonométrique, on peut utiliser la relation :

$$\sin \alpha = \cos \alpha \tan \alpha = \frac{\tan \alpha}{\sqrt{1 + \tan^2 \alpha}}.$$

Aire du triangle rectangle

L'aire du triangle rectangle est la moitié du produit des côtés de l'angle droit :

$$\mathcal{A} = \frac{1}{2} bc.$$

Dans le cas du triangle rectangle, le sommet de l'angle droit joue un rôle privilégié : l'angle $\hat{A}$ étant droit, son sinus est égal à 1.

TRIANGLE ISOCÈLE, TRIANGLE ÉQUILATÉRAL

Un *triangle isocèle* est un triangle qui a deux côtés égaux :

$$b = c.$$

Le sommet commun à ces deux côtés est appelé *sommet du triangle*. Le côté opposé est appelé *base*. Les angles adjacents à la base sont égaux :

$$\hat{B} = \hat{C}.$$

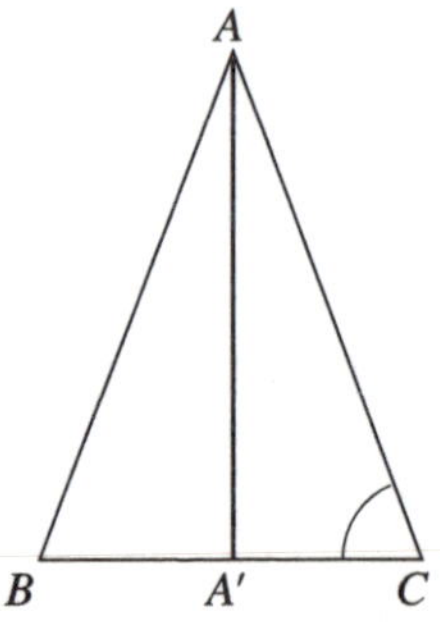

Réciproquement, tout triangle qui a deux angles égaux est isocèle.

Les angles égaux d'un triangle isocèle sont opposés aux côtés égaux.

La médiane issue du sommet est en même temps bissectrice, hauteur et médiatrice.

Un *triangle équilatéral* est un triangle qui a ses trois côtés égaux :

$$a = b = c.$$

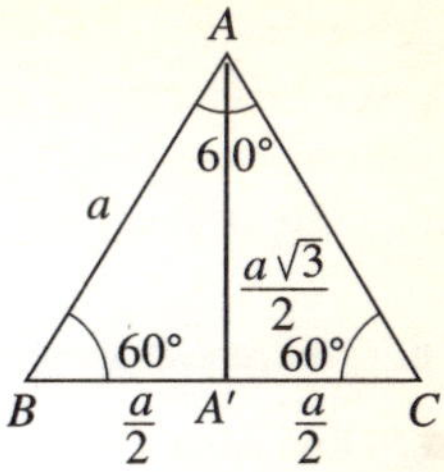

Un triangle équilatéral peut être considéré de trois manières comme un triangle isocèle.

Les trois angles sont égaux :

$$\hat{A} = \hat{B} = \hat{C} = \frac{\pi}{3}.$$

Réciproquement, tout triangle qui a ses trois angles égaux est équilatéral.

Dans un triangle équilatéral, le centre du cercle inscrit, le centre du cercle circonscrit, l'orthocentre et le centre de gravité sont confondus.

Le triangle $AA'B$ étant rectangle en A', $AA'^2 = a^2 - \frac{a^2}{4} = \frac{3a^2}{4}$.
Par suite :

$$h = AA' = \frac{a\sqrt{3}}{2}.$$

On obtient ainsi les résultats suivants :

Rayon du cercle circonscrit	$R = \frac{2h}{3} = \frac{a\sqrt{3}}{3}$
Rayon du cercle inscrit	$r = \frac{h}{3} = \frac{a\sqrt{3}}{6}$
Aire	$\mathcal{A} = \frac{1}{2}ah = \frac{a^2\sqrt{3}}{4}$

On peut aussi noter que $\mathcal{A} = \frac{1}{2}a^2 \sin\frac{\pi}{3} = \frac{1}{2}a^2\frac{\sqrt{3}}{2} = \frac{a^2\sqrt{3}}{4}$.

Triangle rectangle isocèle

C'est un triangle ayant un angle droit compris entre deux côtés égaux.

$$b = c = \frac{a}{\sqrt{2}} \qquad \hat{A} = \frac{\pi}{2} \qquad \hat{B} = \hat{C} = \frac{\pi}{4}.$$

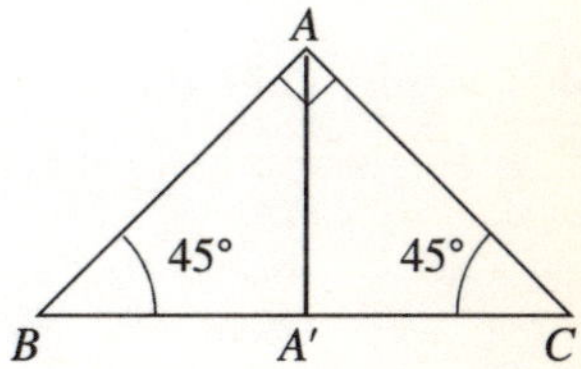

La hauteur issue de A est confondue avec la médiane issue de ce point.

L'aire est :

$$\mathcal{A} = \frac{1}{2}a^2.$$

C'est la moitié de l'aire du carré de côté a.

Exercices :

1. Calculer l'hypoténuse d'un triangle rectangle isocèle dont le demi-périmètre est 24 cm.

Soit *a* cette hypoténuse. Alors : $\boldsymbol{b = c = \frac{a}{\sqrt{2}} = \frac{a\sqrt{2}}{2}}$.

Le périmètre est donc : $\boldsymbol{2p = a + b + c = a + a\sqrt{2} = a\left(1 + \sqrt{2}\right)}$.

Ainsi : $$\boldsymbol{a = \frac{2p}{1 + \sqrt{2}}}.$$

La donnée $p = 24$ cm conduit à :

$$\boldsymbol{a = \frac{48}{1 + \sqrt{2}} \approx 19{,}9\ \text{cm}.}$$

2. Calculer l'aire du triangle rectangle isocèle d'hypoténuse $a = 4{,}2$ cm.

L'aire est : $$\boldsymbol{\mathscr{A} = \frac{1}{2}a^2 = \frac{1}{2} \times 17{,}64 = 8{,}82\ \text{cm}^2.}$$

3. Trouver l'hypoténuse d'un triangle rectangle isocèle dont l'aire est $\mathscr{A} = 60{,}5$ mm². L'hypoténuse *a* est le côté d'un carré d'aire :

$$\boldsymbol{2\mathscr{A} = 2 \times 60{,}5 = 121\ \text{mm}^2.}$$

Par suite : $$\boldsymbol{a = \sqrt{121} = 11\ \text{mm}.}$$

EXERCICES

1. L'aire du triangle est 1 127 cm² (fig. 1). On rappelle que : $\mathscr{A} = \frac{1}{2}ab\sin\hat{C}$. Calculer $\sin\hat{C}$ et évaluer $\hat{C}$ en degrés et minutes.

2. Dans le triangle rectangle *ABC* (fig. 2), $AC = 7$ et $BC = 14$. Combien vaut l'angle *BAH* ? (*AH* est la hauteur relative au côté *BC*.)

3. Un triangle isocèle a un angle de 47° 25' 32". Calculer la valeur des deux autres angles. (On trouvera deux solutions.)

4. Calculer l'aire du quadrilatère (fig. 3), où $AB = h = 86{,}6$ mm.

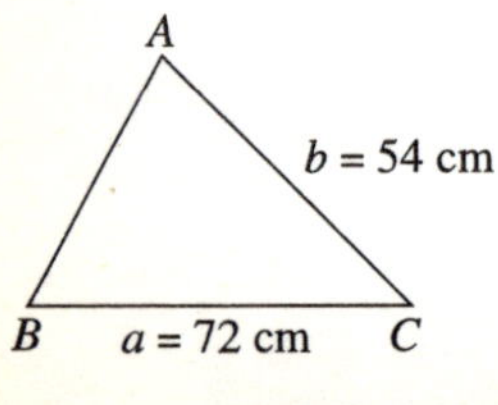

Figure 1

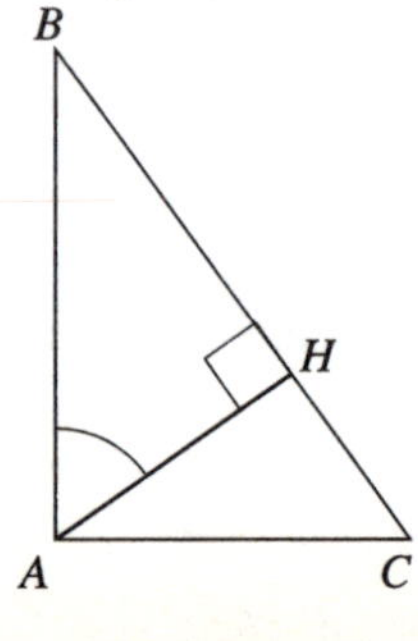

Figure 2

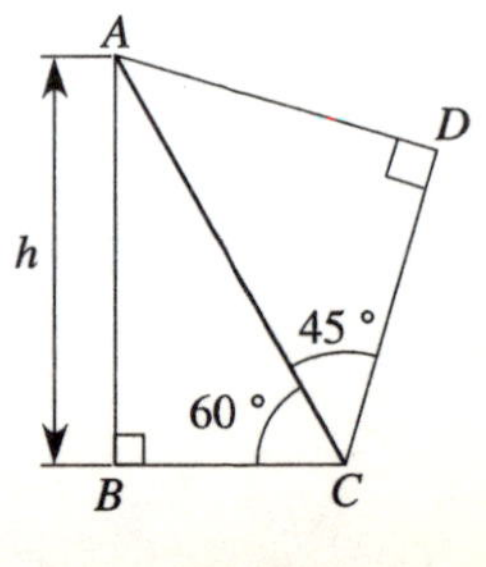

Figure 3

5. *Détermination de la hauteur d'une tour.* La distance de *C* et *D* est 132,10 m. L'angle de *AE* avec l'horizontale est 48° 54'. La distance de *E* à *D* est 6,2 m. Trouver la hauteur de la tour (fig. 4).

6. *Distance de deux points inaccessibles.* La distance des points *A* et *B* est 172 m. On connaît les angles *CAD* = 36°, *DAB* = 43°, *ABC* = 38° et *CBD* = 35°. Déterminer la distance de *C* et *D* (fig. 5).

7. *Détermination de la hauteur d'une montagne.* On a choisi une base *AB*, des extrémités de laquelle on peut viser le sommet *C* de la montagne. La distance de *A* et *B* est 232 m (fig. 6). L'angle *CAH* de *AC* avec l'horizontale est 63°. En outre, *CAB* = 72° et *CBA* = 64°. Calculer la hauteur *CH* du sommet *C* au-dessus de la cote du point *A*.

Figure 4

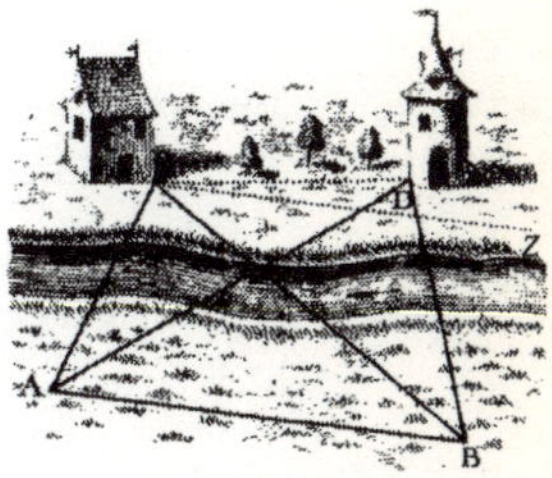

Figure 5

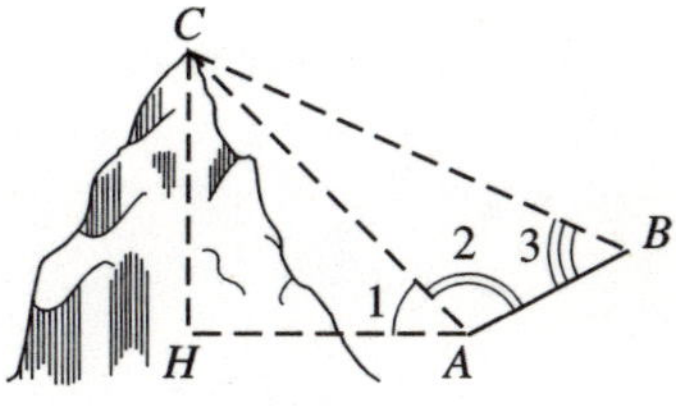

Figure 6

PARALLÉLOGRAMME

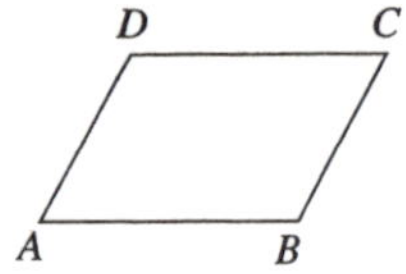

Un parallélogramme est un quadrilatère convexe dont les côtés non consécutifs sont égaux :

$$AB = CD \qquad AD = BC.$$

Un polygone est dit *convexe* s'il n'est jamais de part et d'autre d'un de ses côtés. Un quadrilatère qui n'est pas convexe est dit *croisé* (voir ci-contre). On trouvera un autre exemple de polygone non convexe dans l'étude des polygones réguliers étoilés (p. 211).

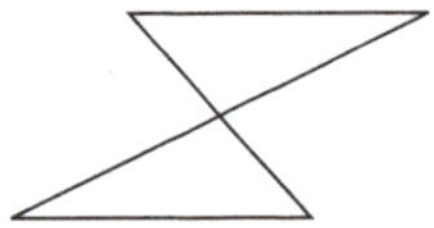

Les côtés opposés sont deux à deux parallèles. Les angles opposés sont égaux :

$$\widehat{A} = \widehat{C} \qquad \widehat{B} = \widehat{D}.$$

Les angles consécutifs sont supplémentaires :

$$\widehat{A} + \widehat{B} = \pi \qquad \widehat{B} + \widehat{C} = \pi \qquad \widehat{C} + \widehat{D} = \pi \qquad \widehat{D} + \widehat{A} = \pi.$$

Les diagonales AC et BD se rencontrent en leur milieu.

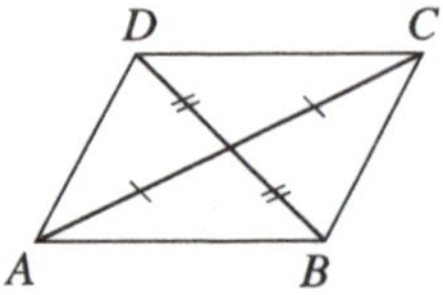

Un rectangle est un parallélogramme qui a un angle droit (auquel cas tous ses angles sont droits).

Construction du quatrième sommet d'un parallélogramme

Les points A, B et D étant donnés, construire le point C.

Première méthode

À l'aide d'une règle et d'une équerre, on mène la parallèle à AD issue de B. On mène de même la parallèle à AB issue de D. Le point C est à l'intersection des deux droites ainsi construites (voir figure ci-après).

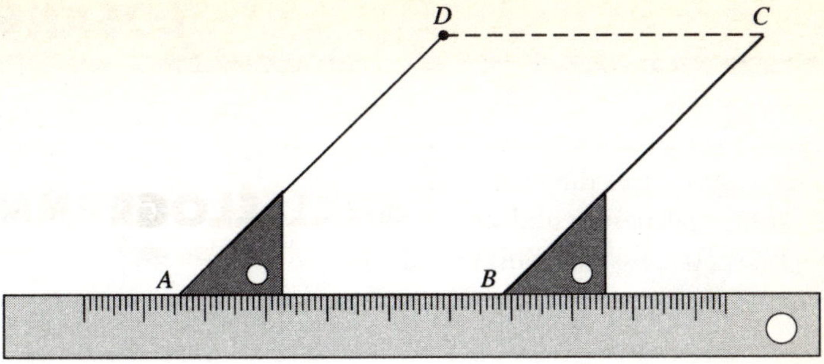

Seconde méthode

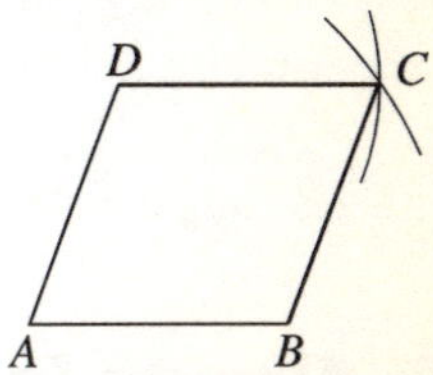

Le point C se trouve sur le cercle de centre B et de rayon AD, ainsi que sur le cercle de centre D et de rayon AB.

Aire du parallélogramme

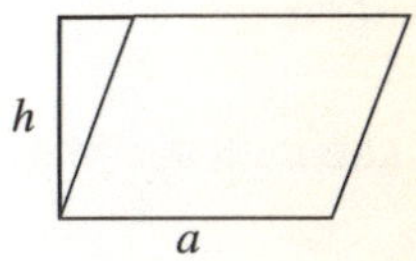

L'aire du parallélogramme est le produit de la base par la hauteur :

$$\mathscr{A} = ah.$$

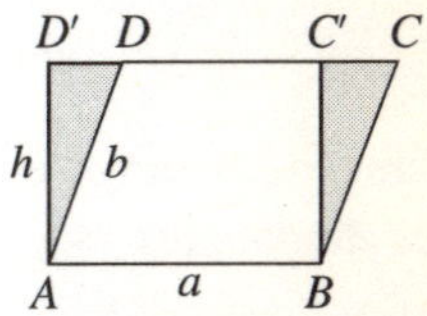

L'aire est la même que celle du rectangle $ABC'D'$ de même base et de même hauteur. Cela tient au fait que les triangles $AD'D$ et $BC'C$ ont des aires égales.

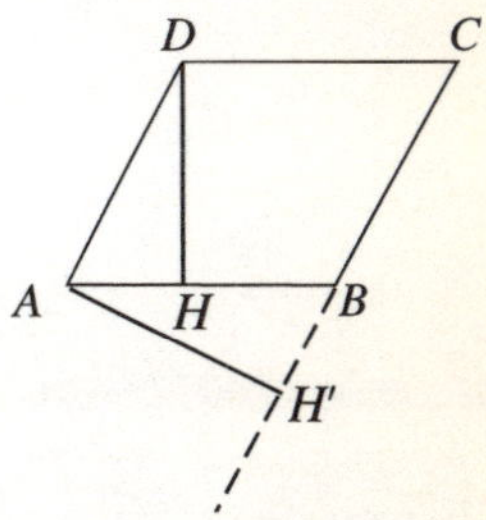

Un côté quelconque peut être considéré comme base, à condition de prendre la hauteur correspondante :

$$\mathscr{A} = AB.\ DH = BC.\ AH'.$$

L'aire du parallélogramme est le produit de deux côtés consécutifs et du sinus d'un angle :

$$\mathscr{A} = ab \sin \hat{A}.$$

- Les angles $\hat{A}$, $\hat{B}$, $\hat{C}$ et $\hat{D}$, étant deux à deux soit égaux soit supplémentaires, ont le même sinus.
- L'aire du parallélogramme $ABCD$ est deux fois l'aire du triangle ABD (ou deux fois celle du triangle ABC).

LOSANGE

Un losange est un parallélogramme dont les côtés sont égaux. Les diagonales d'un losange sont perpendiculaires ; ce sont les bissectrices des angles du losange.

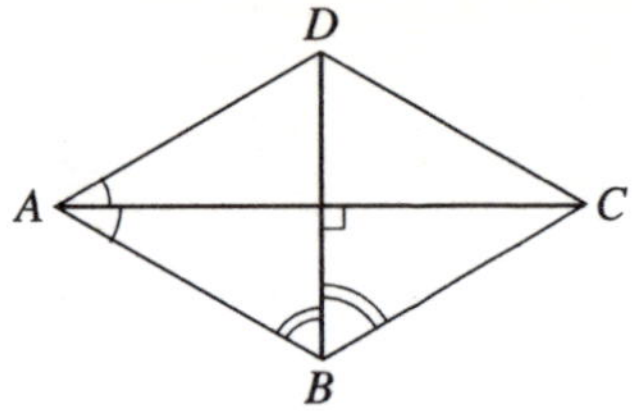

Le carré est un losange qui a un angle droit (auquel cas tous ses angles sont droits).

Le périmètre du losange de côté a est égal à 4 a.

Ce résultat généralise celui qu'on a obtenu pour le carré.

Aire du losange

Le losange étant un parallélogramme, l'aire est le produit de la base par la hauteur :

$$\mathscr{A} = ah.$$

L'aire du losange est aussi le produit du carré du côté par le sinus d'un angle :

$$\mathscr{A} = a^2 \sin \hat{A}.$$

Lorsque l'angle $\hat{A}$ est droit, son sinus est égal à 1 ; on retrouve bien l'aire du carré.

L'aire du losange est la moitié du produit des diagonales :

$$\mathscr{A} = \frac{1}{2} Dd.$$

TRAPÈZE

Un trapèze est un quadrilatère convexe qui a deux côtés parallèles.

Lorsque les deux autres côtés sont parallèles, on retrouve le parallélogramme. Dans le cas contraire, les côtés parallèles ne sont pas égaux ; on les appelle *bases du trapèze*. La grande base se note B, la petite base se note b. La hauteur h est la distance des bases.

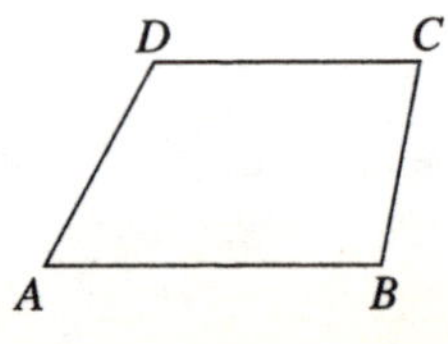

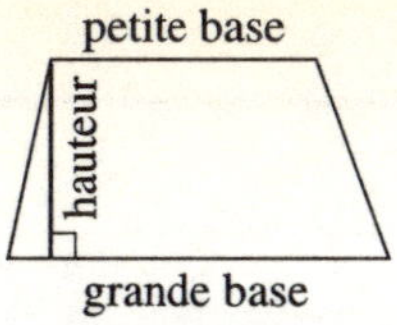

L'aire du trapèze est le produit de la hauteur par la demi-somme des bases :

$$\mathscr{A} = h \frac{B+b}{2}.$$

Lorsque $B = b$, on retrouve l'aire du parallélogramme.

Exercices :

1. Calculer l'aire d'un trapèze de grande base $B = 9$ m, de petite base $b = 6$ m et de hauteur $h = 5$ m.

La demi-somme des bases est $\frac{9+6}{2} = \frac{15}{2} = 7{,}5$ m. L'aire est donc :

$$\mathscr{A} = 5 \times 7{,}5 = 37{,}5 \text{ m}^2.$$

2. Un trapèze a pour hauteur $h = 14$ m et pour aire $\mathscr{A} = 630$ m^2. La différence entre la grande base et la petite base est $B - b = 14$ m. Trouver les deux bases.

La demi-somme des bases est $\frac{B+b}{2} = \frac{\mathscr{A}}{h}$. Dans le cas présent :

$$\frac{B+b}{2} = \frac{630}{14} = 45 \text{ m}.$$

La demi-différence est :

$$\frac{B-b}{2} = \frac{14}{2} = 7 \text{ m}.$$

Nous sommes ramené à calculer deux nombres connaissant leur demi-somme et leur demi-différence (voir p. 68).

Notons que $B = \frac{B+b}{2} + \frac{B-b}{2}$ et $b = \frac{B+b}{2} - \frac{B-b}{2}$. Par conséquent :

$$B = 45 + 7 = 52 \text{ m} \qquad b = 45 - 7 = 38 \text{ m}.$$

Trapèzes particuliers

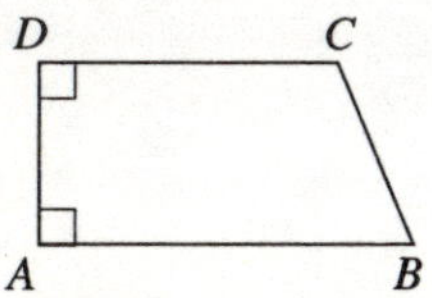

Un *trapèze rectangle* est un trapèze qui a un côté perpendiculaire aux bases.

Un trapèze rectangle est donc un quadrilatère convexe dont deux angles consécutifs sont droits.

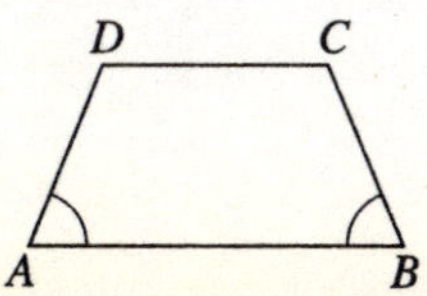

Un *trapèze isocèle* est un trapèze dont les côtés non parallèles sont égaux.

Un trapèze isocèle est un trapèze dont les angles adjacents à la base sont égaux.

EXERCICES

1. Soit AB un segment de milieu I. Soit le quadrilatère $ABCD$ tel que :

$$BC = CD = DA = AI = CI = DI.$$

a) Montrer, grâce à des calculs angulaires, que ce quadrilatère est un trapèze.
b) Proposer une méthode de construction de ce trapèze.

2. Les longueurs des quatre côtés d'un trapèze sont les suivantes :
grande base : 75 mm ; petite base : 50 mm ; côtés non parallèles : 20 et 15 mm.
a) Montrer que, dans ce trapèze, les côtés non parallèles sont perpendiculaires.
b) Déterminer l'aire de ce trapèze.

3. Un trapèze est inscrit dans un cercle de rayon 1 m. La grande base est perpendiculaire à un rayon du cercle en son milieu. La petite base est égale au rayon. Le centre du cercle est entre les deux bases.
a) Calculer la longueur L de la grande base et la distance d qui sépare le centre du cercle de la petite base. En déduire l'aire du trapèze.
b) Montrer que les milieux des quatre côtés sont les sommets d'un carré. Trouver l'aire de ce carré.

4. Un terrain en forme de trapèze rectangle mesure, sur le plan cadastral au 1/2 500 : grande base : 3 cm ; petite base : 2 cm. Ce terrain est acheté 168 750 F, à raison de 18 000 F l'are. Quelles sont la hauteur réelle du terrain et sa hauteur sur le plan cadastral ?

5. Soit $ABCD$ un losange déformable dont le côté mesure 240 mm.
a) Si $\hat{D} = 60°$, calculer les diagonales AC et BD.
b) On déforme le losange pour obtenir $\hat{D} = 90°$. Quelle est la nature de ce quadrilatère ? Calculer la longueur de sa diagonale AC.
c) Le losange $ABCD$ est tel que la diagonale AC mesure 180 mm. Calculer BD et l'angle $\hat{D}$ du losange.

POLYGONES RÉGULIERS

Un *polygone régulier convexe* est un polygone convexe dont les côtés sont égaux et dont les angles sont égaux.

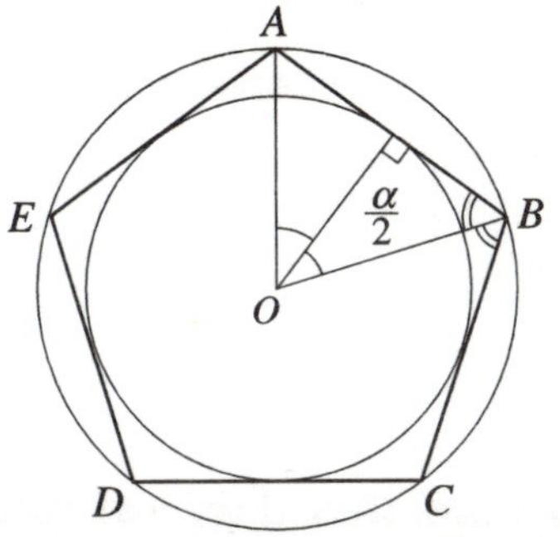

Le triangle équilatéral (voir p. 203) est le polygone régulier à trois côtés. Le carré (voir p. 155) est le polygone régulier à quatre côtés. Le losange (voir p. 208) n'est pas en général un polygone régulier, bien qu'il ait ses côtés égaux.

Lorsqu'on divise un cercle en n arcs égaux, où n est un entier naturel supérieur à 3, les points de division successifs sont les sommets d'un polygone régulier à n côtés.

Si l'on joint les points non pas consécutifs, mais de deux en deux, de trois en trois, on obtient dans certains cas des polygones réguliers étoilés.

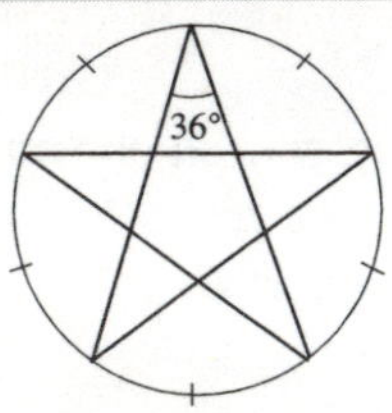

Pentagone étoilé

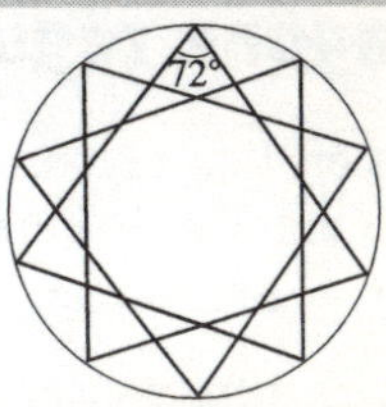

Décagone étoilé

Tout polygone régulier convexe peut être obtenu par le procédé précédent. En particulier, il existe un cercle passant par tous les sommets d'un polygone régulier, appelé *cercle circonscrit*. Le centre O du cercle circonscrit est à une même distance $a = OH$ de tous les côtés ; le cercle de centre O et de rayon a est tangent aux côtés du polygone ; on l'appelle *cercle inscrit*.

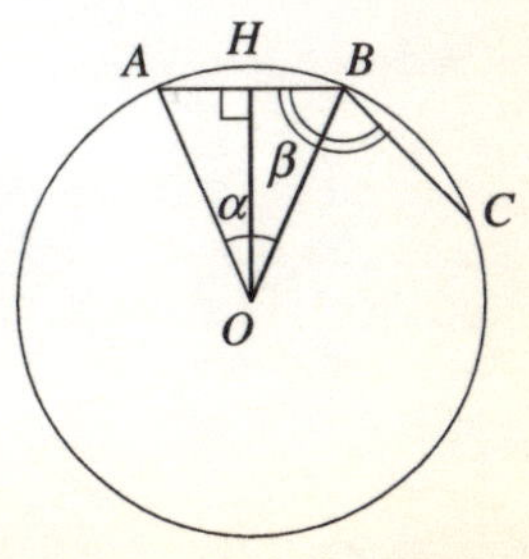

Vocabulaire relatif aux polygones réguliers

nom	notation	définition
centre du polygone	O	le centre commun des cercles inscrit et circonscrit
rayon	R	le rayon du cercle circonscrit
apothème	a	le rayon du cercle inscrit
côté	c	la longueur commune des côtés
angle au centre	α	l'angle AOB formé par les rayons aboutissant à deux sommets consécutifs
angle du polygone	β	l'angle ABC de deux côtés consécutifs

Relations entre les éléments d'un polygone régulier

nombre de côtés	n
angle au centre	$\alpha = \frac{2\pi}{n}$
angle du polygone	$\beta = \pi - \alpha = \pi - \frac{2\pi}{n}$
côté	$c = 2R \sin \frac{\pi}{n}$
apothème	$a = R \cos \frac{\pi}{n}$
périmètre	$p = nc = 2nR \sin \frac{\pi}{n}$
aire	$\mathcal{A} = \frac{nac}{2} = \frac{pa}{2} = \frac{1}{2} nR^2 \sin \frac{2\pi}{n}$

■ Hexagone régulier

Le côté est égal au rayon. Pour diviser le cercle en six, on construit le diamètre AD. On trace les cercles de centres A et D et de rayon R ; ces cercles recoupent le cercle donné, l'un en B et F, l'autre en C et E.

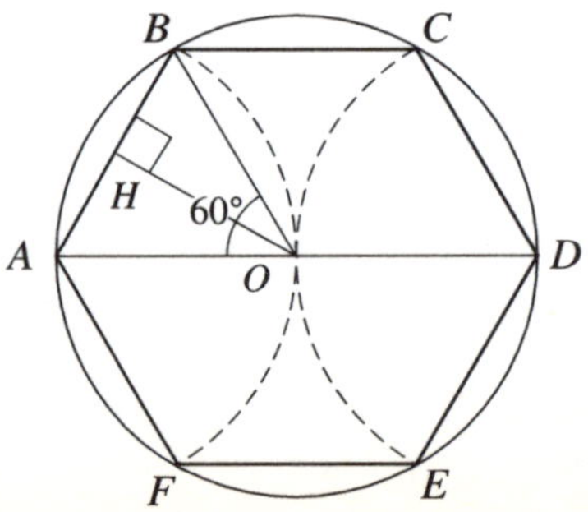

En joignant les sommets de deux en deux, on obtient deux triangles équilatéraux. (Il n'y a pas d'hexagone régulier étoilé.)

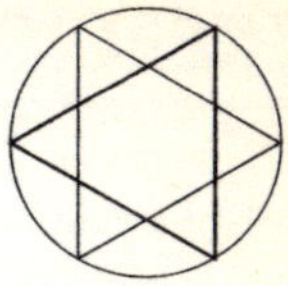

Octogone régulier

Pour diviser le cercle en huit, on trace deux diamètres perpendiculaires *AE* et *CG*, puis les bissectrices *BF* et *DH* des quatre angles droits formés en *O*. Les huit angles tels que *AOB* sont égaux.

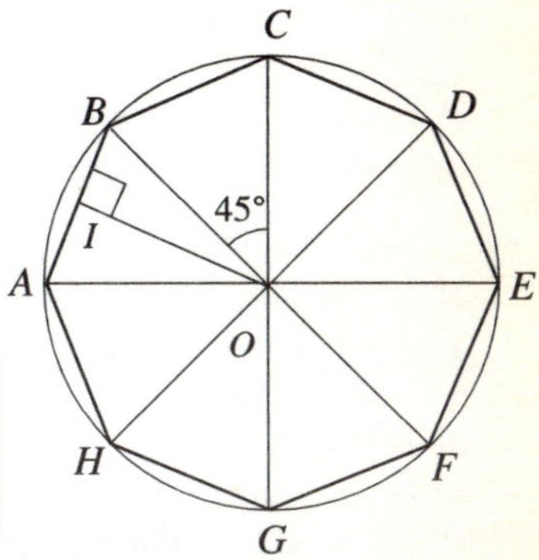

En joignant les sommets de deux en deux, on obtient deux carrés ; en les joignant de trois en trois, on obtient un octogone régulier étoilé.

Polygones réguliers remarquables

n	nom	α	β	$\frac{c}{R}$	$\frac{R}{c}$	$\frac{a}{R}$	$\frac{a}{c}$
3	triangle équilatéral	120°	60°	1,732	0,577	0,500	0,289
4	carré	90°	90°	1,414	0,707	0,707	0,500
5	pentagone	72°	108°	1,176	0,851	0,809	0,688
6	hexagone	60°	120°	1	1	0,867	0,866
8	octogone	45°	135°	0,765	1,307	0,924	1,207
10	décagone	36°	144°	0,618	1,618	0,951	1,539
12	dodécagone	30°	150°	0,518	1,920	0,966	1,866

EXERCICES

1. Le panneau STOP a la forme d'un octogone régulier ; il est inscrit dans un cercle de diamètre 800 mm.
a) Trouver son périmètre et son aire.
b) La bordure blanche a une largeur de 20 mm. Calculer la surface de cette bordure.
c) Trouver l'erreur commise si l'on assimile la bordure à une bande rectiligne de même largeur et dont la longueur est le périmètre du panneau.

2. Un panier rotatif pour diapositives peut recevoir 100 vues au format extérieur 5 × 5 (en cm), de 1 mm d'épaisseur.
a) Trouver l'angle α dont tourne le panier entre deux diapositives.
b) Le diamètre extérieur du panier étant de 20 cm, trouver son diamètre intérieur.
c) Trouver la distance d entre les bords extérieurs et la distance d' entre les bords intérieurs de deux diapositives consécutives.

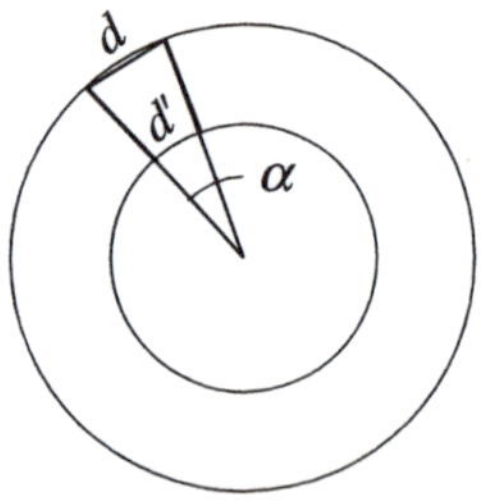

3. Une rosace est réalisée à l'intérieur d'un cercle de 40 cm de diamètre. Elle est constituée de triangles dont les sommets sont le centre O du cercle et l'intersection entre le cercle C et deux droites partant de O et formant entre elles un angle α.
a) Cet angle peut prendre trois valeurs : $\alpha_1 = 12°$, $\alpha_2 = 5°$ et $\alpha_3 = 3°$. Déterminer le nombre de triangles réalisés avec chacun des trois angles, sachant qu'il y en a autant de chaque sorte.
b) Calculer le périmètre et l'aire de la rosace ainsi que le pourcentage de l'aire du cercle qui n'a pas été utilisé.

4. Soit C un cercle de rayon 50 cm.
a) Déterminer l'aire de C, ainsi que celle du polygone régulier inscrit dans C et possédant 6 côtés ; 10 côtés ; 100 côtés ; n côtés, n étant un nombre entier naturel supérieur ou égal à 3.
b) À partir de quelle valeur de n l'aire du polygone inscrit dans C est-elle supérieure à 99 % de celle de C ?

CUBE ET PARALLÉLÉPIPÈDE RECTANGLE - MESURE DES VOLUMES

CUBE

Le cube est un solide ayant 8 sommets, 12 arêtes de même longueur, 6 faces carrées. La longueur commune a des arêtes s'appelle *côté* du cube.

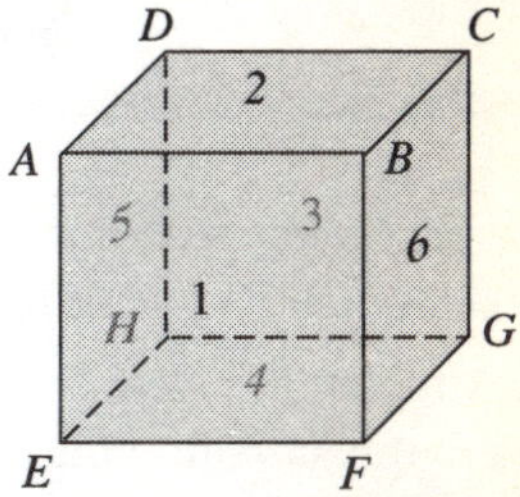

Développement du cube

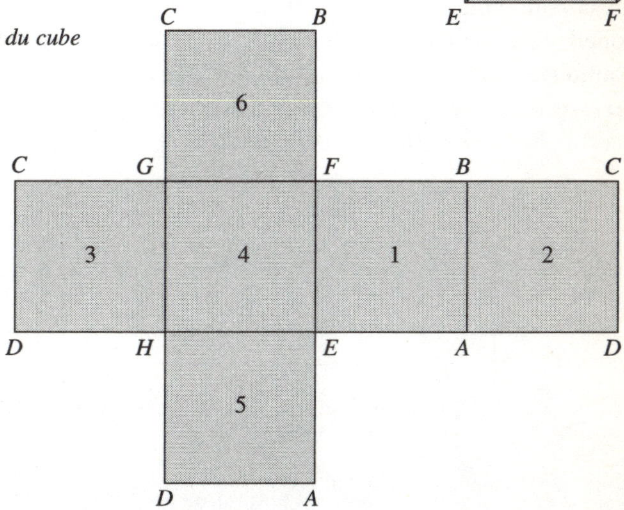

Aire du cube. L'aire est six fois celle de chacune des faces.

$$\mathscr{A} = 6\,a^2.$$

Volume du cube :

$$V = a^3.$$

Exercices :

1. Trouver le côté d'un cube dont l'aire est 294 cm².

L'aire de chaque face est :

$$a^2 = \frac{1}{6} \times 294 = 49 \text{ cm}^2.$$

Le côté est donc :

$$a = \sqrt{49} = 7 \text{ cm}.$$

2. Trouver le côté d'un cube dont le volume est 19 683.

Le côté est : $$a = \sqrt[3]{19\,683} = 27.$$

Duplication du cube. Le problème de la duplication du cube est la construction à la règle et au compas de l'arête d'un cube ayant pour volume le double du volume d'un cube donné ; autrement dit, on cherche à construire la racine cubique de 2. Ce problème n'a pas de solution (résultat établi vers 1830).

PARALLÉLÉPIPÈDE RECTANGLE

Le parallélépipède rectangle est un solide ayant 8 sommets, 12 arêtes, 6 faces rectangulaires. Les faces opposées sont deux à deux superposables.

Les rectangles $ABCD$ et $EFGH$ sont appelés *bases*. La longueur commune a des segments AB, DC, EF et HG s'appelle *longueur* du parallélépipède ; la longueur commune b des segments AD, BC, EH et FG s'appelle *largeur* ; enfin, la longueur commune c des segments AE, BF, CG et DH s'appelle *hauteur*.

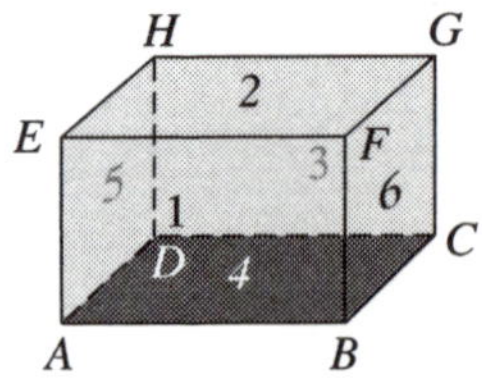

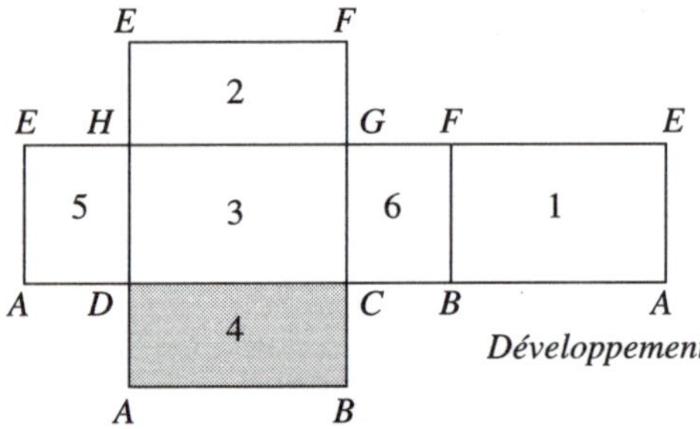

Développement du parallélépipède rectangle

■ Bien entendu, il y a trois manières de choisir deux bases.

■ Le cas où $a = b = c$ est celui du cube.

Aire du parallélépipède rectangle :

$$\mathscr{A} = 2\,(bc + ca + ab).$$

Pour ne pas oublier le coefficient 2, contrôler en prenant $a = b = c$.

Volume du parallélépipède rectangle :

$$V = abc.$$

Si $a = b = c$, on retrouve le volume du cube.

Le volume du parallélépipède rectangle est encore le produit de l'aire *ab* de la base par la hauteur *c*.

L'unité de volume est le mètre cube, noté m^3 ; c'est le volume d'un cube dont le côté a pour longueur 1 m. Les sous-multiples se définissent de même : décimètre cube, centimètre cube, millimètre cube, notés respectivement dm^3, cm^3 et mm^3.

$$1\ dm^3 = 10^{-3}\ m^3 = 10^3\ cm^3 = 10^6\ mm^3$$
$$1\ cm^3 = 10^{-6}\ m^3 = 10^{-3}\ dm^3 = 10^3\ mm^3$$
$$1\ mm^3 = 10^{-9}\ m^3 = 10^{-6}\ dm^3 = 10^{-3}\ cm^3.$$

Stère

Le stère est le nom donné au mètre cube pour la mesure du bois de chauffage. Cette unité n'est plus légale depuis le 1er janvier 1978.

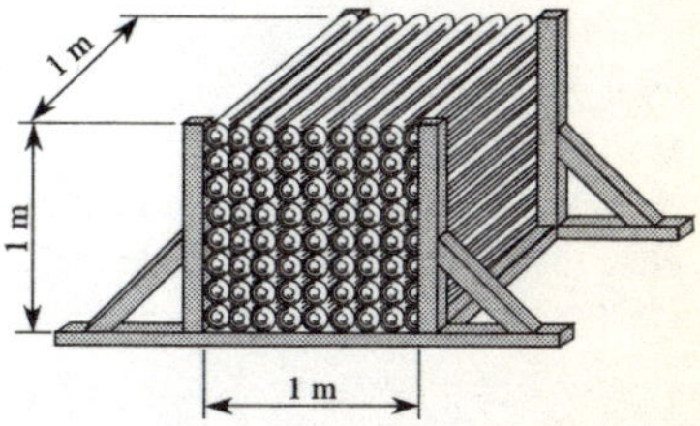

■ Les multiples du mètre cube (décamètre cube, hectomètre cube, kilomètre cube) ne sont jamais employés.

■ Lorsqu'on multiplie l'unité de longueur par 10, par 100, l'unité de volume est multipliée par 10^3, par 10^6 (et non par 10 ou par 100).

■ Dans toutes les formules donnant un volume à partir du produit de trois longueurs, prendre garde au choix des unités. Par exemple, dans le cas du volume du parallélépipède rectangle, la longueur, la largeur et la hauteur doivent être exprimées à l'aide de la même unité ; le volume est alors obtenu dans l'unité de volume correspondante. Ainsi, lorsque les trois dimensions sont exprimées en centimètres, le volume est exprimé en centimètres cubes. (Si les données ne sont pas exprimées en fonction de la même unité, on devra commencer par se ramener à une unité commune.)
De même, dans le cas d'une formule faisant intervenir le produit d'une longueur par une aire, on vérifiera que l'unité d'aire correspond à l'unité de longueur : on multiplie des mètres par des mètres carrés pour trouver des mètres cubes.

Exercice : Un réservoir parallélépipédique a pour dimensions :
largeur : 780 mm hauteur : 1 280 mm longueur : 1 520 mm.
Trouver l'aire en centimètres carrés et le volume en mètres cubes.
Pour obtenir l'aire en cm^2, on doit convertir les données en cm. Les dimensions deviennent 78 cm, 128 cm et 152 cm. L'aire est donc :

$$\mathcal{A} = 2\,(78 \times 128 + 128 \times 152 + 152 \times 78) = 2 \times 41\ 296 = 82\ 592\ cm^2.$$

Pour obtenir le volume en m^3, on doit convertir les données en m. Les dimensions sont alors 0,78 m, 1,28 m et 1,52 m.
D'où le volume :

$$V = 0{,}78 \times 1{,}28 \times 1{,}52 \approx 1{,}518\ m^3.$$

■ Litre

Le litre, noté l ou L, est synonyme de dm^3. L'hectolitre, noté hl, vaut 100 litres. Le centilitre, noté cl, est la centième partie du litre. De même, le millilitre, noté ml, est la millième partie du litre.

■ La notation L permet d'éviter toute confusion avec le chiffre 1 et avec la lettre majuscule I.)

■ L'hectolitre est utilisé par les vignerons pour représenter la contenance des cuves, des foudres. Le centilitre est employé pour désigner la contenance des bouteilles et des verres.

■ Le kilolitre, n'étant autre que le mètre cube, n'est pas employé. Le millilitre, égal au centimètre cube, lui est préféré en verrerie pour une raison pratique : il est plus facile de graver ml que cm^3.

■ En 1901, le litre a été défini à partir du kilogramme (voir p. 245) ; vu l'imperfection de l'étalon, on aboutissait alors à une différence de 28 millionièmes entre le décimètre cube et le litre. La définition actuelle du litre, supprimant cette anomalie, date de 1964. L'hectolitre, égal à 0,1 m^3, est le volume d'un cube dont le côté a pour longueur :

$$\sqrt[3]{\frac{1}{10}} = \frac{1}{\sqrt[3]{10}} \approx \mathbf{0{,}464\ m.}$$

De même, le centilitre est le volume d'un cube de côté :

$$\frac{1}{\sqrt[3]{10^5}} \approx \mathbf{0{,}021\,5\ m = 2{,}15\ cm.}$$

Les multiples et sous-multiples du litre ne représentent donc pas les volumes de cubes de côté ayant une longueur simple.

■ *Quart et demi.* Le « quart » d'eau minérale a pour capacité le quart du conditionnement unitaire. Par exemple, si la bouteille normale contient 90 cl, le « quart » n'en contient que 22,5 (et non 25 cl).
Le « demi » de bière a pour capacité 25 cl. Le mot *demi* est l'abréviation de demi-setier. Mais si le setier contient 8 pintes, le demi-setier est le quart de pinte !

Exercice : L'emballage Tetra Brik Aseptic®, très employé dans l'industrie alimentaire (lait, jus de fruits), a sensiblement la forme d'un parallélépipède rectangle. Les dimensions sont 97 mm de longueur, 66 mm de largeur, 166 mm de hauteur. Calculer l'aire et le volume.

L'aire est : $\mathcal{A} = \mathbf{2 \times (97 \times 66 + 66 \times 166 + 166 \times 97) = 66\,920\ mm^2 \approx 669\ cm^2.}$
(L'aire d'un cube de 10 cm de côté est 600 cm^2.)

Le volume est : $\boldsymbol{V = 97 \times 66 \times 166 \approx 1\,062\,000\ mm^3 = 1{,}06\ L.}$

La différence avec la capacité nominale de 1 litre tient à deux causes : nous avons négligé l'épaisseur des parois ; en outre, le remplissage étant effectué « sous vide d'air », les parois sont légèrement concaves. (En revanche, lorsqu'on ouvre l'emballage, l'air entre, et les parois deviennent convexes. La capacité passe à 1,1 litre.)

Titre alcoométrique

Le titre alcoométrique d'un mélange alcoolisé est le pourcentage en volume d'alcool pur, à la température de 15 °C. On exprime ce titre en degré Gay-Lussac, de 0 à 100°.

Exemple : Une bouteille de whisky de 75 cl titre 43° Gay-Lussac. Trouver le volume d'alcool pur.

Le volume cherché est : $\mathbf{\frac{43}{100} \times 75 = 32{,}25}$ **cl.**

Gallon et baril

Le *gallon* est l'unité de volume employée aux États-Unis.

$$\mathbf{1\ gal = 3{,}785\,41 \times 10^{-3}\ m^3.}$$

Le gallon représentant un peu moins de quatre litres, un plein d'essence correspond à une douzaine de gallons.

Le *baril*, égal à 42 gallons, soit environ 159 litres, est l'unité employée dans l'industrie pétrolière.

Exemple : Durant le premier trimestre de 1994, la production journalière des pays de l'OPEP a été de 18 millions de barils. Trouver le volume annuel, en mètres cubes. (On suppose la production égale dans chaque trimestre.)
Comme 1 baril vaut $1{,}59 \times 10^{-1}$ mètre cube, la production annuelle de l'OPEP est :

$$\mathbf{365 \times 1{,}59 \times 10^{-1} \times 18 \times 10^{6} \approx 1{,}05 \times 10^{9}\ m^3,}$$

soit à peu près un milliard de mètres cubes.

Débit-volume

L'unité de débit-volume est le mètre cube par seconde, noté m^3/s.

Dans les pays anglo-saxons, on emploie le *cusec*, abréviation de *cubic foot per second* :

$$\mathbf{1\ cusec = 2{,}831\,685 \times 10^{-2}\ m^3/s.}$$

EXERCICES

1. La capacité de retenue du lac Nasser est de 157 milliards de mètres cubes.
   a) Combien faudrait-il de temps pour remplir ce lac avec le Nil, dont le débit annuel est de 84 milliards de mètres cubes ?
   b) Même question en remplaçant le Nil par les chutes du Niagara, dont le débit avant l'exploitation pour la production d'énergie hydroélectrique était de 5 900 000 litres d'eau par seconde.
2. Le lac Nasser a une longueur de 500 km et une largeur moyenne de 10 km. L'évaporation annuelle est de 6 milliards de mètres cubes. Calculer la quantité d'eau évaporée en une seconde et pour un mètre carré.
3. On double le fond et les parois d'une caisse rectangulaire avec une feuille de plomb. Les dimensions de la caisse sont : longueur : 72 cm ; largeur : 48 cm ; hauteur : 36 cm. Trouver la surface de plomb utilisé.
4. La surface totale d'un parallélépipède rectangle est de 236 m^2. La surface latérale est 140 m^2. la longueur étant 8 m, trouver la largeur et la hauteur.
5. On fait peindre les quatre murs et le plafond d'une salle. On a payé 34 200 F à raison de 150 F le mètre carré. La longueur de la salle est 12,6 m et la largeur 7,4 m. Trouver la hauteur. (Les ouvertures ne sont pas déduites.)
6. Un plat rectangulaire a pour dimensions, en centimètres, L/H/P $30{,}5 \times 5{,}5 \times 21$. Trouver son aire. L'épaisseur des parois étant de 6 mm, trouver sa capacité.
7. Trouver les volumes d'alcool contenus dans :
   a) un litre de vin à 11,5° ;
   b) une canette de bière de 33 cl à 6° ;
   c) une bouteille de whisky de 75 cl à 40° ;
   d) un verre contenant 2 cl de pastis à 45°.
8. Une écluse a pour longueur 180 m et pour largeur 24 m. La hauteur de mouillage est 5 m et la chute est 22 m.
   a) Trouver les volumes d'eau extrêmes.
   b) Trouver le temps nécessaire pour obtenir 15 m de chute avec un débit de 35 m^3/s.
   c) Trouver la durée totale d'une éclusée, les temps d'entrée et de sortie représentant chacun un cinquième du temps calculé ci-dessus.
9. Une salle de classe d'un CES mesure 9 m sur 12 m, avec une hauteur sous plafond de 5 m. La classe comporte 49 élèves. Combien de fois l'air devra-t-il être entièrement renouvelé en sept heures de cours, sachant qu'une personne consomme en moyenne 4 litres d'air par seconde ?
10. Deux fontaines ont des débits respectifs de 3 et 4 litres par seconde. Pour remplir un bassin, on fait couler la première fontaine jusqu'à ce que le bassin soit à moitié plein. On fait ensuite couler les deux fontaines en même temps. Le temps total étant de 8 min 20 s pour remplir le bassin, trouver la contenance de celui-ci.

PRISME ET PYRAMIDE

PRISME DROIT

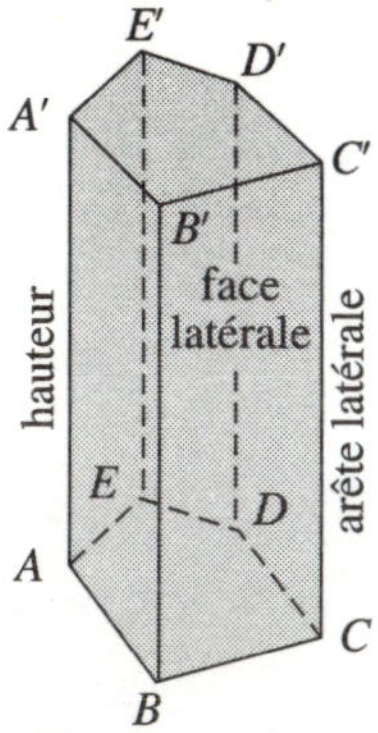

Le prisme droit est un solide limité par deux polygones superposables, appelés *bases*, et autant de faces rectangulaires que chacun des polygones de base a de côtés.

Les bords verticaux des faces latérales, appelés *arêtes latérales*, ont la même longueur ; cette longueur commune s'appelle *hauteur* du prisme.

Si les bases sont des rectangles, on retrouve le parallélépipède rectangle.

Développement du prisme droit

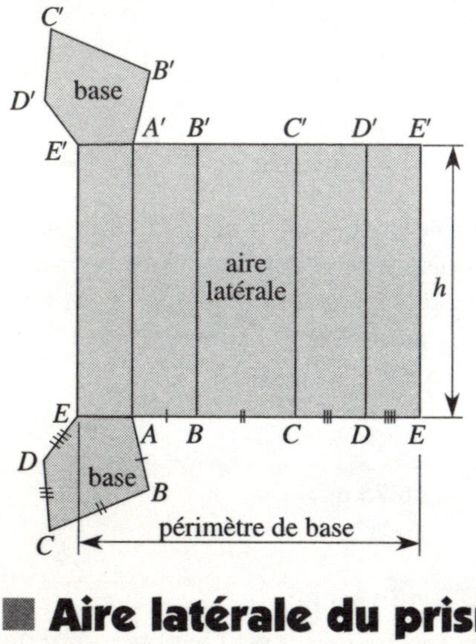

Si l'on découpe le prisme droit le long d'une arête, et qu'on le déroule sur un plan, on obtient, outre les deux bases, un rectangle.

La hauteur de ce rectangle est celle du prisme droit ; la longueur est le périmètre commun aux deux bases.

Aire latérale du prisme droit

L'aire latérale est le produit du périmètre de base par la hauteur.

$$\mathcal{A} = ph.$$

On obtient l'aire totale en ajoutant à l'aire latérale celle des bases du prisme (soit encore le double de l'aire de l'une des bases). On calcule l'aire d'une base en décomposant celle-ci en triangles ou en polygones réguliers.

Volume du prisme droit

Le volume du prisme droit est le produit de l'aire de la base par la hauteur.

$$V = Bh.$$

Exercices :

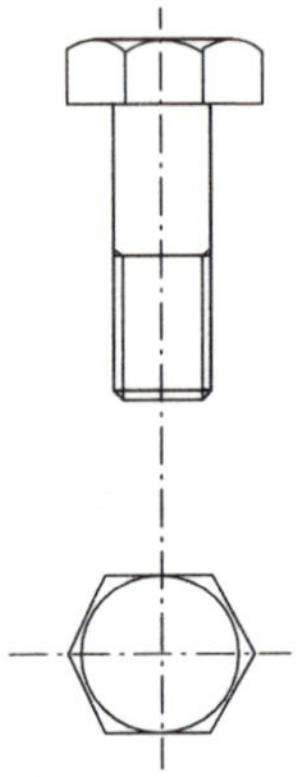

1. *Vis six pans.* La tête d'une vis « six pans » ou à tête hexagonale a sensiblement la forme d'un prisme dont la base est un hexagone régulier. La hauteur est 10 mm, et la distance entre deux côtés parallèles est 14 mm. Trouver l'aire latérale et le volume.
La distance entre deux faces parallèles est le double de l'apothème a (voir p. 212). Le périmètre est :

$$p = 6c = 6 \times \frac{2a}{\sqrt{3}} = \frac{6 \times 14}{\sqrt{3}} \approx 48,50 \text{ mm}.$$

L'aire latérale s'en déduit :

$$\mathscr{A} = 10 \times 48,50 = 485 \text{ mm}^2.$$

Le volume est le produit de l'aire de la base par la hauteur. L'aire de la base est :

$$\frac{pa}{2} = \frac{48,5 \times 7}{2} = 169,75 \text{ mm}^2.$$

Le volume est donc :

$$V = 10 \times 169,75 \approx 1\ 697 \text{ mm}^3 = 1,697 \text{ cm}^3.$$

2. *Piscine.* Une piscine a une forme rectangulaire, de 25 m sur 12 m. La profondeur varie régulièrement de 0,90 m à 3 m. Calculer l'aire latérale, l'aire du fond et le volume, la piscine étant remplie à ras bord.

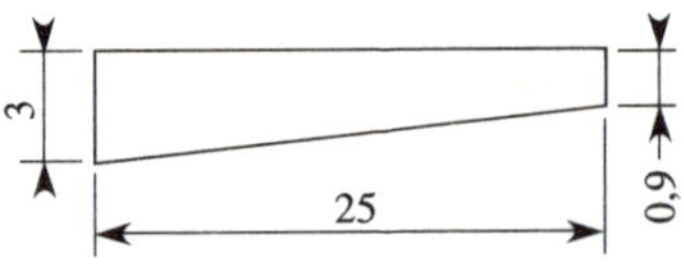

La coupe de la piscine est un trapèze rectangle. La piscine a donc la forme d'un prisme de base trapézoïdale. L'aire des parois est la somme des aires des deux trapèzes de base et de deux rectangles. Les rectangles ont tous deux pour longueur 12 m ; ils ont pour hauteur l'un 3 m, l'autre 0,9 m. Leurs aires sont :

$$12 \times 3 = 36 \text{ m}^2 \quad \text{et} \quad 12 \times 0,90 = 10,8 \text{ m}^2.$$

L'aire de chaque trapèze est :

$$25 \times \frac{3 + 0,9}{2} = 48,75 \text{ m}^2.$$

L'aire des parois est donc :

$$36 + 10,8 + 2 \times 48,75 = 144,3 \text{ m}^2.$$

Le fond est un rectangle de 12 m de large. La longueur l est l'hypoténuse d'un triangle rectangle dont les côtés de l'angle droit sont 25 m et 3 – 0,9 = 2,1 m.

> Le fond n'étant pas horizontal, il serait incorrect de le considérer comme un rectangle de 25 m sur 12 m. (En fait, comme on va le voir, cela conduirait à une erreur de seulement 1 m².)

D'après le théorème de Pythagore,

$$l^2 = 25^2 + 2{,}1^2 = 629{,}41 \text{ m}^2.$$

D'où :

$$l = \sqrt{629{,}41} \approx 25{,}09 \text{ m}.$$

L'aire du fond est donc :

$$12 \times 25{,}09 \approx 301{,}10 \text{ m}^2.$$

Le volume est le produit de la largeur de la piscine, soit 12 m, par l'aire de la base. Ainsi :

$$V = 12 \times 48{,}75 = 585 \text{ m}^3.$$

PYRAMIDE

Une pyramide a pour base un polygone convexe (*ABCDE* sur la figure). Le sommet est *S*. Les faces latérales sont les triangles *SAB*, *SBC*, etc. La hauteur de la pyramide est la distance *SH* du sommet au plan de la base.

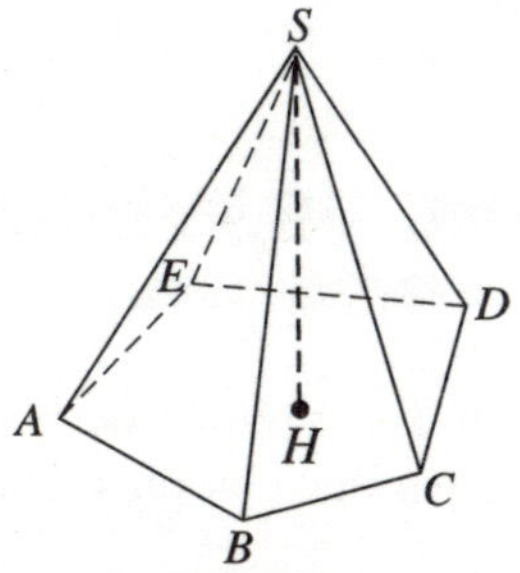

Pyramide

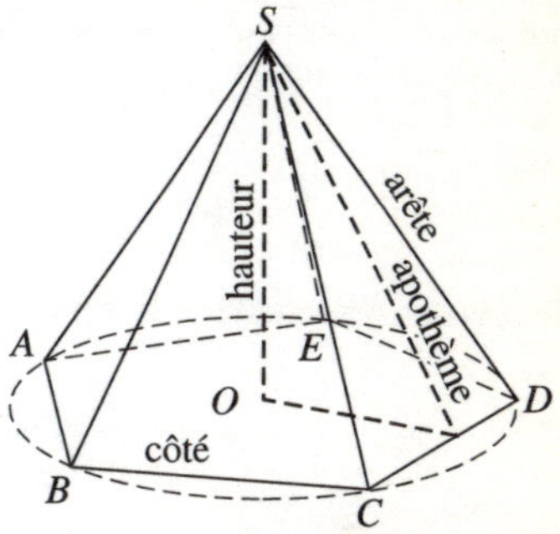

Pyramide régulière

Une pyramide régulière est une pyramide ayant pour base un polygone régulier et dont le sommet se projette au centre du polygone de base. Les faces latérales sont alors des triangles isocèles de même dimension. Les hauteurs de ces triangles issues du sommet *S* ont même longueur, dite *apothème*.

Aire latérale de la pyramide

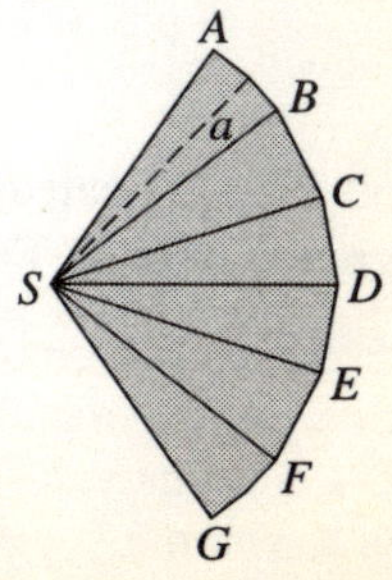

L'aire latérale de la pyramide est la somme des aires des faces. Dans le cas d'une pyramide régulière, l'aire latérale est :

$$\mathcal{A} = n \times \frac{1}{2} ab = \left(\frac{1}{2} nb\right) a$$

où n est le nombre de côtés de la base (et donc le nombre de faces), a est l'apothème, b est le côté.

Comme $\frac{1}{2}nb$ représente le demi-périmètre de la base, on retiendra la règle suivante :

L'aire latérale d'une pyramide régulière est le produit de l'apothème par le demi-périmètre de la base.

> Ici encore, distinguer l'aire et l'aire latérale. On obtient l'aire de la pyramide en ajoutant à l'aire latérale l'aire de la base.

Volume de la pyramide

Le volume d'une pyramide (non nécessairement régulière) est :

$$V = \frac{1}{3}hB$$

où h est la hauteur et B l'aire de la base.

> Ne pas oublier le coefficient 1/3. Noter à cet effet que le volume de la pyramide est évidemment beaucoup plus petit que celui d'un prisme de même base et de même hauteur (ce volume étant hB).

TRONC DE PYRAMIDE

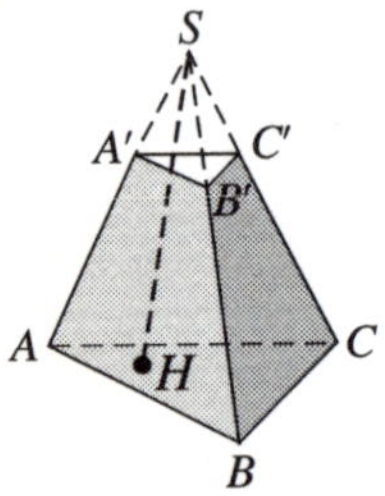

C'est la portion d'une pyramide limitée par la base et un plan parallèle au plan de celle-ci.

Volume du tronc de pyramide

$$V = \frac{h}{3}\left(B + B' + \sqrt{BB'}\right)$$

où h est la hauteur du tronc (distance entre les plans des bases), B l'aire de la grande base, B' l'aire de la petite base.

Exercice : Un emballage employé en industrie alimentaire a la forme d'un tronc de pyramide régulière. Les bases sont des carrés de 90 mm et de 72 mm de côté. Les faces latérales sont des trapèzes isocèles de hauteur 84 mm. Calculer l'aire et le volume.

Les aires des bases sont $72^2 = 5\ 184$ mm^2 et $90^2 = 8\ 100$ mm^2.
Chacune des faces latérales a pour aire :

$$84 \times \frac{72 + 90}{2} = 6\,804 \text{ mm}^2.$$

L'aire totale est donc :

$$5\ 184 + 8\ 100 + 4 \times 6\ 804 = 40\ 500 \text{ mm}^2 = 405 \text{ cm}^2.$$

La hauteur h du tronc de pyramide est donnée par le théorème de Pythagore :

$$h^2 = 84^2 - 9^2 = 6\ 975 \text{ mm}^2.$$

Les faces n'étant pas verticales, la hauteur du tronc de pyramide est légèrement inférieure à celle de chaque face latérale.

Ainsi : $$h = \sqrt{6\ 975} \approx 83{,}5 \text{ mm}.$$

Par suite : $$V = \frac{83{,}5}{3}\left(90^2 + 72^2 + \sqrt{90^2 \times 72^2}\right).$$

Or, $$\sqrt{90^2 \times 72^2} = 90 \times 72 = 6\,480.$$

Finalement : $$V = \frac{83{,}5}{3}\left(8\,100 + 5\,184 + 6\,480\right) \approx 550\,098 \text{ mm}^3 \approx 550 \text{ cm}^3.$$

TÉTRAÈDRE

Un tétraèdre est déterminé par quatre points non coplanaires A, B, C, D, appelés *sommets*. Ces sommets définissent quatre triangles BCD, ACD, ABD et ABC, appelés *faces*, et six segments AB, AC, AD, BC, BD, CD, appelés *arêtes*.

Un tétraèdre peut être considéré de quatre manières comme une pyramide. Dans chacun des cas, la base est un triangle.

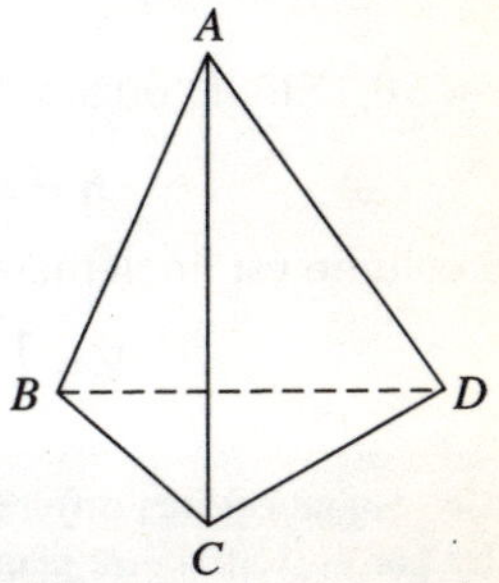

La notion de tétraèdre a longtemps été associée au « berlingot » de lait, c'est-à-dire à l'emballage tétraédrique de Tetra Pak®, nommé Tetra Classic® et employé en France de 1955 à 1967. Il s'agit d'une invention suédoise, due à Ruben Rausing. L'emballage Tetra Classic® a été abandonné au profit de l'emballage Tetra Classic Aseptic® (voir p. 218), sous-multiple de la palette européenne (voir p. 163) mieux adaptée au stockage dans les hypermarchés ; il est encore utilisé en Europe du Nord et en France dans le cas des mini-berlingots Nestlé®.

Exercice : En première approximation, on peut considérer le « berlingot ' comme un tétraèdre dont les quatre faces sont des triangles isocèles ; la base b de chacun d'eux mesure 175 mm, tandis que les côtés adjacents ont pour longueur a = 200 mm. Trouver l'aire et volume extérieur.
Nous procédons en deux temps : nous commençons par calculer la hauteur l de chaque face. D'après le théorème de Pythagore :

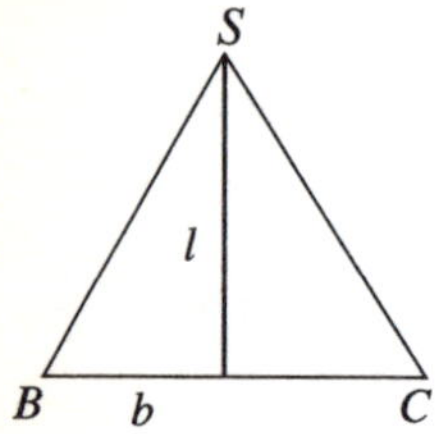

$$l^2 = 200^2 - \left(\frac{175}{2}\right)^2 \approx 32\,344 \text{ mm}^2$$

D'où $l \approx 180$ mm.
L'aire d'une face est : $\frac{1}{2} \times 180 \times 175 \approx 15\,750 \text{ mm}^2$.

L'aire totale est quatre fois celle d'une face, soit :
$$\mathcal{A} = 4 \times 15\,750 = 63\,000 \text{ mm}^2 = 630 \text{ cm}^2.$$

Une fois encore, on comparera à un cube de 10 cm de côté, dont l'aire est 600 cm².

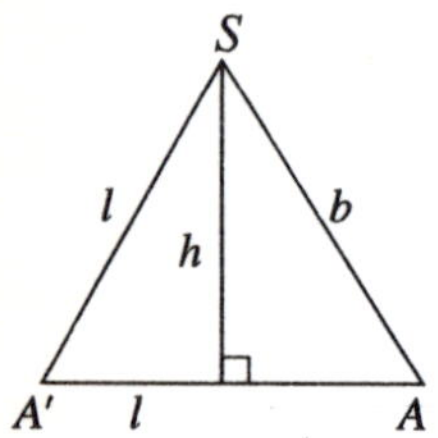

Pour calculer le volume, il nous faut déterminer la hauteur du tétraèdre. Coupons celui-ci par un plan passant par SH, où S est le sommet et H sa projection sur le plan opposé, et une arête issue de S. Nous obtenons un triangle isocèle $A'SA$.
En déterminant de deux manières l'aire de $A'SA$, nous trouvons :

$$\frac{1}{2}\,hl = \frac{1}{2}\,l^2 \sin \hat{A}'.$$

Ainsi, $h = l \sin \hat{A}'$. Or, $\sin\frac{\hat{A}'}{2} = \frac{b}{2l} \approx 0{,}486\,1$. On en déduit que : $\frac{\hat{A}'}{2} \approx 29{,}085°$ et $\hat{A}' \approx 58{,}171°$. D'où $\sin \hat{A}' \approx 0{,}849\,6$ et :

$$h = l \sin \hat{A}' \approx 180 \times 0{,}849\,6 \approx 153 \text{ mm}.$$

Le volume est finalement :

$$V = \frac{1}{3} \times 153 \times 15\,750 = 803\,250 \text{ mm}^3 \approx 0{,}8 \text{ L}.$$

Ce résultat est très différent de la capacité nominale de 1 litre. Cela tient au fait que les parois, loin d'être planes, sont bombées.

■ Tétraèdre régulier

Un tétraèdre est dit *régulier* lorsque ses arêtes ont la même longueur a. Les faces sont alors des triangles équilatéraux.

Un tétraèdre régulier peut être considéré de quatre manières comme une pyramide régulière.

Hauteur du tétraèdre régulier

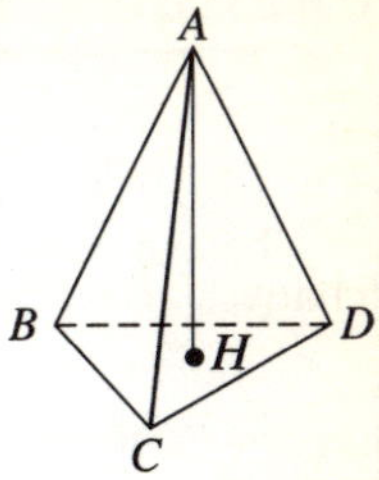

Soit H le centre de gravité du triangle BCD. Le segment AH est perpendiculaire à la base. Le segment AH s'appelle *hauteur* issue de A. Les diverses hauteurs du tétraèdre ont la même longueur h, appelée *hauteur* du tétraèdre.

Le triangle AHB étant rectangle en H,

$$AH^2 + HB^2 = AB^2 = a^2.$$

Comme $BH = \frac{2}{3} BB' = a \frac{\sqrt{3}}{3}$ (voir p. 203), nous en déduisons que :

$$AH^2 = a^2\left(1 - \frac{1}{3}\right) = \frac{2}{3}a^2.$$

Finalement :

$$h = a\sqrt{\frac{2}{3}}.$$

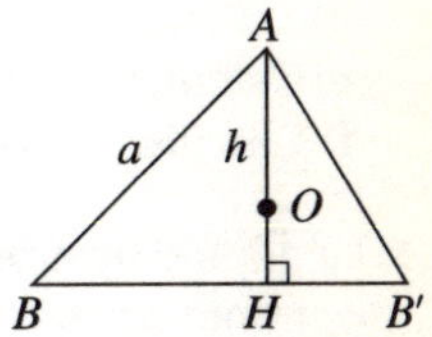

Les hauteurs issues des différents sommets se rencontrent en un point O, appelé *centre* du tétraèdre. Ce point est situé aux trois quarts de AH à partir du sommet :

$$OA = OB = OC = OD = \frac{3}{4}h = \frac{a\sqrt{6}}{4}.$$

Aire du tétraèdre régulier

Chaque face a pour aire $a^2\frac{\sqrt{3}}{4}$(voir p. 203). L'aire du tétraèdre régulier est donc :

$$\mathcal{A} = a^2\sqrt{3}.$$

Volume du tétraèdre régulier

Le volume est le tiers du produit de l'aire de la base par la hauteur.

$$V = a^3\frac{\sqrt{2}}{12}.$$

Exercice : Déterminer le côté et l'aire d'un tétraèdre régulier dont le volume est 1 litre.
Le côté est donné en dm par la relation $a^3 = \frac{12}{\sqrt{2}} \approx 8{,}485$. On en déduit aussitôt : $a \approx 2{,}04$ dm = 20,4 cm. L'aire est :

$$20{,}4^2 \times 1{,}73 \approx 721 \text{ cm}^2.$$

(Rappelons que : $\sqrt{3} \approx 1{,}73$.)

EXERCICES

1. Un jardin a la forme d'un trapèze. La grande base mesure 42 m. La petite base a une longueur égale aux 2/3 de celle de la grande base, et la hauteur mesure 5 m de moins que la petite base. On recouvre ce jardin d'une couche de sable uniforme. Calculer son épaisseur, sachant que l'on a payé le sable nécessaire 6 930 F et que ce sable était vendu 75 F le mètre cube.

2. On considère une pyramide régulière à base carrée. Le volume est de 270 m^3 et la hauteur de 10 m. Calculer la longueur du côté de la base.

3. La grande pyramide d'Égypte, ou pyramide de Kheops, a pour dimensions actuelles : hauteur : 137 m ; côté : 230,38 m.
a) Calculer la longueur de l'apothème.
b) Calculer la longueur des arêtes.
c) Calculer l'aire de la base.
d) Calculer l'aire latérale.
e) Calculer la pente des faces.
f) Calculer le volume.

4. La grande pyramide d'Égypte est en fait un tronc de pyramide, limité vers le sommet par une plate-forme d'environ 10 m de côté.
Calculer le volume et l'aire latérale réels de la grande pyramide.

5. Le volume du barrage d'Assouan est de 42,7 millions de mètres cubes. Combien de fois cela représente-t-il le volume de la grande pyramide calculé à l'exercice précédent ?

6. Une auge de maçon a les dimensions (en mm) données par la figure ci-contre.
a) Calculer l'aire.
b) Calculer la capacité.

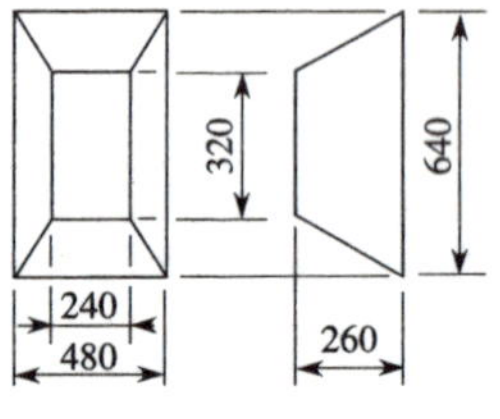

CYLINDRE ET CÔNE DE RÉVOLUTION

CYLINDRE DE RÉVOLUTION

Le cylindre de révolution est la surface engendrée par le segment AA' en tournant autour d'une droite qui lui est parallèle.

On désigne aussi par cylindre le solide limité par la surface précédente et les disques de centres O et O' ; ces disques sont appelés *bases* du cylindre.

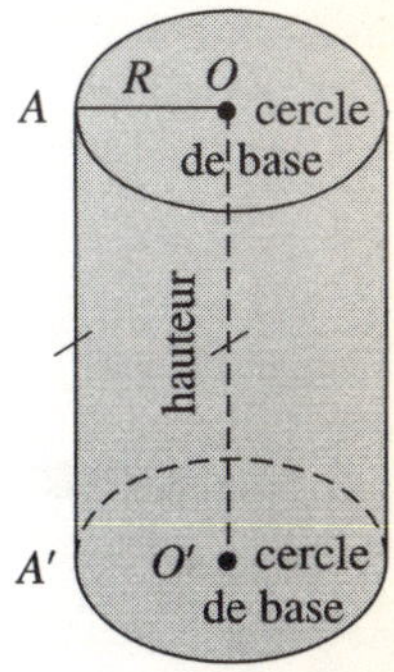

Les segments du type de AA' s'appellent *génératrices* du cylindre. Leur longueur commune h s'appelle *hauteur* du cylindre ; c'est encore la distance OO'. Les sections par des plans perpendiculaires à l'axe OO' sont des cercles de même rayon R. Le nombre R s'appelle *rayon* du cylindre. Le diamètre $D = 2\,R$ de ces cercles s'appelle *diamètre* du cylindre.

Comme dans le cas du cercle, on représente le diamètre par le symbole Ø. Ainsi, Ø 8 désigne un diamètre de 8 mm. (C'est le diamètre de la *Gauloise*, d'où son surnom de « tige de 8 ».)

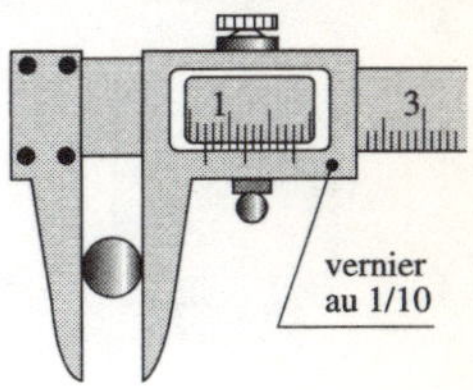

Détermination du diamètre d'un cylindre à l'aide d'un pied à coulisse

Développement d'un cylindre

Si l'on coupe la surface latérale du cylindre suivant une génératrice, et qu'on étale cette surface sur une feuille de papier, on obtient un rectangle de longueur $2\pi R$ et de hauteur h.

L'aire latérale intervient dans les problèmes de tuyauteries, canalisations, etc. L'aire totale correspond au cas de la boîte de conserve. Enfin, on est amené à considérer la somme de l'aire latérale et de celle de l'une des bases, soit $2\,\pi\,Rh + \pi\,R^2$, pour fabriquer une casserole (ou encore une boîte sans son couvercle).

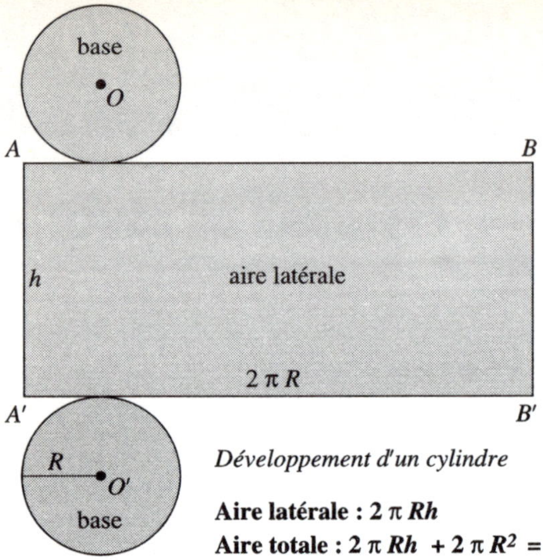

Développement d'un cylindre

Aire latérale : $2\pi Rh$
Aire totale : $2\pi Rh + 2\pi R^2 = 2\pi R(h+R)$

Volume du cylindre de révolution

Le volume du cylindre est le produit de l'aire de la base par la hauteur :

$$V = \pi R^2 h.$$

Cette formule se retient facilement, car c'est la même que dans le cas du parallélépipède ou, plus généralement, du prisme.

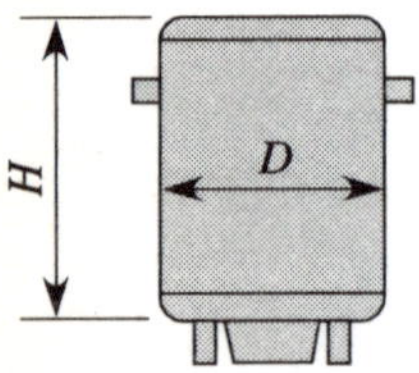

Exercice : Un chauffe-eau a pour hauteur H et pour diamètre D, les données étant exprimées en millimètres.
Trouver le volume occupé par ce chauffe-eau dans les cas suivants :

capacité (litres)	D	H
30	380	585
50	450	670

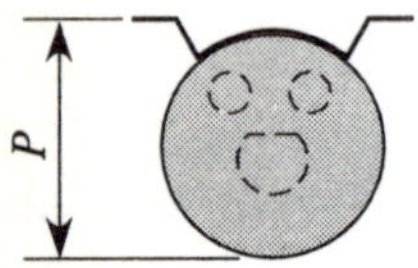

Le volume est $V = \frac{\pi D^2}{4} H$. (Ne pas confondre R et D.)

Dans le premier cas : $\boldsymbol{V = \frac{\pi}{4} \times 3{,}8^2 \times 5{,}85 \approx 66{,}3}$ **L.**

Dans le second cas : $\boldsymbol{V = \frac{\pi}{4} \times 4{,}5^2 \times 6{,}7 \approx 106{,}6}$ **L.**

Pour un petit chauffe-eau, l'encombrement à prévoir est donc plus du double de la capacité.

Cylindrée d'un moteur

On définit un moteur à explosion par le nombre n de cylindres, l'alésage d et la course C.

L'*alésage* est le diamètre intérieur du cylindre, la *course* est la hauteur disponible pour le déplacement de la partie supérieure du piston. (La course du piston n'est pas égale à la hauteur intérieure du cylindre : il reste en effet le volume des gaz comprimés.)

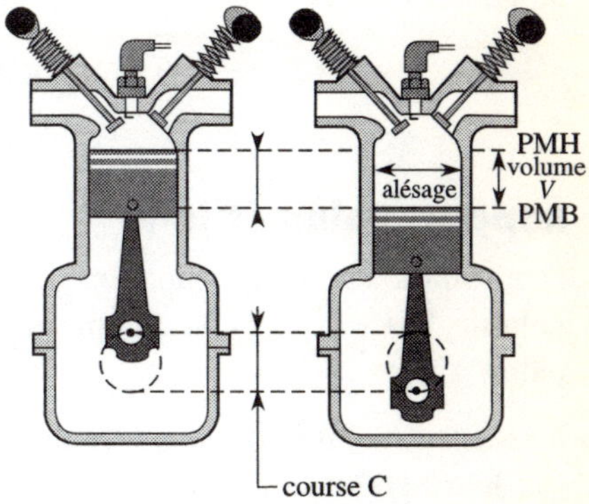

Ces nombres sont généralement exprimés en millimètres, sous la forme $d \times C$. Ainsi, 93 × 92 désigne un alésage de 93 mm et une course de 92 mm.

Si l'alésage est égal à la course, la coupe transversale du cylindre est un carré ; c'est pourquoi le moteur est alors dit *carré*. Si l'alésage est plus grand que la course (comme dans l'exemple ci-dessus), le moteur est dit *super carré*.

Soit R le rayon intérieur du cylindre. Comme $R = d/2$, le volume de chaque cylindre, ou cylindrée unitaire, est :

$$V_U = \pi R^2 C = \frac{\pi d^2}{4} C.$$

La cylindrée totale s'en déduit :

$$V_T = n\, V_U = n\, \frac{\pi d^2}{4} C.$$

La cylindrée est exprimée en centimètres cubes ou en litres. Les cylindrées des divers modèles de Mercedes sont mesurées en centilitres. Ainsi, la C 200 a un moteur de 2 000 cm^3, tandis que la E 300 a un moteur de 2 996 cm^3. Chez BMW, le premier chiffre désigne la série ; les deux derniers représentent généralement la cylindrée en décilitres. Ainsi, la 3.25i possède un moteur de 2,5 l (en fait 2 494 cm^3). Le mot *turbo* est une abréviation de turbocompresseur. La lettre *i* est l'initiale du mot *injection*. Le sigle GT signifie *grand tourisme*. La lettre *L* évoque *luxe* (appellation réservée paradoxalement aux modèles de bas de gamme). La dénomination CX est une allusion au coefficient de traînée C_x, utilisé en aérodynamique (l'indice x se référant à l'axe des abscisses) ; une carrosserie bien profilée est caractérisée par une faible valeur de C_x. Le constructeur sous-entend que le C_x du modèle en question est particulièrement faible.

Exemples de calculs de cylindrées :

1. *2 CV Citroën*. Il s'agit d'un moteur à 2 cylindres, 66 × 62.

$$V = 2 \times \frac{\pi}{4} \times 6{,}6^2 \times 6{,}2 \approx 424 \text{ cm}^3.$$

2. *Peugeot 306 cabriolet 2.0.* Le moteur a 4 cylindres, 86 × 86.

$$V = 4 \times \frac{\pi}{4} \times 86^2 \times 86 = \pi\, 86^3 \approx 1\,998 \text{ cm}^3.$$

3. *Jaguar XJ12.* Le moteur a 12 cylindres, 90 × 78,5.

$$V = 12 \times \frac{\pi}{4} \times 90^2 \times 78{,}5 \approx 5\,993 \text{ cm}^3.$$

Rapport volumétrique

Dans un moteur à explosion, les gaz frais occupent un volume $V + v$; après la compression, le volume est réduit à v.

Le rapport volumétrique est défini par $\rho = \frac{V + v}{v}$ (ρ : lettre grecque « rho »).

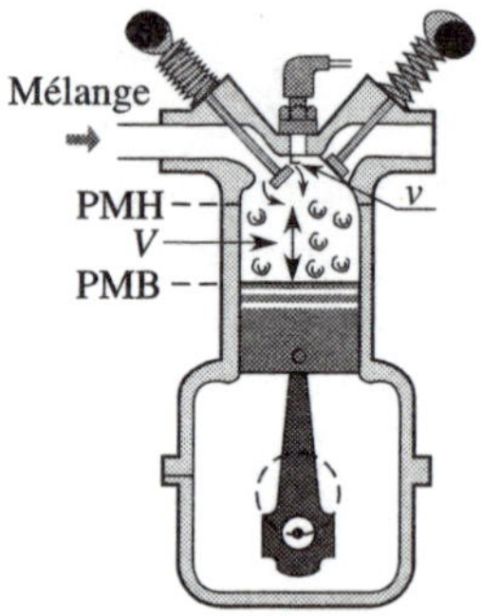

La lettre V représente le volume balayé par le piston. La lettre v représente le volume restant au-dessus du piston.

Exemple : Le rapport volumétrique du cabriolet Peugeot 306 est 10,4. Trouver le volume v occupé par les gaz d'un cylindre après compression.

La relation $\frac{V + v}{v} = 10{,}4$ conduit à $v = \frac{1}{9{,}4} V$.

La cylindrée unitaire est : $V = \frac{1}{4}\, 1\,998 = 499{,}5 \text{ cm}^3$.

Par conséquent :

$$v = \frac{499{,}5}{9{,}4} \approx 53 \text{ cm}^3.$$

CÔNE DE RÉVOLUTION

Le cône de révolution est la surface engendrée par un segment SA en tournant autour d'une droite passant par l'une de ses extrémités. On désigne aussi par *cône* le solide limité par la surface précédente et le disque de centre O ; ce disque est appelé *base* du cône.

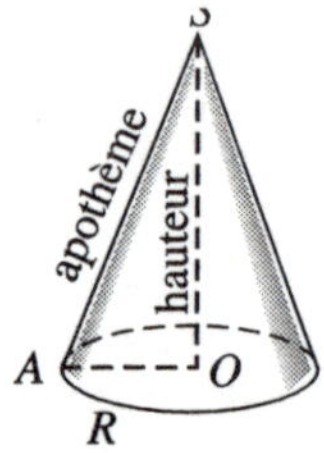

Lorsqu'une confusion est à craindre, on précise « cône de révolution ».

Le point S est appelé *sommet*. Les segments du type de SA sont les *génératrices* ; leur longueur commune a s'appelle *apothème*. La *hauteur* est la distance $h = SO$.

L'angle φ (lire « phi ») = ASO s'appelle *demi-angle au sommet* ; il est déterminé par :

$$\sin \varphi = \frac{R}{a} \quad \text{ou} \quad \tan \varphi = \frac{R}{a}.$$

Développement du cône

Si l'on coupe la surface latérale du cône suivant une génératrice et qu'on étale cette surface sur une feuille de papier, on obtient un secteur circulaire de rayon a. La longueur l de l'arc limitant ce secteur est celle du cercle de base :

$$l = 2\pi R.$$

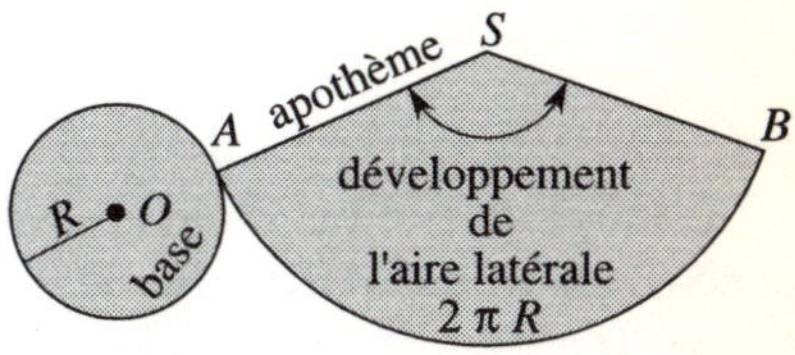

Développement du cône

L'angle α formé par les rayons extrêmes SA et SB est, en radians :

$$\alpha = \frac{l}{a} = 2\pi \frac{R}{a}.$$

Aire latérale du cône

L'aire latérale du cône est :

$$\mathcal{A} = \pi R a.$$

■ C'est aussi l'aire du secteur angulaire obtenu dans le développement. En effet :

$$\frac{\alpha}{2} a^2 = \frac{2\pi}{2} \frac{R}{a} a^2 = \pi R a.$$

■ C'est encore l'aire d'un triangle de hauteur a et dont la longueur de la base est celle de l'arc AA'.

Volume du cône

Le volume du cône est le tiers du produit de l'aire de la base par la hauteur :

$$V = \frac{1}{3} Bh = \frac{1}{3} \pi R^2 h.$$

La formule est analogue à celle qui donne le volume de la pyramide (voir p. 224).

Tronc de cône

Le tronc de cône est la surface limitée par un cône et un plan parallèle au plan de la base.

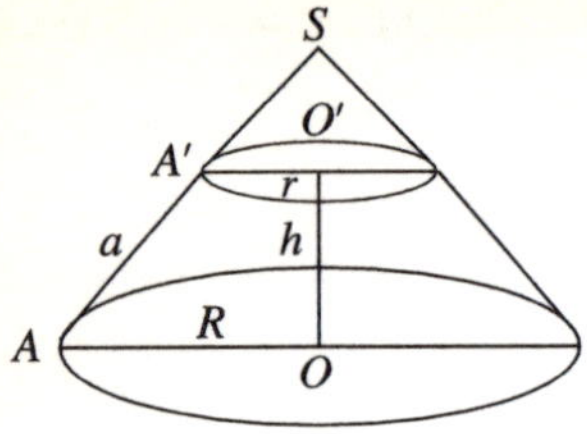

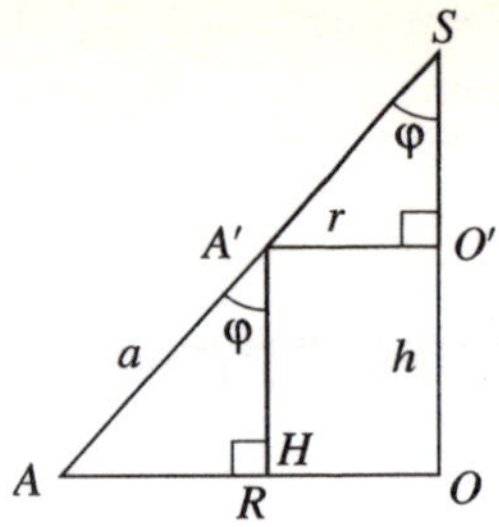

On appelle encore tronc de cône le solide limité par la surface précédente et les disques de centres O et O' ; ces disques sont appelés *bases* du tronc de cône. La hauteur est cette fois $h = OO'$, et l'apothème est $a = AA'$. Le quadrilatère $AOO'A'$ est un trapèze rectangle. Le demi-angle au sommet φ se retrouve en $HA'A$. D'où :

$$\sin\varphi = \frac{AH}{AA'} = \frac{R-r}{a} \quad \text{et} \quad \tan\varphi = \frac{AH}{HA'} = \frac{R-r}{h}.$$

Les distances SA et SO s'en déduisent :

$$SA = \frac{OA}{\sin\varphi} = \frac{R}{\sin\varphi} = \frac{aR}{R-r} \quad \text{et} \quad SO = \frac{OA}{\tan\varphi} = \frac{R}{\tan\varphi} = \frac{hR}{R-r}.$$

Développement du tronc de cône

On obtient cette fois la partie du plan limitée par deux arcs de cercles concentriques et les segments AA' et BB'.

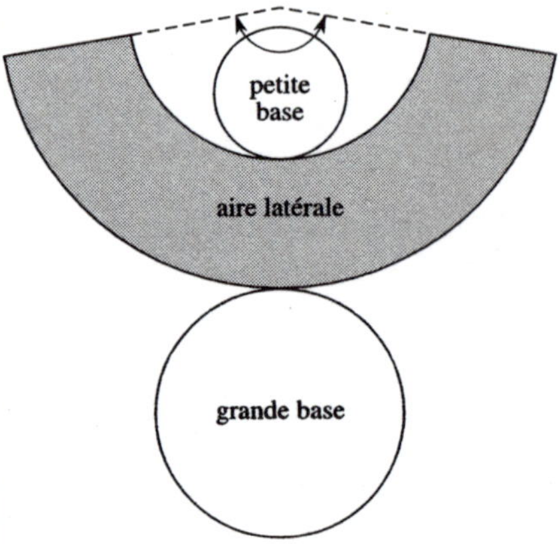

Aire latérale du tronc de cône

$$\mathscr{A} = \pi a(R + r).$$

On obtient ce résultat en prenant la différence des aires latérales de deux cônes de sommet S.

Si $r = 0$, on retrouve l'aire du cône.

Volume du tronc de cône

$$V = \frac{\pi}{3} h \left(R^2 + r^2 + Rr\right).$$

Si $r = 0$, on retrouve le volume du cône.

EXERCICES

1. Gaz de France installe dans la région parisienne une canalisation de 60 km de long et de 750 mm de diamètre. Trouver la capacité et l'aire latérale de cette canalisation.

2. Un rouleau à pâtisserie a 22 cm de long et 5 cm de diamètre. Trouver la surface balayée par le rouleau en deux tours.

3. Un camembert a 3 cm de hauteur et 10,6 cm de diamètre.
a) Trouver son aire.
b) On suppose que la croûte a une épaisseur uniforme de 3 mm. Déterminer le volume utile de ce camembert.

4. La cylindrée de l'Audi 100 CD est 2 144 cm³. Les cylindres sont du type 79,5 × 86,4. Trouver le nombre de cylindres.

5. Une bouée de signalisation est un solide constitué par deux cônes de révolution de mêmes dimensions soudés par leurs bases. L'apothème d'un cône est 40 cm, et le demi-angle au sommet vaut 30–.
a) Déterminer les longueurs du rayon de la base et de la hauteur d'un cône.
b) Calculer le volume de cette bouée.

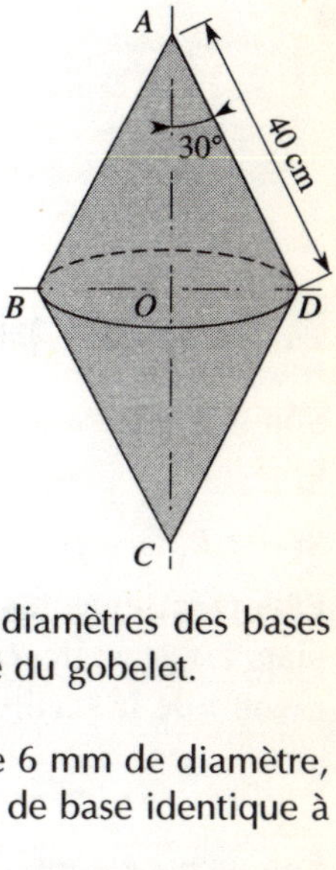

6. Un gobelet tronconique a pour apothème 9 cm. Les diamètres des bases sont 6,4 cm et 4,2 cm. Déterminer l'aire et la capacité du gobelet.

7. Un crayon est un cylindre de 22 cm de longueur et de 6 mm de diamètre, qui se termine par un cône de révolution de diamètre de base identique à celui du cylindre et de hauteur 1 cm.
a) Déterminer le volume du crayon, ainsi que celui de la mine seule, que l'on assimile à un cylindre de 1 mm de diamètre d'une longueur égale à la longueur totale du crayon.
b) Chaque fois que l'on taille le crayon, la taille du cylindre diminue d'un centimètre. Dans quelle proportion le volume du crayon aura-t-il diminué après la première taille ? la dixième ? (Donner les réponses en %.)
c) Combien de fois faudra-t-il tailler le crayon pour que son volume ait diminué d'au moins 50 % ?

8. L'aire d'une casserole est minimale lorsque la hauteur h est égale au rayon R. Dans ces conditions, trouver les volumes d'une série de casseroles de diamètres 12, 14, 16, 18 et 20 cm.

SPHÈRE

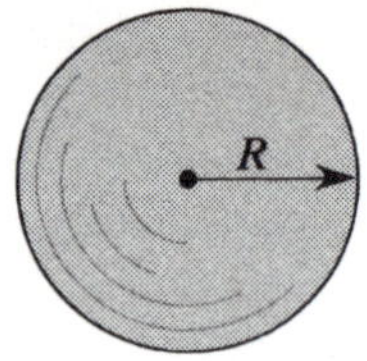

La *sphère* est l'ensemble des points de l'espace à une même distance d'un point donné O, appelé *centre* ; la distance commune s'appelle *rayon* et se note R.

L'ensemble des points de l'espace à une distance de O inférieure à R s'appelle *boule* de centre O et de rayon R.

Un *diamètre* d'une sphère est un segment joignant deux points de la sphère et passant par le centre. Tous ces segments ont la même longueur D, laquelle est le double du rayon ; cette longueur s'appelle *diamètre* de la sphère.

$$D = 2R.$$

Contrairement au cas du cône ou du cylindre, on ne peut développer la sphère, c'est-à-dire appliquer sa surface sur un plan sans pli ni déchirure. Les cartes géographiques ne peuvent donc représenter qu'une partie du globe terrestre, et avec une déformation notable pour une grande étendue, telle qu'un continent.

Section plane de la sphère

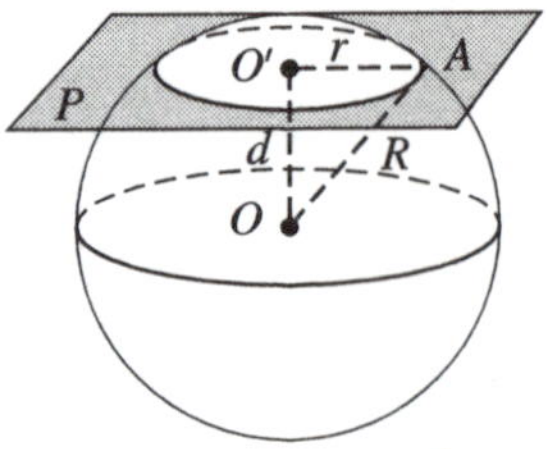

Soit d la distance de O à un plan.

Si $d > R$, ce plan ne rencontre pas la sphère.

Si $d < R$, la section est un cercle.

Plus précisément, soit O' la projection de O sur le plan. Le triangle $OO'A$ étant rectangle en O', le rayon r de la section vérifie : $d^2 + r^2 = R^2$. Ainsi :

$$r = \sqrt{R^2 - d^2}.$$

Le rayon r est inférieur à R, avec égalité si et seulement si $d = 0$. C'est pourquoi les sections par les plans passant par le centre (ou plans diamétraux) sont appelées *grands cercles* de la sphère.

Lorsqu'on assimile la surface de la Terre à une sphère, l'équateur et les méridiens sont des grands cercles (voir p. 240).

Si $d = R$, le plan rencontre la sphère en un point et un seul ; on dit que le plan est *tangent* à la sphère.

On peut considérer que l'intersection est un cercle réduit à son centre.

Détermination pratique du diamètre d'une sphère

Dans le cas d'un petit diamètre, on obtient directement le résultat à l'aide d'un pied à coulisse ou d'un palmer.

Dans le cas d'un grand diamètre, on utilise un *compas d'épaisseur* ; c'est un compas à pointes sèches dont les branches ne sont pas rectilignes, ce qui permet de porter ou de mesurer des distances sur une sphère. On fixe une pointe du compas en P. L'ouverture du compas étant constante, l'autre pointe décrit un cercle de centre M. On marque trois points A, B et C de ce cercle. Toujours à l'aide du compas d'épaisseur, on mesure les cordes BC, CA et AB, ce qui permet de construire le triangle ABC sur une feuille de papier. On construit ensuite le centre M du cercle circonscrit à ce triangle. On en déduit alors le triangle rectangle AMP, connaissant la longueur de l'hypoténuse. Enfin, le triangle PAP' est rectangle en A, où P' est la seconde extrémité du diamètre passant par P. Le diamètre cherché est la longueur de l'hypoténuse de ce dernier triangle.

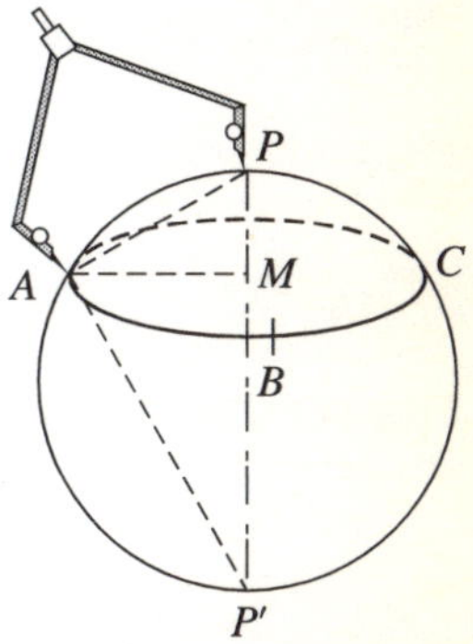

Dans le cas où l'on ne dispose que d'un fragment de la surface (cas d'un verre de lunette, éventuellement brisé), on emploie un sphéromètre. Deux pointes fixes A et B sont mises en contact avec la surface ; une pointe mobile montée sur ressort vient s'appuyer en P, à égale distance de A et de B. Le triangle PAP' étant rectangle en A,

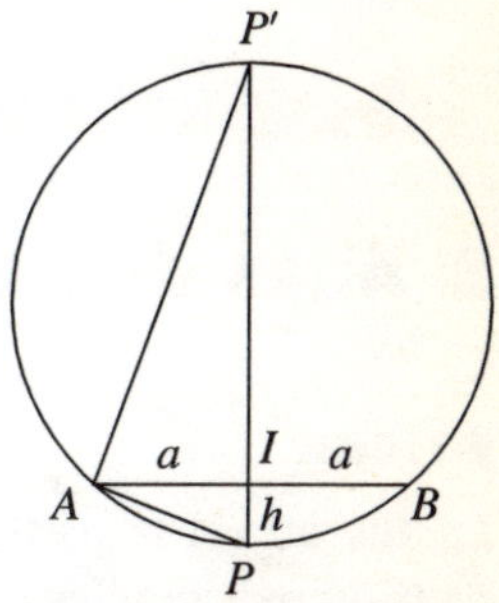

$$h(D - h) = a^2.$$

D'où :

$$D = h + \frac{a^2}{h}.$$

La graduation du cadran d'un sphéromètre de lunetier fournit la valeur de $1/R$. En effectuant la mesure sur les deux faces d'une lentille, on obtient aussitôt (par différence) la vergence de cette lentille.

Aire de la sphère

L'aire est proportionnelle au carré du rayon :

$$\mathcal{A} = 4\pi R^2.$$

L'aire de la sphère est quatre fois celle d'un grand cercle.

Volume de la sphère

Le volume est proportionnel au cube du rayon :

$$V = \frac{4}{3}\pi R^3.$$

On retiendra cette expression grâce au quatrain suivant :

Le volume de la sphère
Est égal, quoi que l'on puisse faire,
À quatre tiers de pi r trois,
Même si la sphère est en bois.

Exemple : Les rayons moyens de la Terre, de la Lune et du Soleil sont respectivement :

$$R_T = 6{,}370 \times 10^6 \text{ m}$$
$$R_L = 1{,}738 \times 10^6 \text{ m}$$
$$R_S = 6{,}960 \times 10^6 \text{ m.}$$

On en déduit les aires et les volumes :

$$\mathcal{A}_T = 5{,}099 \times 10^{14} \text{ m}^2 \qquad V_T = 1{,}083 \times 10^{21} \text{ m}^3$$
$$\mathcal{A}_L = 3{,}796 \times 10^{13} \text{ m}^2 \qquad V_L = 2{,}199 \times 10^{19} \text{ m}^3$$
$$\mathcal{A}_S = 6{,}087 \times 10^{18} \text{ m}^2 \qquad V_S = 1{,}412 \times 10^{27} \text{ m}^3.$$

Aires de parties remarquables

Fuseau

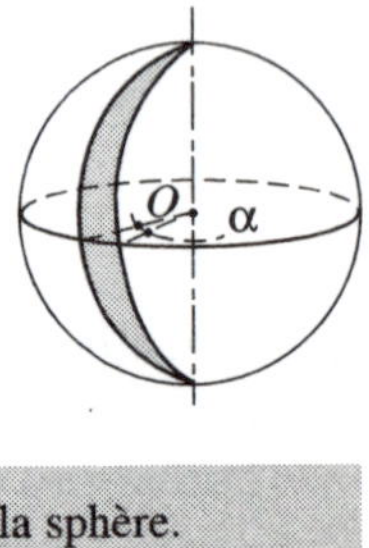

Le fuseau est la partie de la sphère limitée par deux demi-grands cercles de mêmes extrémités.

L'aire est :

$$\mathcal{A} = 2\alpha R^2$$

où α désigne l'angle des demi-plans (en radians).

L'aire est proportionnelle à l'angle ; si $\alpha = 2\pi$, on retrouve l'aire de la sphère.

Zone et calotte

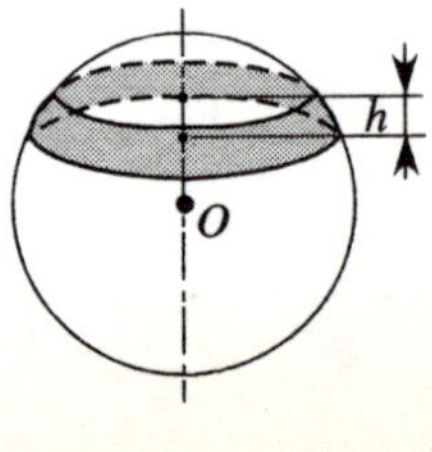

Une *zone sphérique* est la partie d'une sphère comprise entre deux plans parallèles. Si l'un des plans est tangent à la sphère, la zone porte le nom de *calotte sphérique*. (Autrement dit, une calotte est l'une des deux parties découpées sur la sphère par un cercle.)

Sur la Terre, la zone comprise entre les deux tropiques est la zone *tropicale* (ci-devant *torride*). Les calottes limitées par les cercles polaires sont les *calottes glaciaires*. Les zones limitées par un tropique et un cercle polaire d'un même hémisphère sont les *zones tempérées* (voir p. 241).

L'aire de la zone limitée par des plans à la distance h est :

$$\mathcal{A} = 2\pi R h.$$

Cette formule se retient facilement : c'est l'aire latérale du cylindre de rayon R et de hauteur h (voir p. 229). La formule reste valable pour une calotte, et aussi pour la sphère tout entière (prendre $h = 2R$).

Volumes de parties remarquables

Onglet

L'onglet est le solide limité par la sphère et deux demi-plans passant par un même diamètre. Le volume est :

$$V = \frac{2}{3}\alpha R^3$$

où α désigne l'angle des demi-plans (en radians).

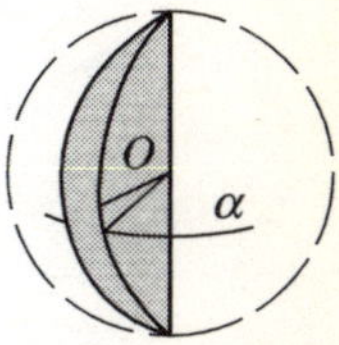

Lorsque $\alpha = 2\pi$, on retrouve le volume de la sphère.

Secteur sphérique

Le secteur sphérique est le solide engendré par un secteur circulaire tournant autour d'un diamètre qui ne le traverse pas.

$$V = \frac{2}{3}\pi R^2 h.$$

Le volume du secteur sphérique est le tiers du produit de la zone qui le limite par le rayon de la sphère.

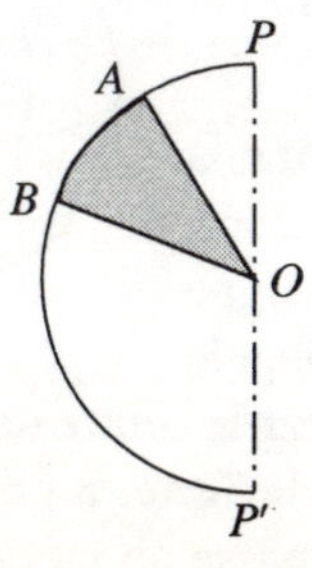

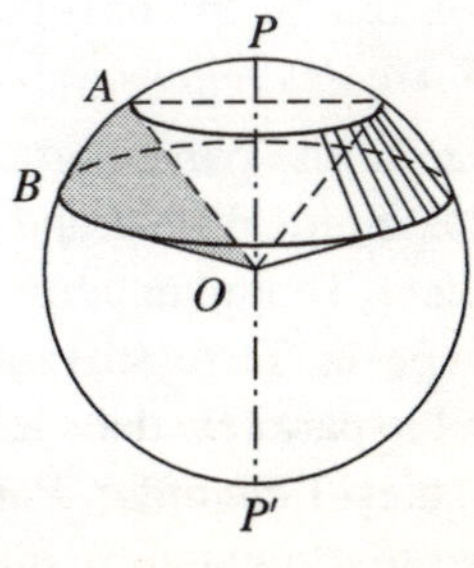

Lorsque $h = 2R$, on retrouve le volume de la sphère.

Segment sphérique

Le segment sphérique est le solide limité par la sphère et deux plans parallèles.

> C'est donc la partie de l'espace limitée par une zone et deux disques.

Le volume du segment sphérique à une base est :

$$V = \frac{\pi}{3}\,h^2(3R - h).$$

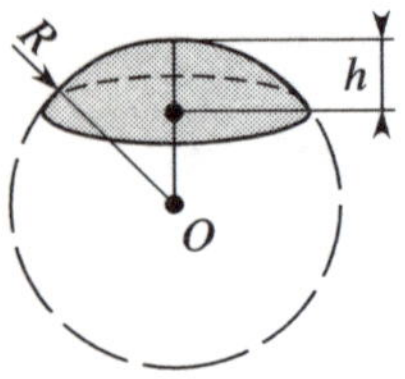

Segment sphérique
à une base

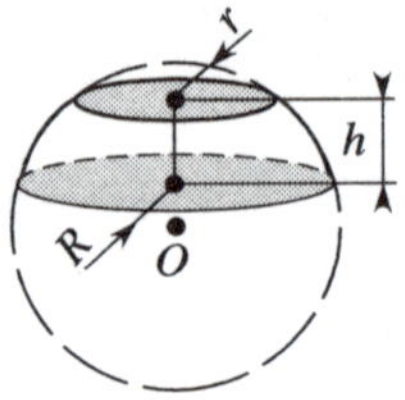

Segment sphérique
à deux bases

> Si l'on remplace h par $2R$, on retrouve le volume de la sphère.

Le volume du segment sphérique à deux bases s'en déduit par différence.

APPLICATIONS EN GÉOGRAPHIE

Méridiens et parallèles

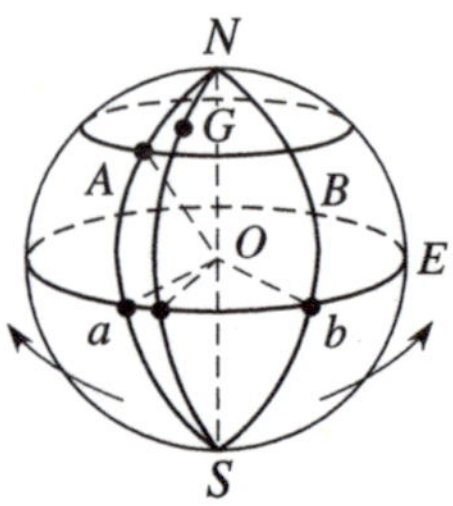

La Terre peut être considérée approximativement comme une sphère ; elle effectue chaque jour un tour autour d'un axe imaginaire passant par le pôle Nord et le pôle Sud, l'*axe des pôles*.

Tout demi-plan limité par la ligne des pôles coupe la Terre suivant la moitié d'un grand cercle (voir p. 236), appelée *méridien*. Tout plan perpendiculaire à la ligne des pôles coupe la Terre suivant un cercle, appelé *parallèle*. Seul le parallèle dans le plan passant par le centre de la Terre est un grand cercle : c'est l'*équateur*. Par tout point de la Terre, il passe un parallèle et un seul ; par tout point autre que les pôles, il passe un méridien et un seul. Ainsi, pour déterminer la position d'un lieu à la surface de la Terre, il suffit de connaître le méridien et le parallèle passant par ce lieu.

Longitude

Pour repérer les méridiens, on prend pour origine le méridien de Greenwich.

Greenwich est le nom de la banlieue où se trouvait l'observatoire de Londres jusqu'en 1948. Le choix, datant de 1884, du méridien passant par cet observatoire a été ratifié par la France en 1911. (En contrepartie, le Royaume-Uni a décidé en 1965 d'adopter le système métrique. Une phase de transition est prévue jusqu'en 1999, éventuellement au-delà pour certaines exceptions, dont la signalisation routière...)

Le méridien de Greenwich rencontre l'équateur en un point g. Le méridien d'un lieu A rencontre l'équateur en un point a. Soit O le centre de la Terre. L'angle gOa s'appelle *longitude* de A. La longitude est comptée de 0 à 180°, vers l'ouest ou vers l'est suivant que A est à l'ouest ou à l'est du méridien de Greenwich.

La longitude d'un lieu intervient dans la détermination de l'heure locale (voir p. 139).

Latitude

Pour repérer les parallèles, on prend pour origine l'équateur. Avec les notations précédentes, l'angle aOA s'appelle *latitude* de A. La latitude est comptée de 0 à 90°, vers le nord ou vers le sud suivant l'hémisphère où se trouve A.

La latitude intervient dans la définition des zones climatiques. Les tropiques sont les parallèles de latitudes 23° 27' Nord et Sud ; ils délimitent la zone tropicale, où le soleil passe deux fois par an à la verticale de chaque lieu. Le tropique du Cancer est dans l'hémisphère Nord, le tropique du Capricorne est dans l'hémisphère Sud. Les cercles polaires, de latitudes 66° 33' Nord et Sud, délimitent les zones glaciaires, où l'on peut voir le « soleil de minuit » ; ce sont les endroits où le soleil ne se couche pas pendant au moins vingt-quatre heures.
La latitude intervient aussi dans le choix de frontières artificielles. Par exemple, la Corée du Nord et la Corée du Sud sont séparées par le 38ᵉ parallèle (c'est-à-dire le parallèle de latitude 38° Nord).

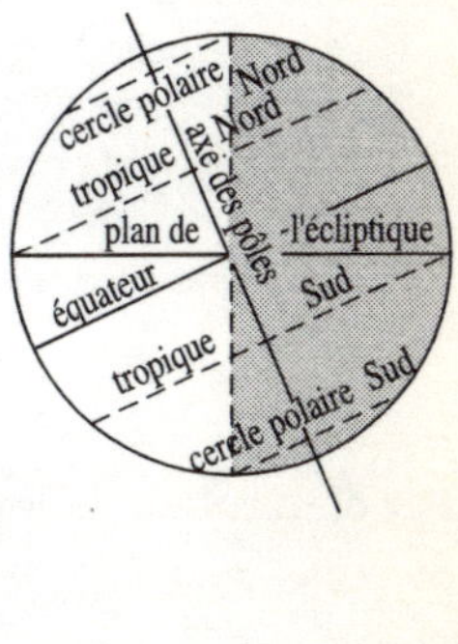

Coordonnées géographiques

La longitude et la latitude d'un lieu sont appelées coordonnées géographiques de ce lieu ; elles sont données en degrés et minutes (et en dixièmes ou centièmes de minutes, anciennement en secondes).

Exemples :

Ville	*Latitude*	*Longitude*
Paris	48° 52' N	2° 20' E
New York	43° 43' N	74° 01' W
Moscou	55° 45' N	37° 35' E
Melbourne	37° 49' S	144° 58' E
Lima	12° 03' S	77° 03' W
Le Cap	33° 55' S	18° 22' E

Suivant une convention internationale, les points cardinaux sont représentés par les lettres *N* (nord), *S* (sud), *E* (est) et *W* (du mot anglais *west*, qui signifie ouest).

Longueurs d'arcs de méridiens

Rappelons que le mètre a été défini initialement (en 1795) comme la dix millionième partie du quart du méridien terrestre. Un arc d'un degré sur un méridien a en principe pour longueur :

$$\frac{10\,000}{90} \approx 111{,}111 \text{ km.}$$

En fait, la longueur d'un méridien n'est pas exactement 40 000 km, mais environ 40 008 km. La longueur d'un arc d'un degré sur un méridien est donc :

$$\frac{40\,008}{360} \approx 111{,}133 \text{ km.}$$

Si la Terre était sphérique, la longueur d'un arc d'un degré sur l'équateur serait égale à celle d'un arc d'un degré sur un méridien. La longueur de l'équateur étant 40 075 km, la longueur d'un arc d'un degré sur l'équateur est donc :

$$\frac{40\,075}{360} \approx 111{,}319 \text{ km.}$$

Mais la longueur d'un arc d'un degré sur un parallèle dépend de la position de ce parallèle : à la latitude de Paris, un arc d'un degré ne mesure plus que 73 km. On doit tenir compte de ce fait pour mesurer les distances sur une carte (voir p. 166).

Un arc d'une minute sur un méridien a pour longueur :

$$\frac{10\,000}{60 \times 90} \approx 1{,}851\,85 \text{ km} = 1\,851{,}85 \text{ m.}$$

Par convention, la longueur de 1 852 m porte le nom de *mille*.

On dit aussi *mille marin*, pour éviter toute confusion avec le *mile*, mesure anglo-saxonne valant environ 1 609 m (voir p. 127).

En navigation maritime, on emploie pour unité de vitesse le *nœud*, égal à 1 mille par heure, soit environ 0,514 m/s.

Exemple : Un navire filant 14 nœuds a une vitesse de $14 \times 1{,}852 \approx 26$ km/h, soit encore :

$$14 \times 0{,}514 \approx 7{,}2 \text{ m/s.}$$

■ La terminologie de *nœud* provient de l'ancienne mesure de la vitesse à l'aide du loch à bateau : on amarre une bouteille remplie d'eau de façon à flotter tout juste. On fait des nœuds sur la ligne à une distance de 1/240 mille (soit 7,717 m). On laisse filer la ligne et on compte le nombre *n* de nœuds ayant défilé en 15 s (c'est-à-dire 1/240 heure). La vitesse est mesurée en nœuds par le nombre *n*. Pour mesurer une vitesse de 14 nœuds, il faut disposer d'une ligne de longueur supérieure à 14 × 7,717 m, soit au moins 110 m.

■ En anglais, *nœud* se dit *knot*, ce qui explique le symbole kn.

■ Ne pas confondre le verbe transitif *filer* avec son acception intransitive : on dit qu'un navire file 14 nœuds. L'expression « filer à 14 nœuds » serait argotique.

Règle-rapporteur Jean Cras

La règle Cras est une règle graduée sur l'un des bords en centimètres, sur l'autre en milles marins, à l'échelle de 1/1 000 000. Cette règle comporte deux demi-cercles gradués en degrés (ce qui équivaut à un cercle complet gradué de 0 à 360°).

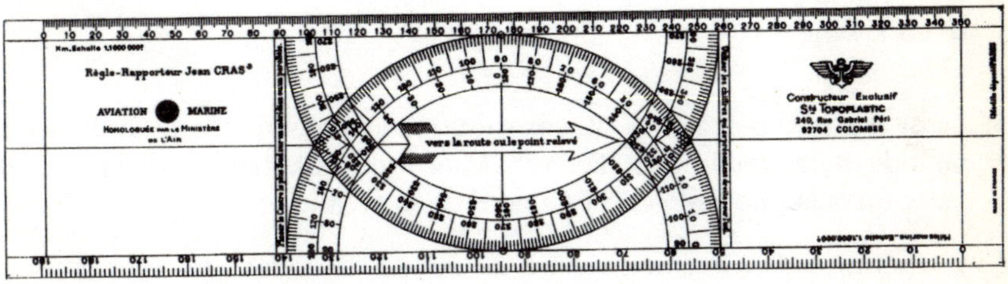

Par exemple, pour tracer une route au cap 13°, on place la règle de façon à former l'angle de 13° avec l'axe sud-nord. La flèche indique le sens de la route. (On ne peut confondre avec le cap 193°.)

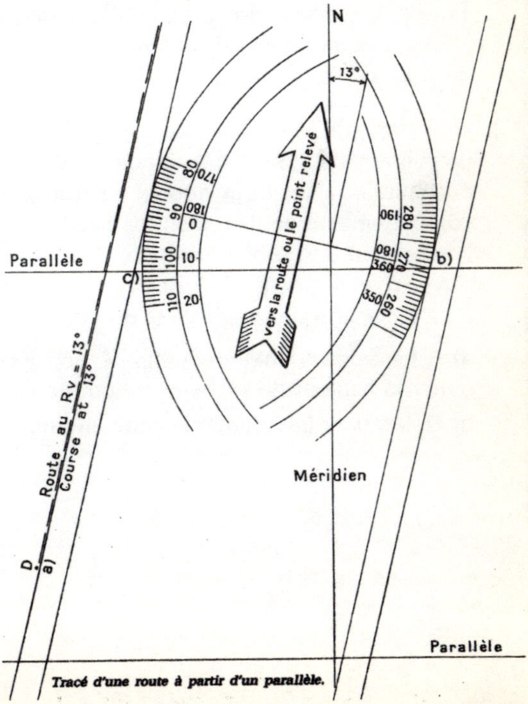

Tracé d'une route à partir d'un parallèle.

EXERCICES

1. Déterminer le volume d'une boule de pétanque dans les deux cas suivants :
a) Ø 70 mm ;
b) Ø 76 mm.

2. Déterminer le rayon d'une boule de pétanque, sachant que le volume est 212 cm^3. Déterminer le rayon d'une boule lyonnaise, sachant que le volume est 435 cm^3.

3. Une orange a un diamètre de 7 cm. Sa peau a une épaisseur de 6 mm. Trouver le volume utile.
Même question avec un pamplemousse de 10,5 cm diamètre et dont la peau a 8 mm d'épaisseur.

4. Dunkerque et Barcelone sont situés sur le même méridien ; la différence de leurs latitudes est 9– 39' 11". Évaluer cette distance :
a) en milles ;
b) en kilomètres ;
c) en miles.

5. La distance de deux villes situées sur un même méridien est 22 850 m. La latitude de la première est 47– 38' 26" N. Trouver la latitude de la seconde ville, sachant que celle-ci est au nord de la première.

6. Le méridien de Greenwich est à 2– 20' 15" à l'ouest de celui de Paris. Trouver la modification qu'il a fallu apporter aux montres lorsque la France a adopté le méridien de Greenwich à la place de celui de Paris.

7. Une ampoule électrique peut être assimilée à un cylindre de 3,5 cm de diamètre et de 4 cm de hauteur, à un bout duquel se trouve un cône de révolution de 0,8 cm de hauteur, et à l'autre bout une sphère de 6 cm de diamètre privée d'un segment sphérique correspondant à l'intersection de la sphère et du cylindre.

a) À l'aide du triangle rectangle *OAB*, déterminer la hauteur du segment sphérique.

b) Déterminer le volume de cette ampoule.

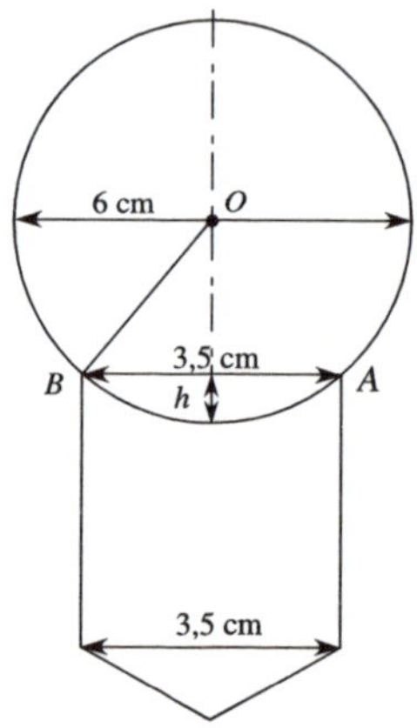

Unités de masse

La masse mesure la quantité de matière d'un corps ; c'est donc un nombre intrinsèquement attaché à ce corps, indépendamment du milieu où ce corps se trouve. L'unité principale est le *kilogramme*, noté kg. Les principaux sous-multiples sont le *gramme* (g) et le *milligramme* (mg). On emploie traditionnellement comme multiples la tonne (t), égale à 1 000 kg, et le quintal (q), égal à 100 kg.

$$\mathbf{1\ t = 10^3\ kg = 10^6\ g}$$

$$\mathbf{1\ q = 10^2\ kg = 10^5\ g}$$

$$\mathbf{1\ mg = 10^{-3}\ g = 10^{-6}\ kg.}$$

■ L'emploi du quintal n'est plus légal depuis le 26 février 1982. Cependant, en agriculture, on exprime la production de céréales en quintaux par hectare. Ainsi, le rendement du maïs peut atteindre 69 q/ha.

■ Dans l'alimentation, on emploie aussi la *livre*, égale à 500 g, et la *demi-livre* (valant donc 250 g). Le quintal était autrefois égal à 100 livres, c'est-à-dire à 50 kg.

■ Le kilogramme est la masse du prototype international, déposé au Bureau International des Poids et Mesures, à Sèvres. Ce prototype a été ajusté au mieux pour représenter la masse d'un dm^3 d'eau pure sous la pression atmosphérique à la température de 4° C (correspondant au maximum de densité de l'eau). Bien entendu, on a commencé historiquement par prendre le gramme pour unité principale. Rappelons que la tonne a été également choisie pour unité principale, dans le système MTS.

■ En pratique, la mégatonne n'est pas une unité de masse (voir p. 253).

Exemples :

Masse de la Terre	$M_T = 5{,}977 \times 10^{24}$ kg
Masse de la Lune	$M_L = 7{,}352 \times 10^{22}$ kg
Masse du Soleil	$M_S = 1{,}989 \times 10^{30}$ kg.

La masse du Soleil est donc environ trois cent mille fois celle de la Terre, tandis que celle-ci est environ quatre-vingts fois celle de la Lune.

Unité de masse atomique

L'unité de masse atomique, notée u, est le douzième de la masse de l'atome de carbone (isotope 12).

$$\mathbf{1\ u = 1{,}660\ 57 \times 10^{-27}\ kg.}$$

La masse d'un atome d'hydrogène est 1,008 u ; celle d'un atome d'uranium est 238 u.

Carat métrique

Le carat métrique est égal à 0,20 g, soit encore 2×10^{-4} kg. C'est l'unité employée dans le commerce des pierres fines.

Ne pas confondre avec le nombre de carats dans un alliage ; voir ci-dessous.

Alliages

On appelle *alliage* le métal obtenu par fusion simultanée de deux ou plusieurs métaux. La composition de l'alliage est donnée par les rapports des masses des composants à la masse totale, sous forme d'un tant pour cent ou pour mille.

Exemples : Le laiton d'emboutissage est composé de 67 % de cuivre et de 33 % de zinc. L'alpax est un alliage d'aluminium comportant 13 % de silicium. L'acier inoxydable 18-8 comporte 18 % de chrome et 8 % de nickel.

Titre

Dans le cas d'un alliage comportant un métal précieux, le *titre* de l'alliage est le rapport de la masse du métal précieux à la masse totale, exprimé en millièmes. Ainsi, le titre d'un alliage d'argent en bijouterie est 800 millièmes ou 925 millièmes.

On exprime le titre d'un alliage d'or en millièmes, et aussi en *carats*. Le nombre de carats est le pourcentage d'or fin exprimé en vingt-quatrièmes. L'or pur correspond donc à 24 carats. Le titre des pièces d'or est 900 millièmes, soit 21,6 carats. Le titre légal en France est 18 carats, c'est-à-dire 18/24 ou encore 750 millièmes. La variation du titre légal d'un pays à l'autre (14 carats en Grande-Bretagne, par exemple) explique le bon marché apparent à l'étranger des stylos à plume en or.

Calculs sur les titres

Soient M la masse totale, m la masse de métal fin. Le titre est $t = m/M$.

Si l'on mélange des masses M' et M'' aux titres t' et t'', le titre résultant est :

$$t = \frac{t'M' + t''M''}{M' + M''}.$$

(La formule s'étend à trois titres, quatre titres, etc.)

Exercice : On dispose de 100 g d'or à 583 millièmes. Quelle quantité M d'or à 900 millièmes doit-on ajouter pour obtenir de l'or à 18 carats ?

On doit résoudre l'équation : $$\frac{0{,}583 \times 100 + 0{,}900\,M}{100 + M} = 0{,}750.$$

On en déduit : $$M = \frac{0{,}750 \times 100 - 0{,}583 \times 100}{0{,}900 - 0{,}750} = 100 \times \frac{167}{150}\ \text{g}.$$

Finalement : $$M = 111{,}33\ \text{g}.$$

Masse volumique

La *masse volumique* est la masse d'un corps occupant un volume de mesure unité. L'unité principale de masse volumique est le kilogramme par mètre cube, noté kg/m^3. On emploie encore la tonne par mètre cube, notée t/m^3 :

$$\mathbf{1\ t/m^3 = 10^3\ kg/m^3.}$$

On emploie aussi le kilogramme par litre (kg/L) et le gramme par centimètre cube (g/cm^3). En fait, il s'agit trois fois de la même unité ; en effet, $1\ L = 10^{-3}\ m^3$. Par suite :

$$\mathbf{1\ kg/L = 10^3\ kg/m^3 = 1\ t/m^3.}$$

De même, $1\ g = 10^{-3}$ kg et $1\ cm^3 = 10^{-6}$ t ; il en résulte que :

$$\mathbf{1\ g/cm^3 = 10^{-3} \times 10^6\ kg/m^3 = 10^3\ kg/m^3 = 1\ t/m^3.}$$

Exemples : Nous avons vu que la masse de la Terre est $M_T = 5{,}977 \times 10^{24}$ kg et que son volume est $V_T = 1{,}083 \times 10^{21}\ m^3$. On en déduit la masse volumique moyenne :

$$\frac{5{,}977 \times 10^{24}}{1{,}083 \times 10^{21}} \approx 5{,}52 \times 10^3\ kg/m^3.$$

On obtient de même les masses volumiques moyennes de la Lune et du Soleil :

$$\frac{7{,}352 \times 10^{22}}{2{,}194 \times 10^{19}} \approx 3{,}35 \times 10^3\ kg/m^3 \quad \text{et} \quad \frac{1{,}989 \times 10^{30}}{1{,}411 \times 10^{27}} \approx 1{,}41 \times 10^3\ kg/m^3.$$

Masse linéique

La *masse linéique* d'un fil se définit de même : c'est la masse du morceau de fil ayant pour longueur l'unité de longueur. L'unité est le kilogramme par mètre, noté kg/m. En industrie textile, on prend pour unité le *tex*, égal au millionième du kilogramme par mètre :

$$\mathbf{1\ tex = 10^{-6}\ kg/m = 1\ mg/m.}$$

La mesure en *deniers* donnait le nombre de grammes d'un fil de 9 km de longueur. Ainsi, le denier correspondait à 1/9 tex. Par exemple, un bas de 15 deniers est confectionné avec un fil de 15/9 milligramme par mètre, soit environ 1,7 mg/m.

Masse surfacique

La *masse surfacique* se définit encore de manière analogue : c'est la masse d'une surface plane (une plaque, une feuille, etc.) occupant l'unité d'aire. L'unité principale est le kilogramme par mètre carré, noté kg/m^2.

La qualité d'un papier s'exprime essentiellement par le nombre de grammes par mètre carré. (On exprime parfois, abusivement, cette masse surfacique par un nombre de grammes.)

Exercices :

1. Un papier de bonne qualité pour photocopieur ou imprimante a une masse surfacique de 80 g/m². Calculer la masse d'une ramette de 500 feuilles au format commercial 210 × 297 mm.

L'aire d'une feuille est 0,21 × 0,297 = 0,062 37 m². L'aire totale est :

$$\mathbf{500 \times 6{,}237 \times 10^{-2} = 5 \times 6{,}237 \approx 31{,}19\ m^2.}$$

La masse de la ramette est donc :

$$\mathbf{80 \times 31{,}19 \approx 2\,495\ g \approx 2{,}5\ kg.}$$

On retiendra que la masse d'une feuille est 5 g, ce qui évite d'utiliser un pèse-lettre. Ainsi, l'envoi de 4 feuilles plus l'enveloppe excède 20 g ; mais, jusqu'à 8 feuilles, on se trouve en dessous de 50 g.

2. Même question pour une masse surfacique de 64 g/m².

Il n'est pas nécessaire de recommencer le calcul : la masse est proportionnelle à la masse surfacique. On obtient donc cette fois :

$$\mathbf{\frac{64}{80} \times 2{,}5 = \frac{4}{5} \times 2{,}5 = 2\ kg.}$$

3. Un livre de 288 pages au format 150 x 240 mm est imprimé sur un papier de 72 g/m². Déterminer la masse de ce livre (en négligeant celle de la couverture).

L'aire totale est 144 × 0,15 × 0,24 = 5,184 m². (Ne pas oublier que le livre est imprimé recto-verso.) La masse cherchée est :

$$\mathbf{72 \times 5{,}184 \approx 373\ g.}$$

Densité

La *densité* d'un corps est le rapport de la masse volumique de ce corps à la masse volumique d'un corps de référence, dans des conditions qui doivent être spécifiées pour les deux corps.

- Cette grandeur est sans dimension ; autrement dit, elle ne dépend pas de l'unité de masse volumique considérée.
- Le corps de référence est l'eau dans le cas des solides et des liquides, l'air dans le cas des gaz.

Exemples :

1. À la température ordinaire, la masse volumique du mercure est 13 600 kg/m³, tandis que celle de l'eau est 1 000 kg/m³. La densité du mercure est donc :

$$\mathbf{\frac{13\,600}{1\,000} = 13{,}6.}$$

2. Déterminer le volume occupé par 8 000 t de fer, sachant que la densité de ce métal est 7,8.
On obtient le volume en divisant la masse par la masse volumique. La densité étant 7,8, la masse volumique du fer est 7,8 t/m³. Le volume est donc :

$$\frac{\mathbf{8\,000}}{\mathbf{7{,}8}} \approx \mathbf{1\,025}\ \boldsymbol{m^3}.$$

La masse de 8 000 t était celle de la tour Eiffel, avant les travaux d'allégement de 1980-1983. Le nombre 1 025 étant sensiblement le cube de 10, le matériau de la Tour tiendrait dans un cube de 10 m de côté.

3. Le supertanker *Pierre Guillaumat* a une capacité de 677 000 m³. Déterminer la masse de pétrole brut transportable, la densité étant 0,8.
La masse d'un mètre cube d'eau étant une tonne, la masse cherchée est :

$$\mathbf{0{,}8 \times 677\,000 = 541\,600\ t.}$$

Alcoolémie

L'alcoolémie est la masse d'alcool pur (en grammes) dans un litre de sang. La densité de l'alcool est 0,8 ; l'alcoolémie est donc le produit par 0,8 du titre alcoométrique (voir p. 219) du sang.

Exemple : Masse d'un litre de vin. La densité de l'alcool pur est 0,8 ; celle d'un vin titrant 10° est :

$$\mathbf{0{,}9 + 0{,}8 \times 0{,}1 = 0{,}98.}$$

La masse d'un litre de vin est donc environ 0,98 × 1 000 = 980 g.

La dénomination argotique de « kil de rouge » identifie la masse d'un litre de vin à celle d'un litre d'eau, dans le cas d'une densité trop proche de 1.

EXERCICES

1. À en croire une publicité, il a fallu 532 tonnes de papier pour imprimer 56 millions de volumes de 128 pages, au format 176 × 115.
a) Trouver le nombre de grammes au mètre carré. (On supposera que les 532 tonnes ne tiennent pas compte des couvertures.)
b) Recommencer le calcul avec 5 320 tonnes de papier.

2. Un ferblantier fabrique six tuyaux de poêle de 0,95 m de long et de 0,16 m de diamètre. Les bords se recouvrent sur 1,25 cm.
a) Trouver la surface de tôle nécessaire.
b) Trouver la masse totale, la tôle ayant 0,8 mm d'épaisseur, la densité étant 7,5.

3. Un égout de 840 m de longueur est construit à raide de manchons cylindriques en ciment, de 0,8 m de diamètre intérieur et de 1 m de diamètre extérieur. Chaque manchon mesure 0,75 m de longueur. La densité du ciment employé est 2,8. Combien de camions de 8 tonnes de charge utile faudra-t-il pour transporter les manchons ?

4. La boule de pétanque est généralement en acier de densité 7,8.
a) Le diamètre étant 74 mm, trouver la masse, sachant que l'épaisseur de la paroi est 6,4 mm.
b) Déterminer l'épaisseur de la paroi dans les deux cas suivants :
diamètre 70 mm, masse 680 g ; diamètre 76 mm, masse 760 g.

5. La boule lyonnaise est toujours en bronze d'aluminium, dont la densité est environ 7,7.
a) Le volume étant 435 cm^3, trouver la masse, sachant que l'épaisseur de la paroi est 5,5 mm.
b) Déterminer l'épaisseur de la paroi dans les deux cas suivants :
diamètre 90 mm, masse 950 g ; diamètre 100 mm, masse 1 100 g.

6. *Stérilisation d'une piscine*. La dose journalière de chlore nécessaire pour stériliser une piscine est de 1 g par m^3 d'eau. Le titre chlorométrique de l'eau de Javel est exprimé en degrés. Un degré par kilogramme correspond à l'action de 3,17 g de chlore.
a) Quel volume d'eau peut-on désinfecter journellement avec un berlingot d'eau de Javel de 0,25 litre au titre de 48° chlorométriques ?
b) Une piscine a une contenance de 150 m^3. On prépare une solution diluée d'eau de Javel pour trois jours. Combien faut-il de berlingots ?
c) La solution occupe un volume de 75 litres. On verse le mélange à l'aide d'une pompe fonctionnant 8 heures par jour. Déterminer le débit en litres par heure.

7. La densité de l'or est 19,30. On peut obtenir des feuilles d'or d'épaisseur 8×10^{-5} mm. Trouver la surface que l'on peut recouvrir avec 1 g d'or.

8. Suivant une publicité célèbre, « tout l'or du monde tiendrait facilement sous la tour Eiffel. Aux dernières nouvelles, il n'y a pas, sous la tour Eiffel, de cube d'or pur de 17 mètres de côté ! Mais si, par pure magie, il y en avait un, il représenterait tout l'or extrait dans le monde depuis le début des temps ».
a) En déduire la masse totale de l'or dans le monde.
b) La publicité considérée ayant paru en 1980, actualiser la dimension du cube en 1990, en 2000. On admet que la production mondiale est de 790 tonnes par an.

9. Un éditeur utilise pour ses livres un minimum de 52 cm^2 de feuille d'or titrant 22 carats.
a) Calculer la masse d'or employée pour un livre, l'épaisseur étant supposée de 0,1 µm.
b) Calculer le prix de l'or employé, estimé à 66 F le gramme.

10. Les emballages Tetra Brik Aseptic® sont formés à partir d'un rouleau.
a) Un rouleau permet de fabriquer 8 200 emballages d'un litre. La hauteur nécessaire pour un emballage étant de 245 mm, trouver la longueur du rouleau.
b) La masse du rouleau étant de 229,6 kg, trouver la masse de l'emballage.
c) La largeur du rouleau étant de 32 cm, déterminer la masse par m^2.
d) Le nombre d'emballages étant de 6 000 en une heure, trouver le volume de liquide que l'on peut conditionner en 24 heures.

ACCÉLÉRATION

L'unité d'*accélération* est le mètre par seconde carrée, noté m/s^2.

La notion d'accélération intervient dans les mouvements où la vitesse n'est pas constante. L'accélération est le quotient de la variation de la vitesse par le temps.

Dans le cas d'une diminution de la vitesse, on préfère le mot *décélération* (pour ne pas parler d'accélération négative).

Accélération de la pesanteur

Lorsqu'un corps tombe en chute libre dans le vide, soumis à la pesanteur terrestre, la vitesse v est proportionnelle au temps. L'accélération g est constante, et :

$$v = gt.$$

L'accélération de la pesanteur dépend de la latitude (voir p. 241), et aussi de l'altitude.

On prend pour valeur conventionnelle :

$$g_n = 9{,}806\ 65\ m/s^2 \approx 9{,}81\ m/s^2.$$

■ Cette valeur, dite *pesanteur normale*, correspond sensiblement à l'accélération de la pesanteur au niveau de la mer à une latitude de 45°.

■ *Efficacité de freinage*. L'accélération de la pesanteur est la valeur considérée comme maximale en matière de freinage. On exprime l'efficacité de freinage d'une automobile en pourcentage (sous-entendu en pourcentage de g). Une efficacité de 100 % correspondrait à ce qu'on ressent en chute libre. Ainsi, une efficacité de 77 % signifie que la décélération est :

$$\frac{77}{100} \times 9{,}81 \approx 7{,}55\ m/s^2.$$

En première approximation, on prend $g = 10\ m/s^2$. Dans l'exemple ci-dessus, la décélération est alors estimée à $7{,}7\ m/s^2$.

Poids et force

On appelle *poids* d'un corps le produit $P = mg$ de la masse m par l'accélération de la pesanteur.

Le poids d'un corps, contrairement à la masse, dépend du lieu où il se trouve.

Plus généralement, on appelle *force* le produit $F = m\gamma$ de la masse m par l'accélération γ (lire « gamma »). L'unité de force est le kilogramme-mètre par seconde carrée, ce qu'on appelle plus simplement newton (notation N).

$$\mathbf{1\ N = 1\ m \cdot kg/s^2.}$$

■ On a longtemps utilisé comme unité de force le *kilogramme-force* (noté kgf), appelé aussi *kilogramme-poids*, égal au poids d'une masse d'un kilogramme :

$$\mathbf{1\ kgf = 9{,}806\ 65\ N.}$$

Les physiciens ont employé la *dyne* (notée dyn) :

$$\mathbf{1\ dyn = 10^{-5}\ N.}$$

Ces unités sont interdites respectivement depuis le 1/1/1978 et le 1/1/1980.

■ L'*indice de charge* est un nombre porté sur les pneumatiques, signalant la charge admissible par pneu. Ainsi, l'indice 75 signale une charge maximale par pneu de 387 kg. (On comprendra qu'il s'agit du poids correspondant à une masse de 387 kg.)

Exemples :

1. Un individu pèse 81 « kilos ». Cela signifie que sa masse est 81 kilogrammes, ou encore que son poids est :

$$\mathbf{9{,}81 \times 81 \approx 794{,}6\ N.}$$

2. À la surface de la Lune, l'accélération de la pesanteur n'est que 1,622 m/s^2. L'individu précédent ne pèserait plus sur la Lune que :

$$\mathbf{1{,}622 \times 81 \approx 131{,}4\ N,}$$

soit environ six fois moins que sur la Terre. (Cela explique la facilité de déplacement des astronautes.)

ÉNERGIE ET TRAVAIL

On appelle *travail* (dans un mouvement rectiligne) le produit d'une force par un déplacement dans la direction de cette force. L'unité de travail est le *newton-mètre*, appelé encore *joule*, et noté J :

$$\mathbf{1\ J = 1\ N \cdot m = 1\ m^2 \cdot kg/s^2.}$$

Le multiple est le *kilojoule*, noté kJ :

$$\mathbf{1\ kJ = 10^3\ J.}$$

L'*erg*, égal à 10^{-7} J, est lui aussi abandonné.

On dit qu'un système contient de l'*énergie* s'il est susceptible de fournir un travail. L'énergie s'exprime également en joules.

Pour la consommation de l'énergie électrique, on emploie le kilowattheure, égal à $3{,}6 \times 10^6$ J (voir p. 255).

La *calorie*, notée cal, est une ancienne unité d'énergie ; c'est la quantité de chaleur nécessaire pour élever la température de 1 g d'eau de 14,5 °C à 15,5 °C sous la pression atmosphérique normale :

$$\mathbf{1\ cal = 4{,}184\ J.}$$

Les multiples sont la *kilocalorie* (kcal) et la *thermie* (th) :

$$1\ \text{kcal} = 10^3\ \text{cal}$$
$$1\ \text{th} = 10^6\ \text{cal} = 10^3\ \text{kcal}.$$

La kilocalorie a été appelée aussi *grande calorie* et notée alors Cal. Cette unité a été utilisée pour les régimes diététiques. La thermie a servi conjointement au kilowattheure pour les factures mixtes de gaz et d'électricité. Toutes ces unités sont interdites depuis le 1er janvier 1978. (On trouve encore des kilocaries sur les emballages alimentaires, mais accompagnées obligatoirement de leur équivalent en joules.)

Exemple : Une confiture a une valeur énergétique de 240 kcal pour 100 g. L'équivalent en joules est :

$$\mathbf{240 \times 10^3 \times 4{,}184\ J = 1\ 004\ kJ.}$$

■ Le *travail* se note *W* (de l'anglais *work*).

Tep

Le sigle tep signifie tonne-équivalent-pétrole. C'est l'unité d'énergie permettant de comparer diverses sources au pétrole qu'elles peuvent remplacer. Ainsi, une tonne de houille vaut 0,7 tep ; un mètre cube de gaz naturel représente 0,001 tep.

La tep était assimilée à la thermie, soit environ $4{,}2 \times 10^{10}$ J ou 12 000 kWh. En fait, cette valeur correspond à l'énergie disponible sous forme thermique. Le rendement des centrales étant de l'ordre d'un tiers, cette énergie disponible est réduite à 4 000 kWh sous forme électrique.

Mégatonne

La *kilotonne* (notée kt) et la *mégatonne* (notée Mt) sont en principe des unités de masse. Ces mots sont en fait réservés à la mesure de l'énergie des bombes nucléaires. Ainsi, la kilotonne est l'énergie correspondant à l'explosion d'une bombe de 1 000 tonnes de TNT (trinitrotoluène). De même, la mégatonne correspond à l'explosion d'une bombe de 10^6 tonnes de TNT.

■ La valeur d'une kilotonne est environ $4{,}2 \times 10^{12}$ J ; c'est donc cent fois une tep. L'énergie dégagée instantanément lors d'une explosion de TNT n'est donc que le dixième de l'énergie thermique récupérable progressivement dans une chaudière.

■ L'énergie des premières bombes atomiques a été de 14 kt à Hiroshima et de 21 kt à Nagasaki. Actuellement, l'énergie varie de 50 t à 100 Mt.

Couple

Un *couple* est constitué de deux forces de même intensité, de même direction et d'orientations opposées. La distance *d* entre les supports des forces s'appelle *bras de levier*. On mesure un couple par le produit Fd. L'unité est le *newton-mètre*. Le produit *Fd* s'appelle *moment* du couple.

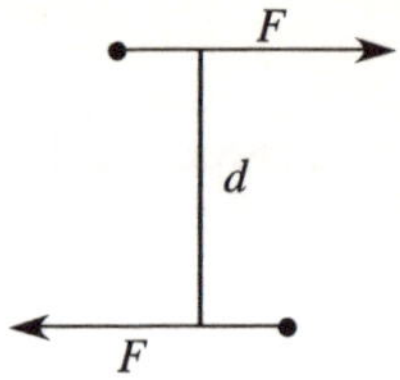

■ Dans les catalogues, on sous-entend le mot « moment » pour indiquer la valeur du couple d'un moteur.

■ Dans le cas des couples, on emploie le newton-mètre (et son multiple le décanewton-mètre), et non le joule, bien qu'il s'agisse de la même unité.

Exemple : Pour serrer les bougies d'un moteur à explosion, ou les écrous d'une roue, on emploie une clef dynamométrique. Par mesure de sécurité, une telle clef limite le couple subi, par exemple à 5 daN · m (cinq décanewtons-mètres). Prenons le cas d'un bras de levier de 0,4 m. La force maximale transmise par la clef est :

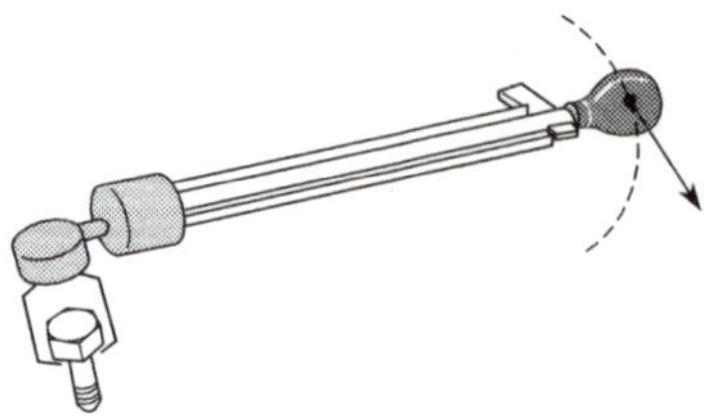

$$\frac{50}{0{,}4} = 125 \text{ N.}$$

Couple d'un moteur

Le couple d'un moteur d'automobile caractérise la nervosité et les reprises. Un couple maximal atteint à bas régime dénote une grande souplesse. Pour une voiture sportive ou sous-motorisée, le couple maximal est généralement atteint à haut régime ; il est alors nécessaire de rétrograder souvent.

Modèle	Couple (daN · m)	Régime (tr/min)
Citroën AX 1,0 L	7,5	3 600
Twingo	9,3	2 800
Peugeot 306 S16	18,25	3 500
Renault Safrane biturbo	37	2 500
Ferrari 355	37	6 000
Jaguar XJ12 6,0 L	47,2	3 750
Bugatti EB 110 supersport	65	4 000
Rolls-Royce	76,5	2 000

La presse spécialisée représente les couples en mkg. Il s'agit du kilogrammètre (unité interdite), avec deux erreurs en plus :

– la lettre m ne doit pas être en tête d'un symbole, car elle prête à confusion avec l'abréviation de milli ;

– le symbole kg désigne le kilogramme (unité de masse), et non l'ancien kilogramme-force (unité de force). Pour passer aux décanewtons-mètres, on doit multiplier le nombre de mkg par 0,981. Par exemple, un couple de 15,2 mkg vaut en fait :

$$\mathbf{0{,}981 \times 15{,}2 = 14{,}9\ daN \cdot m.}$$

Enfin, la notation mdan (que l'on trouve également dans la presse automobile) est trois fois fautive : m en tête, n au lieu de N et oubli du point entre les deux symboles.

Travail dans un mouvement circulaire

Dans le cas d'un mouvement circulaire, le travail est encore défini comme le produit de la force par le déplacement. Sur un cercle de rayon R, la longueur parcourue par le point d'application de la force pour une rotation d'angle α (en radians) est $l = \alpha R$. Le travail est donc :

$$\boldsymbol{W = Fl = \alpha FR.}$$

Pour un couple M, le travail est de même :

$$\boldsymbol{W = \alpha M.}$$

PUISSANCE

On appelle *puissance* le travail par unité de temps. L'unité principale est le *joule par seconde*, encore appelé *watt*, et noté W.

$$1\ \mathrm{W} = 1\ \mathrm{J/s} = 1\ \mathrm{m^2 \cdot kg/s^3}.$$

On emploie souvent le *kilowatt*, noté kW :

$$\mathbf{1\ kW = 1\ 000\ W.}$$

Le *wattheure*, noté Wh, n'est pas une unité de puissance, mais d'énergie : c'est, comme son nom l'indique, l'énergie produite pendant une heure par une puissance d'un watt. On emploie surtout le *kilowattheure*, noté kWh.

$$\mathbf{1\ Wh = 3{,}6 \times 10^3\ J}$$

$$\mathbf{1\ kWh = 3{,}6 \times 10^6\ J = 3{,}6 \times 10^3\ kJ.}$$

Le kilowattheure est l'unité employée pour mesurer l'énergie électrique.

- La puissance d'une locomotive électrique est de l'ordre de 6 000 kW.
- La centrale thermique de Porcheville a une puissance de 2 900 MW ; la centrale nucléaire de Bugey atteint 4 180 MW.

■ Dans un amplificateur stéréophonique, l'indication 2 × 115 W signifie que, pour chacun des deux canaux, la puissance est de 115 W. Il s'agit de la puissance maximale à la sortie de l'amplificateur. En fait, on n'utilise en pratique qu'une faible partie de cette puissance, pour ne pas endommager les haut-parleurs, non plus que les oreilles des auditeurs (contrairement au cas des baladeurs).

■ La puissance thermique d'une chaudière est l'énergie calorifique produite par combustion pendant l'unité de temps. On exprime cette puissance en kilowatts, en remplacement des kilocalories par heure.

Exercices :

1. La puissance d'une chaudière est de 18 000 kcal/h.Trouver l'équivalent en kW. L'énergie produite pendant une heure est 18 000 × 4,184 kJ. Le temps considéré est 3 600 s. La puissance est donc :

$$\mathbf{4{,}184 \times \frac{18\,000}{3\,600} = 4{,}184 \times 5 \approx 20{,}9\,kW.}$$

2. Inversement, sachant que la puissance est 140 kW, trouver l'équivalent en kcal/h.

Il faut multiplier par 3 600 pour passer des secondes aux heures, et diviser par 4,184 pour passer des kilojoules aux kilocalories. On trouve ainsi :

$$\mathbf{\frac{3\,600}{4{,}184} \times 140 \approx 120\,000\,kcal.}$$

Puissance d'un moteur à explosion

La puissance d'un moteur à explosion est le travail du couple moteur par unité de temps. Pour un tour, le travail du couple de moment M est $2\,\pi M$.

Soit n le nombre de tours par minute ; le nombre de tours en une seconde est $n/60$. La puissance est donc :

$$P = M\,\frac{2\pi\,n}{60}.$$

Ainsi, $P = M\omega$, où $\omega = \frac{2\pi\,n}{60}$ est la vitesse angulaire, en radians par seconde.

Exemple : Considérons un couple de 10,5 daN · m à 3 000 tr/min. La puissance du moteur à ce régime est :

$$P = 105 \times 2\,\pi \times \frac{3\,000}{60} = 105 \times 2\,\pi \times 50 = 32\,987\ \mathrm{W} \approx 33\ \mathrm{kW}.$$

(Ne pas oublier de convertir les daN · m en N · m.)

La puissance maximale est atteinte à un régime légèrement inférieur au régime maximal. Le couple maximal est atteint à un régime très inférieur au régime maximal. La puissance maximale ne correspond donc jamais au couple maximal.

Cheval-vapeur

Le *cheval-vapeur*, noté ch, est une unité de puissance introduite pour comparer les machines à vapeur aux chevaux de brasseurs.

$$\mathbf{1\ ch = 75\ kgm/s = 7{,}355 \times 10^2\ W = 0{,}735\ 5\ kW.}$$

L'emploi du cheval-vapeur est interdit depuis le 1/1/1978, au profit du watt et du kilowatt. Les publicités pour les voitures, indiquant la puissance en chevaux, donnent obligatoirement leur équivalent en kilowatts. (On obtient approximativement la puissance en kW en prenant les trois quarts de la puissance en ch.)

Exemples :

1. La puissance maximale de la Peugeot 106 XN est 60 ch, ce qui correspond à 44 kW.

2. La puissance de la Venturi 400 GT est de 300 kW, soit encore :

$$\frac{300}{0{,}735\,5} \approx 408\ \text{ch}.$$

Puissance SAE et puissance DIN. Les sigles SAE et DIN signifient respectivement *Society of Automotive Engineers* et *Deutsche Industrie Normen* ; ce sont les normes industrielles américaines et allemandes.
La puissance d'un moteur suivant les normes SAE est la puissance brute disponible, compte non tenu des accessoires (pompe à eau, pompe à essence, ventilateur, etc.). La puissance DIN est la puissance nette (c'est-à-dire effectivement disponible). La puissance SAE, d'intérêt limité, a pour avantage de donner des nombres plus flatteurs.
Ainsi, la Peugeot 404 atteignait 80 ch SAE, mais seulement 54 ch DIN, ce qui se traduit par 40 kW.
La puissance ISO (International System Organization), désormais la seule utilisée, est sensiblement égale à la puissance DIN ; elle est toujours exprimée en kW.

Cheval fiscal

La puissance administrative d'un véhicule automobile est un nombre fixé conventionnellement pour déterminer les prix de la carte grise et de la vignette, ainsi que la prime d'assurance.

Ancien calcul

Jusqu'au 31 décembre 1977, le critère essentiel était la cylindrée (voir p. 231), suivant la relation :

$$P = knd^2 l\omega,$$

où k est un coefficient égal à 0,000 15

n est le nombre de cylindres

d est l'alésage en cm

l est la course en cm

ω est la vitesse de rotation du moteur en tours par seconde.

Cette vitesse de rotation est conventionnellement prise égale à 30 pour les voitures particulières, à 25 pour les véhicules utilitaires, à 10 pour les poids lourds. (La vitesse de 30 tr/s, soit 1 800 tr/min, est le tiers ou le quart de celle des moteurs actuels.)

Enfin, le nombre trouvé doit être multiplié par 0,7 dans le cas d'un moteur Diesel ou à gazogène.

Le résultat est exprimé en chevaux fiscaux (notés CV), le nombre P étant arrondi à l'entier le plus proche.

Rappelons que la cylindrée c est le produit du nombre n de cylindres par le volume de chacun d'eux, à savoir $\frac{\pi}{4}d^2l$ (voir p. 231).
Autrement dit, on obtient la valeur de nd^2l en multipliant la cylindrée par $4/\pi$.

Exemple : Montrons d'où vient le nom de la 2 CV Citroën. Considérons par exemple le cas du moteur de 424 cm³. La puissance administrative est :

$$\mathbf{P = 0{,}000\,15 \times 2 \times 6{,}6^2 \times 6{,}2 \times 30 \approx 2{,}43.}$$

L'entier le plus proche est effectivement 2.

De manière générale, pour une voiture particulière,

$$\mathbf{P = 0{,}000\,15 \times \frac{4}{\pi} \times 30\,c \approx 0{,}005\,73\,c.}$$

D'où le tableau donnant la puissance P en CV, connaissant la cylindrée en cm³ :

c en cm³	*P* en CV	*c* en cm³	*P* en CV
$c \leqslant 261{,}6$	1	$1\,483{,}1 < c \leqslant 1\,657{,}6$	9
$261{,}6 < c \leqslant 436{,}1$	2	$1\,657{,}6 < c \leqslant 1\,832{,}1$	10
$436{,}1 < c \leqslant 610{,}6$	3	$1\,832{,}1 < c \leqslant 2\,006{,}6$	11
$610{,}6 < c \leqslant 785{,}1$	4	$2\,006{,}6 < c \leqslant 2\,181{,}1$	12
$785{,}1 < c \leqslant 959{,}6$	5	$2\,181{,}1 < c \leqslant 2\,355{,}6$	13
$959{,}6 < c \leqslant 1\,134{,}1$	6	$2\,355{,}6 < c \leqslant 2\,530{,}1$	14
$1\,134{,}1 < c \leqslant 1\,308{,}6$	7	$2\,530{,}1 < c \leqslant 2\,704{,}6$	15
$1\,308{,}6 < c \leqslant 1\,483{,}1$	8	$2\,704{,}6 < c \leqslant 2\,879{,}1$	16

La différence entre les valeurs extrêmes de chaque intervalle (par exemple 1 308,6 – 1 134,1) est toujours égale à 174,5, c'est-à-dire l'inverse de 0,005 73. Le nombre 261,6 (valeur donnée par le Service des Mines) est à peu près 1,5 × 174,5.

Nouveau calcul

Les coefficients précédents ne tiennent aucun compte de la vitesse réelle de rotation du moteur, du taux de compression, etc. De la sorte, une Porsche 1,6 l et une 404 Peugeot étaient toutes deux des 9 CV, avec des puissances réelles de 115 ch et 72 ch SAE.

D'autre part, les moteurs de faible cylindrée ne sont pas les plus économiques. C'est pourquoi le gouvernement a établi, en accord avec les constructeurs, un nouveau mode de calcul de la puissance administrative, favorisant les voitures les moins gourmandes.

La formule est cette fois :

$$\boldsymbol{P = m\left(0{,}045\,8\,\frac{c}{k}\right)^{1{,}48}}.$$

(Pour la signification de l'exposant, voir p. 110. Les calculs exigent une calculatrice scientifique, présentant la touche y^x.)

Le coefficient m est égal à 1 dans le cas de l'essence et à 0,7 pour le gazole (seul point commun avec l'ancienne formule). La cylindrée c est exprimée en cm^3. Le nombre k est la moyenne des vitesses en km/h obtenues à 1 000 tr/min sur chacun des rapports, tout au moins dans le cas d'une boîte manuelle à quatre rapports :

$$\boldsymbol{k = \frac{1}{4}\left(k_1 + k_2 + k_3 + k_4\right)}.$$

Dans le cas d'une boîte à cinq rapports,

$$\begin{aligned} &\boldsymbol{k = \frac{1}{4}\left(k_1 + k_2 + k_3 + k_5\right)} && \textbf{si } \boldsymbol{k_5 \leqslant 1{,}25\,k_4} \\ &\boldsymbol{k = \frac{1}{4}\left(k_1 + k_2 + k_3 + 1{,}25\,k_4\right)} && \textbf{si } \boldsymbol{k_5 > 1{,}25\,k_4}. \end{aligned}$$

> L'introduction d'un cinquième rapport (boîte « à 5 vitesses ») diminue la puissance administrative, surtout avec un rapport de pont long. Dans le même ordre d'idée, la floraison des « turbo » est due au fait que le surcroît de puissance n'est toujours pas pris en compte par l'Administration !

Signalons enfin le cas des boîtes automatiques :

$$\begin{aligned} &\boldsymbol{k = \frac{1}{3{,}48}\left(k_1 + k_2 + k_3\right)} && \textbf{pour trois rapports} \\ &\boldsymbol{k = \frac{1}{3{,}48}\left(k_1 + k_2 + k_4\right)} && \textbf{pour quatre rapports si } \boldsymbol{k_4 \leqslant 1{,}4\,k_3} \\ &\boldsymbol{k = \frac{1}{3{,}48}\left(k_1 + k_2 + 1{,}4\,k_3\right)} && \textbf{pour quatre rapports si } \boldsymbol{k_4 > 1{,}4\,k_3}. \end{aligned}$$

Ici aussi, la puissance est arrondie à l'entier le plus proche. Mais, cette fois, le résultat est un nombre (d'unités administratives), le symbole CV ayant disparu.

Exemple : Considérons la Peugeot 306 XT. La cylindrée est $c = 1\,761$ cm³. Avec une boîte manuelle à cinq rapports et pont court, on obtient, en km/h :

en 1re $k_1 = 7{,}52$ en 2e $k_2 = 14{,}04$ en 3e $k_3 = 20{,}30$
en 4e $k_4 = 26{,}82$ en 5e $k_5 = 35{,}42$.

Notons que :

$$\frac{k_5}{k_4} = \frac{35{,}42}{26{,}82} = 1{,}32.$$

Ce quotient étant supérieur à 1,25, on remplace k_5 par 1,25 k_4 pour obtenir la moyenne k :

$$k = \frac{1}{4}\left(7{,}52 + 14{,}04 + 20{,}30 + 1{,}25 \times 26{,}82\right) \approx 18{,}85.$$

Par conséquent :

$$P = \left(0{,}045\,8 \times \frac{1\,761}{18{,}85}\right)^{1{,}48} \approx 8{,}60.$$

La puissance administrative est 9.

Recommençons le calcul avec un pont long :

en 1re $k_1 = 8{,}28$ en 2e $k_2 = 15{,}47$ en 3e $k_3 = 22{,}36$
en 4e $k_4 = 29{,}54$ en 5e $k_5 = 37{,}52$.

On trouve cette fois :

$$k = \frac{1}{4}\left(8{,}28 + 15{,}47 + 22{,}36 + 1{,}25 \times 29{,}54\right) \approx 20{,}76$$

$$P = \left(0{,}045\,8 \times \frac{1\,761}{20{,}76}\right)^{1{,}48} \approx 7{,}45.$$

La puissance administrative est 7 au lieu de 9. Cela présente des avantages pécuniaires (taxe sur les automobiles ou « vignette ' et assurance), au détriment des performances et de la sécurité.

Examinons enfin le cas d'une boîte automatique à quatre rapports.

en 1re $k_1 = 10{,}99$ en 2e $k_2 = 19{,}37$
en 3e $k_3 = 26{,}52$ en 4e $k_4 = 35{,}90$.

Cette fois :

$$\frac{k_4}{k_3} = \frac{35{,}90}{26{,}52} \approx 1{,}35.$$

Ce nombre est inférieur à 1,4. Par suite, on prend pour moyenne des vitesses :

$$k = \frac{1}{3{,}48}\left(10{,}99 + 19{,}37 + 35{,}90\right) \approx 19{,}04.$$

D'où la puissance administrative :

$$P = \left(0{,}045\,8 \times \frac{1\,761}{19{,}04}\right)^{1{,}48} \approx 8{,}47.$$

Cette valeur est arrondie à 8.

La *pression* est le quotient d'une force appliquée perpendiculairement à une surface par l'aire de celle-ci. L'unité de pression est le newton par mètre carré, encore appelé *pascal*, noté Pa.

$$1 \text{ Pa} = 1 \text{ N/m}^2 = 1 \text{ m}^{-1} \cdot \text{kg/s}^2.$$

Dans la mesure de la pression des fluides, on a employé le *bar*, noté bar.

$$1 \text{ bar} = 10^5 \text{ Pa}.$$

Le bar est divisé en millibars.

1 bar = 1 000 mbar.

Le millibar est utilisé en barométrie météorologique.

Exemples :

1. La *pression atmosphérique* est la pression exercée par l'air ambiant sur les surfaces avec lesquelles il est en contact. Cette pression dépend du lieu, et aussi des conditions météorologiques ; on l'exprime généralement en millibars. Les variations restent généralement comprises entre 970 et 1 040 millibars.

L'*atmosphère* (ou atmosphère normale), notée atm, a d'abord été définie comme la pression exercée par une colonne de mercure de 0,76 m prise à 0 °C en un lieu où l'intensité de la pesanteur a la valeur conventionnelle g_n = 9,806 65 m/s². D'après cette définition, 1 atm ≈ 101 325 Pa. Cette valeur, considérée comme exacte, a été prise comme définition de l'atmosphère en 1954.
Depuis le 1er janvier 1978, il est interdit d'employer le kilogramme-force par centimètre carré (kgf/cm²) ; il en est de même pour l'atmosphère (atm) depuis le 1er janvier 1980. Ces deux unités étaient toutes deux très voisines du bar ; c'est pourquoi les tableaux de gonflage des pneumatiques en kgf/cm² peuvent encore servir avec les mêmes pressions en bars.
Le choix du bar n'obéit pas aux règles usuelles du Système International, qui privilégient le kilopascal (1 bar = 100 kPa) et le mégapascal (1 bar = 0,1 MPa). On comprend ainsi la disgrâce qui frappe à son tour le bar ; cependant, un bulletin météorologique indiquant une pression de 1,1 hectopascal n'est rien de moins qu'ésotérique.

2. *Taux de compression.* La pression d'un gaz à température constante est inversement proportionnelle au volume occupé. Ainsi, dans un moteur à explosion, les gaz frais entrent à la pression atmosphérique ; la pression des gaz comprimés est la pression atmosphérique multipliée par le rapport volumétrique (voir p. 232). C'est pourquoi le rapport volumétrique s'appelle encore taux de compression.

Exercice : Trouver la pression des gaz comprimés dans le moteur de la Peugeot 806 SR, le taux de compression étant 9,5.
La pression atteinte avant l'explosion est :

$$9{,}5 \times 1{,}013 \approx 9{,}6 \text{ bar}.$$

EXERCICES

1. La combustion d'un litre de fioul domestique dégage 9 mth. On compte 110 mth par an pour le chauffage d'un mètre cube d'air. Le volume d'une maison étant de 690 m^3, trouver la consommation annuelle de fioul.

2. Dans un moteur dont l'alésage est 75 mm et la course 77 mm, on veut obtenir un taux de compression de 7,2. On demande de déterminer le volume de la chambre de combustion.

3. La perte calorifique journalière d'une piscine, en kcal, est le produit du volume en litres par la perte calorifique journalière en degrés, laquelle est donnée par le tableau suivant :

Mois	Température de l'eau		
	23°	25°	27°
avril	1,8	2,0	2,2
mai	1,5	1,8	2
juin	1,2	1,4	1,6
juillet	0,9	1,1	1,3
août	1	1,2	1,4
septembre	1,5	1,7	2

a) Calculer la dépense d'énergie en kWh du 1/4 au 30/9 pour un volume de 80 m^3, et pour chacune des températures considérées.
b) Reprendre les calculs pour la période du 1/5 au 31/8.
c) Reprendre les questions précédentes dans le cas du Midi méditerranéen, les pertes étant diminuées de 20 %.

4. Un conducteur exerce sur la pédale du frein un effort de 600 N. On sait que les bras de levier correspondant à l'effort moteur du pied et à l'effort transmis mesurent 325 mm et 65 mm. L'aire du piston du maître cylindre est de 5 cm^2. On demande :
a) la force exercée sur le liquide contenu dans le maître cylindre ;
b) la pression obtenue (en bars).

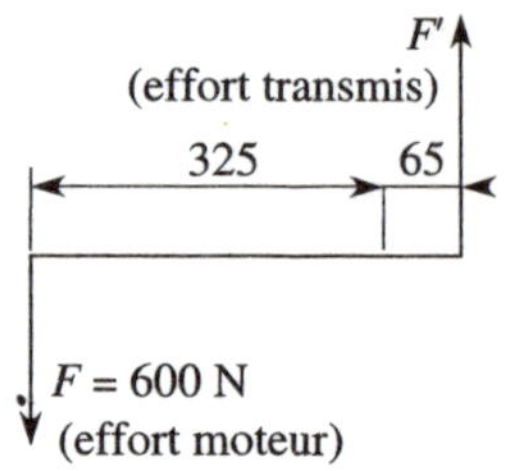

CORRIGÉS DES EXERCICES

REPRÉSENTATION DES NOMBRES ENTIERS NATURELS (P. 13)

1. $3 < 19 < 24 < 62 < 512 < 1\ 825$.

2. 1 000 ; 9 999.

3. 33 ; 78 ; 2 825 ; 1 011.

4. 24 ; 2 349 ; 14 999.

5. XVIII ; LIX ; CMXXV ; MMCMXLIX.

6. 25 ; 63 ; 1 311 ; 1 999.

LES QUATRE OPÉRATIONS (P. 31)

1. $9 + 2 \times (99 - 9) + 3 \times (352 - 99) = 948$.

2. Avec 8 chiffres, cent millions. Avec 10 chiffres, dix milliards. (La numérotation à 8 chiffres, mise en place le 25/10/1985, s'est substituée à un système datant de 1955, utilisant 6 ou 7 chiffres. Le passage à 10 chiffres, évitant une prochaine saturation, présente aussi l'intérêt de faire disparaître le 16 ou le 16 suivi de 1 pour les communications entre l'Île-de-France et la province.)

3. a) $9\ 999 \times (22^2 - 2) = 4\ 819\ 518$.

b) $999 \times 22^3 = 10\ 637\ 352$.

(Le système d'immatriculation datant de 1928, prévu pour durer 75 ans, a dû être remplacé le 1/4/1950 par le système actuel, lequel donne encore satisfaction.)

4. $a = 4\ q + r = 5(q - 2) + 3$. D'où :
$q = 5 \times 2 = 10$ et $a = 4 \times 10 + 3 = 43$.

5. $a = bq + r$ et $145 + a = (b + 2)\ q + r + 3$. En retranchant membre à membre, on obtient : $145 = 2q + 3$. D'où $q = 71$.

6. De même : $a + 52 = (b / 4)\ q + r$ et $4\ q = 42$. D'où $q = 13$.

7. Le nombre n vérifie : $(n + 1)^2 - n^2 = 321$. Le premier membre s'écrit : $(n + 1 - n)(n + 1 + n)$. Ainsi, $2\ n + 1 = 321$. D'où $n = 160$ et $n + 1 = 161$.

8. $2^{26} = 67\ 108\ 864$.
$2^{33} = 8\ 589\ 934\ 592$.
(Ce nombre étant très supérieur à la population du globe vers l'an mil, l'hypothèse est à rejeter. Chacun de nous retrouve donc plusieurs fois les mêmes ancêtres dans son arbre généalogique.)

NUMÉRATION BINAIRE ET NUMÉRATION OCTALE (P. 35)

1. a) $159 = 2 \times 64 + 3 \times 8 + 7$, soit 2 037 en base huit.
b) $341 = 3 \times 8^2 + 4 \times 8 + 1$, soit 2 225 en base huit.

2. a) En base huit, $a + b = 223$.
b) En base dix, $a = 102$, $b = 45$, $a + b = 147 = 2 \times 64 + 2 \times 8 + 3$.

3. a) En base huit, $ab = 6\ 215$.
b) En base dix,
$ab = 3\ 213 = 6 \times 8^3 + 2 \times 8^2 + 8 + 5$.

4. a) $10^3 - 10^2 = 900$. **b)** $8^3 - 8^2 = 448$.

DIVISIBILITÉ (P. 49)

1. Ne sont pas premiers les nombres suivants (on a indiqué entre parenthèses leur plus petit diviseur premier) :
187 (11) ; 4 913 (17) ; 1 081 (23) ;
8 281 (7) ; 4 761 (3).

2. $2^5 \times 5 \times 19$; $2^4 \times 11$; 5×11^2 ;
$2 \times 7 \times 11 \times 31$; $2^3 \times 3 \times 101$;
$2^4 \times 3 \times 5^2$; $2^2 \times 3^3 \times 5 \times 13$;
$2^6 \times 3^6 \times 7^3 \times 11^4$; $2^3 \times 1\ 097$;
$2^2 \times 3^2 \times 5^3$; $2 \times 3^4 \times 5 \times 13$.

3. a) $504 = 2^3 \times 3^2 \times 7$.

b) 1 ; 2 ; 3 ; 4 ; 6 ; 7 ; 8 ; 9 ; 12 ; 14 ; 18 ; 21 ; 24 ; 28 ; 36 ; 42 ; 56 ; 63 ; 72 ; 84 ; 126 ; 168 ; 252 ; 504.

4. Par hypothèse, $169 = bq + 8$, $b > 8$. Par suite, bq est égal à $161 = 7 \times 23$.

Comme b et q sont des nombres entiers, $b = 23$ et $q = 7$, ou $b = 161$ et $q = 1$.

5. 480 ; 450 ; 14 720 ; 1 872 ; 6 804 ; 1 008 ; 770 ; 570.

6. 1 431 (en retranchant 1 au nombre cherché, on se ramène au calcul du PPCM de 2, 5, 11 et 26).

7. 27 720. **8.** 25 et 6 000.

9. En divisant les nombres cherchés par 28, on se ramène au cas de deux nombres premiers entre eux dont le produit est 42. Quatre solutions : 28 et 1 176, 56 et 588, 84 et 392, 168 et 196.

10. Le PGCD de 128, 144 et 192 est 16. Le nombre d'arbres est 29.

NOMBRES ENTIERS NÉGATIFS (P. 63)

1. 10 ; – 10 ; – 128 ; 0 ; – 96 ; – 72 ; 114 ; 180 ; 53 ; – 34 ; 126 ; 24.

2. a) $||-3| - |-9|| = 6$, $|-3| - |-9| = -6$, d'où $|-3| - |-9| < ||-3| - |-9||$;
b) $6 \times |5 - 7| = 12$, $10 - |-2 \times 3| = 60$, d'où $6 \times |5 - 7| < 10 - |-2 \times 3|$.
c) La valeur absolue de nombres non nuls est strictement positive ; le produit de deux nombres strictement positifs est strictement positif ; d'où :
$0 < |18\ 520| \times |-19|$.

3. a) a positif : $2a$; 0 ; a^2 ; $-a^2$;
b) a négatif : 0 ; $-2a$; $-a^2$; $-a^2$.

4. Paul a 550 francs.

5. Une des possibilités est :
$(3 + 5) \times 100 - 2 \times 10 - 1 = 779$.

FRACTIONS (P. 70)

1. a) $\frac{1}{4}$ $\frac{17}{60}$ $\frac{7}{12}$ $\frac{3}{5}$ $\frac{5}{6}$;
b) $\frac{8}{36}$ $\frac{9}{27}$ $\frac{5}{12}$ $\frac{41}{72}$ $\frac{25}{30}$;
c) $\frac{5}{33}$ $\frac{14}{55}$ $\frac{18}{66}$ $\frac{14}{49}$ $\frac{7}{22}$;
d) $\frac{23}{49}$ $\frac{45}{84}$ $\frac{40}{70}$ $\frac{5}{7}$ $\frac{72}{63}$.

2. $\frac{55}{77}$ $\frac{75}{105}$.

3. $\frac{2}{5}$ $\frac{3}{4}$ $\frac{215}{462}$ $\frac{15}{7}$ $\frac{3}{2}$ $\frac{45}{13}$ $\frac{159}{121}$ $\frac{91}{87}$ $\frac{25}{24}$ $\frac{200}{121}$ $\frac{176}{35}$.

4. a) $\frac{17}{20}$; **b)** 17 ; **c)** $\frac{13}{15}$; **d)** $\frac{14}{5}$; **e)** $\frac{59}{14}$; **f)** $\frac{63}{60}$; **g)** $\frac{29}{36}$; **h)** $\frac{437}{312}$.

5. a) $\frac{63}{32}$; **b)** $\frac{121}{243}$.

6. $\frac{1}{6}$ $\frac{238}{37}$ $\frac{1}{18}$ $\frac{1}{8}$ $\frac{3}{32}$.

7. $a + b = \frac{47}{60}$; $a - b = \frac{73}{20}$;
$ab = -\frac{5\,719}{1\,800}$; $\frac{a}{b} = -\frac{133}{86}$.

8. a) $96\left(1 - \frac{1}{2} - \frac{1}{3} - \frac{1}{8}\right) = 4$.

b) $96\left(1 - \frac{1}{2} - \frac{1}{6}\right) \times \frac{7}{8} = 28$.

9. $240 + 180 + \frac{1}{8} \times 240 + \frac{1}{3} \times \frac{1}{8} \times 240 = 430$.

NOMBRES DÉCIMAUX, NOMBRES RÉELS (P. 82)

1. Les première, troisième et cinquième fractions sont égales à des nombres décimaux. Les valeurs approchées des autres sont 0,226 ; 0,073 ; 0,314 ; 0,101.

2. $51/49 \approx 1{,}04$.

3. 8^7 ; 1 ; 3^{-3}.

4. $a + (a + 3) = 39$ donne $a = 18$; le plus jeune a 18 ans, l'aîné a 21 ans.

5. a) $15\,(2{,}26 \times 2\,100 + 750) = 82\,440$.
b) $(15 \times 226)/0{,}75 = 4\,520$.

c) $\frac{82\,440 + 9\,000 + 4\,520 \times 8}{4\,520} \approx 28{,}23$.

Ce nombre n'est pas entier. On prendra donc pour prix de vente d'une bouteille le plus petit nombre entier supérieur à 28,23 soit 29. (Si on avait pris la partie entière, le bénéfice aurait été inférieur à 9 000 F.)

6. a) 3,33 m ; 1,11 m ; $10 \times (1/3)^n$.
b) À partir du septième rebond.

MESURE DES TEMPÉRATURES (P. 85)

1. Azote : 63,15 K ; 77,35 K ; chrome : 2 130,15 K ; 2 945,15 K ; oxygène : 54,75 K ; 90,15 K ; plomb : 600,65 ; 2 013,15 K.

2. Chlore : – 149,8 °F ; 30,28 °F ; fer : 2 795°F ; 4 982 °F ; phosphore :

111,38 °F ; 536 °F ; uranium : 2 069,6 °F ; 6 904,4 °F.

3. Londres : 15,55 °C ; Birmingham : 11,11 °C ; Manchester : 10 °C ; Newcastle : 7,78 °C.

4. Le malentendu tient au fait que l'Anglais exprime les températures en degrés Fahrenheit et l'Italien, en degrés Celsius. En réalité, il fait 15 °C à Milan, c'est-à-dire 59 °F. Pour l'Anglais, il fait deux fois plus chaud à Milan qu'à Londres ; il fait donc 29,5 °F à Londres, soit environ – 1,4 °C.

MESURE DES VALEURS (P. 91)

1. a) 28 700 F ; 28 700 F ; 37 900 F. **b)** dix fois 8 610 F puis 9 200 F.

2. a) La carte hebdomadaire est rentable à partir de trois voyages aller-retour par semaine. **b)** Le coupon orange est rentable à partir de quatre jours ouvrables dans la semaine. **c)** Le coupon hebdomadaire revient à 67,80 francs ; il devient rentable au bout du deuxième jour.

GRANDEURS PROPORTIONNELLES (P. 104)

1. Prix de la machine avant la remise :

$$637{,}50/0{,}850 = 750 \text{ F.}$$

2. Pourcentage de la ristourne :

$$55/(460+55) \approx 10{,}68\ \%$$

3. Calibre du fusil : $480/760 \times 25 \approx 16$.

4. La part de chaque héritier est :

$$\frac{1}{2}(1+0{,}8)\times 750\,000 = 675\,000 \text{ F.}$$

Le premier doit donc verser au second :

$$750\,000 - 675\,000 = 75\,000 \text{ F.}$$

5. $\dfrac{13\,000}{2\times 10\times 12} \approx 54$ jours.

6. 2,19 F ; 3,65 F ; 5,84 F ; 10,95 F ; 13,87 F ; 48,91 F ; 105,12 F.

7. Prix d'achat initial du tableau :

$$\frac{24\,502{,}50}{1{,}1\times 1{,}1\times 0{,}9\times 0{,}9} = 25\,000 \text{ F.}$$

(Les gains et les pertes de 10 % ne se compensent pas.)

RACINES CARRÉES, RACINES CUBIQUES (P. 111)

1. a) $18 ;\ 6 ;\ 12 ;\ 12\sqrt{2} ;\ 72\sqrt{2}$.

b) $3 ;\ -\sqrt{2} ;\ 36\sqrt[3]{2} ;\ 12$.

2. $-3 ; -\sqrt{2} ; -\dfrac{21}{22} ; \dfrac{\sqrt{5}}{2} ; |-2| ; (\sqrt{2}-4)^2$.

3. $11\,025 = 3^2\times 5^2\times 7^2 ; \sqrt{11\,025} = 105$.

4. a) 5 ; 1.

b) $a = \dfrac{\sqrt{5}}{5} ; b = \sqrt{5}+2 ; c = \dfrac{20+9\sqrt{5}}{5}$.

c) $d = 2+\sqrt{5}$.

INTÉRÊTS SIMPLES, INTÉRÊTS COMPOSÉS (P. 124)

1. 5 797,50 F.

2. 17,1 %.

3. a) 23,03 F. **b)** 6,4 %.

4. a) 28 475,50 F. **b)** 21 959 F.

5. a) 13 397 F. **b)** 7,58 %.

6. a) $1{,}08^2 \times 62\,986 \approx 73\,467$ F.

b) $\dfrac{1}{1{,}08^3}\times 62\,986 \approx 50\,000$ F.

MESURE DES LONGUEURS (P. 132)

1. 12 200 m. **2.** 39 400 ft.

3. 21,7 ; 25 ; 30,1 ; 35,4 ; 43,3 ; 47,2.

4. 5,59 ; 9,65 ; 11,43. (Les équivalences entre calibres ne sont que des approximations, les calibres anglo-saxons et français n'étant pratiquement jamais interchangeables.)

5. a) 0,376 mm. **b)** 3,76 mm ; 2,63 mm ; 9,02 mm. **c)** 9,02 mm ; 49,63 mm. **d)** 2 cicéros 5 points ; 39 cicéros 10 points.

6. 2,54 mm ; 2,12 mm.

7. 8,5 µm ; 4,2 µm ; 2,0 µm.

MESURE DU TEMPS (P. 150)

1. $1{,}14\times 10^{-8}$ $\quad 9{,}59\times 10^{-9}$
$1{,}11\times 10^{-8}$ $\quad 9{,}55\times 10^{-9}$
$1{,}107\times 10^{-8}$ $\quad 9{,}48\times 10^{-9}$
$9{,}89\times 10^{-9}$ $\quad 1{,}01\times 10^{-10}$
$9{,}70\times 10^{-9}$.

2. 95 %.

3. jeudi (1996) ; mardi (2000) ; vendredi (1862).

4. dimanche.

5. 1990 : 15/4 ; 1991 : 31/3 ; 1992 : 19/4 ; 1993 : 11/4 ; 1994 : 3/4 ; 1995 : 16/4 ; 1996 : 7/4 ; 1997 : 30 /3 ; 1998 : 12/4 ; 1999 : 4/4 ; 2000 : 23/4.

6. a) 7. **b)** 302 cycles, année numéro 5.

c) $\frac{19 \times 365,25}{235} \approx 29,5309$ j.

d) 1 h 25 min.

MESURE DES VITESSES (P. 154)

1. 128 km/h ; 133 km/h ; 213 km/h.

2. 2 736 m. **3. a)** 30 km/h ; **b)** 833 cm/s.

4. a) 21,6 km/h. **b)** 35 s. **c)**19,89 km/h. (30,96 km/h ; 47,8 s.)

5. a) 1,7 m. **b)** 2,5 m. **c)** 3,6 m.

6. 540 m.p.h. ; 640 m.p.h.

7. 866 km/h ; 241 m/s.

8. a) 1 h 36 min 30 s. **b)** 3 h 13 min.

9. 128,25 m.

10. Les 30 premiers kilomètres ont été parcourus à 18 km/h. Il faut parcourir les 30 kilomètres restants en 80 minutes, soit à 22,5 km/h.

11. a) $\frac{588}{192} \times 2 \times 16 \times 44,1 \times 10^3$
$= 4,321\,8 \times 10^6 \approx 4,32$ Mbaud.

b) 18 400 Mbit.

CARRÉS ET RECTANGLES
MESURE DES SUPERFICIES (P. 163)

1. 17/0,6 ≈ 28,33. Si on passe la tondeuse parallèlement à la largeur, on effectuera un parcours de 29 × 9, soit de 261 m ; 9/0,6 = 15. Si on passe la tondeuse parallèlement au grand côté, on effectuera un parcours de 15 × 17, soit 255 m de long. On choisira donc cette dernière solution. Dans le second cas, on choisira indifféremment l'une ou l'autre des deux solutions.

2. a) 126 cm^2 ; 160,50 cm^2. **b)** minimum 116,96 cm^2 ; maximum 170,94 cm^2.

3. a) 16,8 mm^2 ; 24 mm^2 ; 55,25 mm^2 ; 74 mm^2 ; 432 mm^2 ; 418 mm^2.
b) 0,70 ; 1 ; 2,3 ; 3,1 ; 18 ; 17,4.

4. a) 7 168 000 000 pages. **b)** 7 254 ha, ce qui représente 69 % de la superficie de Paris.

5. La somme et la différence des côtés sont respectivement 1 000/4 = 250 m et 7 500/250 = 30 m. Les côtés mesurent donc 140 m et 110 m.
D'où les prix : $60 \times 140^2 = 1\,176\,000$ F ; $60 \times 110^2 = 726\,000$ F ; la somme totale déboursée est :
$1,10 \times 1\,902\,000 = 2\,092\,200$ F.

6. 2 ; 4 ; 6 ; 8 ; 10 ; 6 ; 8 ; 9 ; 12 ; 14 ; 15 ; 16 ; 18 ; 20 ; 24.

ÉCHELLES (P. 167)

1. Superficie réelle du chemin :
$2\,500^2 \times 0,15 \times 0,002\,5 = 2\,343,75$ m^2.
Coût du gravier : 2 343,75 × 80 = 187 500 F.

2. 4 : 1 ; 1 : 16.

3. a) Le rapport longueur/largeur est plus élevé pour le champ que pour la feuille de papier. On va donc choisir l'échelle en fonction de la longueur du champ. Or, 180/0,297 ≈ 606. L'échelle qui conviendra le mieux sera donc l'échelle 1 : 1 000 ; dans cette représentation, la longueur et la largeur mesurent respectivement 100 × 180/1 000, soit 18 cm, et 100 × 46/1 000 = 4,6 cm. La superficie est 82,8 cm^2. **b)** Largeur de la feuille : 21 cm ; largeur de la maison : 100 × 10/1 000 = 1 cm. Longueur maximale du chemin : 21 – 4,6 – 1 = 15,4 cm, soit en taille réelle 154 m.

CERCLE (P. 176)

1. $OO' > r + r'$: cercles extérieurs ; $OO' < r - r'$: cercles intérieurs ; $OO' = r + r'$: cercles tangents extérieurement ; $6 < r + r' < 9$, $1 < r' - r < 4$, donc $r' - r < OO' < r' + r$: cercles sécants ; $OO' = r - r'$: cercles tangents intérieurement.

2. Périmètre de la roue : $0,7 \times 3,14 \approx 2,2$ m ; nombre de tours de roue : $20\,000/2,2 \approx 9\,091$.

3. 42/22 : développement :

$$\frac{42}{22} \times 2,2 \approx 4,2 \text{ m}.$$

52/14 : développement :

$$\frac{52}{14} \times 2,2 \approx 8,2 \text{ m}.$$

4. a) Rayon du plus grand disque possible : 2,5/2=1,25 m ; aire de ce disque : $3,14 \times (1,25)^2 = 4,91$ m^2 ; aire des chutes : $(2,5)^2 - 4,91 = 1,34$ m^2.
b) Pourcentage de chutes :

$$\frac{1,34}{4,91} \approx 27,3\,\%.$$

c) Rayon du plus grand disque possible : $L/2$; aire de ce disque :

$$\pi \frac{L^2}{4} ;$$

aire des chutes :

$$L^2 - \pi \frac{L^2}{4} = \left(1 - \frac{\pi}{4}\right) L^2 ;$$

pourcentage de chutes :

$$\frac{1 - \frac{\pi}{4}}{\frac{\pi}{4}} \approx 27,3\,\%.$$

Application. Pour avoir 2,5 m^2 de chutes, il faut prendre une plaque d'aire :

$$\frac{100}{27,3} \times 2,5 \approx 9,16 \text{ m}^2.$$

Son côté est donc : $\sqrt{9,16} \approx 3,03$ m.

5. a) Diamètre du cercle sur lequel sont disposées les fleurs : 21 m ; périmètre de ce cercle : $21 \times 3,14 = 65,94$ m ; $65,94/0,3 = 219,8$. Il y a autant d'espaces que de fleurs. On pourra donc planter 219 fleurs, mais il y aura en trop $65,94 - 0,3 \times 219 = 0,24$ m, soit 24 cm entre deux des 219 fleurs.
b) $24/219 \approx 0,1$; il faut planter les fleurs avec un espacement de 30,1 cm.

MESURE DES ANGLES (P. 184)

1. $6,96 \times 10^{-4}$ tr/min.

2. $1,90 \times 10^{-6}$ tr/min.

3. $(360 \times 3,7)/20 = 66,6$; on peut tourner les roues avant d'un angle de 66–36'.

4. Un tour mesure $38\,\pi \approx 119,38$ cm. La vitesse de défilement vaut donc :

$$\frac{119,38 \times 3\,600 \times 60}{100\,000} \approx 258 \text{ km/h}.$$

5. La poulie correspondant à 45 tr/min a pour diamètre :

$$163 \times \frac{45}{250} = 29,34 \text{ mm}.$$

La poulie correspondant aux « trente-trois tours » a pour diamètre :

$$163 \times \frac{100}{3 \times 250} \approx 21,73 \text{ mm}.$$

6. 1 041 ; 278.

7. a) 4,5 km. **b)** Diamètre minimal :

$$\frac{60 \times 125}{500\,\pi} \approx 4,8 \text{ cm} ;$$

diamètre maximal :

$$\frac{60 \times 125}{215\,\pi} \approx 11,1 \text{ cm}.$$

TRIGONOMÉTRIE (P. 191)

1. a) $\cos \alpha$ peut prendre les valeurs :

$$\frac{\sqrt{3}}{2}\left(\alpha = \frac{\pi}{6}\right) \text{ et } -\frac{\sqrt{3}}{2}\left(\alpha = \frac{5\pi}{6}\right).$$

b) $\sin \alpha = 0$: $\cos \alpha = 1$ ($\alpha = 0$) ou $\cos \alpha = -1$ ($\alpha = \pi$) ;
$\sin \alpha = 1$: $\cos \alpha = 0$ ($\alpha = \pi/2$) ;

$$\sin \alpha = -\frac{\sqrt{2}}{2} ; \cos \alpha = \frac{\sqrt{2}}{2} \left(\alpha = -\frac{\pi}{4}\right)$$

$$\text{ou } \cos \alpha = -\frac{\sqrt{2}}{2} \left(\alpha = -\frac{3\pi}{4}\right).$$

2. a) $\frac{\sqrt{3}}{2}$; 0,98 ; $\frac{\sqrt{13}}{4}$.

b) $-\frac{\sqrt{2}}{2}$; $-0,98$; $-\frac{\sqrt{13}}{4}$.

c) $\frac{4}{3}$. **d)** $-0,17$.

3. $A = \sin \alpha - \tan \alpha - \sin \alpha + \cos \alpha + \tan \alpha - \cos \alpha = 0$.

4. Aire du disque C : 314 cm^2 ;
$200 > 314/2$. L'angle α est rentrant.
Aire du segment de cercle engendré par $3\pi/2$:

$$\frac{10^2}{2} \times \frac{3\pi}{2} + \sin\left(2\pi - \frac{3\pi}{2}\right) \approx 167{,}75\,\text{cm}^2,$$

donc $\frac{3\pi}{2} < \alpha < 2\pi$.

5. a) $\frac{2\pi}{\frac{\pi}{7}} = 14$ s ; 13 s ; 27 s ; 1 399 s.

b) $\frac{4\pi}{5} - \frac{\pi}{7} = \frac{23\pi}{35}$.

Temps nécessaire pour arriver en M une fois :

$$\frac{\frac{23\pi}{35}}{\frac{\pi}{7}} \approx 4{,}6\,\text{s};$$

deux fois : 14 + 4,6 = 18,6 s ; 1 994 fois : 14 × 1 994 + 4,6 = 27 920,6 s.

c) Au bout de 2 s :

$$\alpha = \frac{3\pi}{7};\ \cos\alpha \approx 0{,}22;\ \sin\alpha \approx 0{,}97;$$

au bout de 5 s :

$$\alpha = \frac{6\pi}{7};\ \cos\alpha \approx -0{,}90;\ \sin\alpha \approx 0{,}43;$$

2 h 10 min 12 s = 7 802 s ; 7 802 = 557 × 14 + 4. Le mobile effectue donc son 558e tour, et :

$$\alpha = \frac{5\pi}{7};\ \cos\alpha \approx -0{,}62;\ \sin\alpha \approx 0{,}78.$$

TRIANGLES (P. 204)

1. $\sin\hat{C} = 2 \times \frac{1\,127}{54 \times 72} \approx 0{,}580.$

$\hat{C} \approx 35°\,26'$.

2. Le rapport AC/BC étant égal à 1/2, la mesure de l'angle $\hat{C}$ est 60°. L'angle $\hat{B}$, complémentaire de $\hat{C}$, vaut 30°. Enfin, l'angle BAH, étant complémentaire de $\hat{B}$, vaut 60°.

3. Si l'angle donné est l'un des deux angles égaux du triangle isocèle, le troisième mesure 180 – 2 × 47° 25' 32'' = 85° 8' 56''. Sinon, les deux angles sont égaux ; ils ont pour mesure commune 1/2(180 – 47° 25' 32'') = 66° 17' 14''.

4. L'aire du triangle ABC est :

$$\frac{1}{2}\frac{h^2}{\tan 60°} \approx 2\,165\,\text{mm}^2;$$

l'aire du triangle rectangle isocèle ADC est :

$$\frac{1}{2}AD^2 = \frac{1}{4}AC^2$$

où $AC^2 = AB^2 + BC^2 = 10\,000$ mm^2.
L'aire totale est : 4 665 mm^2.

5. 6,2 + 1,146 × 132,1 ≈ 157,6 m.

6. $BC = AB\frac{\sin 79°}{\sin 63°} \approx 189{,}5$ m ;

$BD = AB\frac{\sin 43°}{\sin 64°} \approx 130{,}5$ m ;

$$CD^2 = BC^2 + BD^2 - 2\,BC \times BD \cos 35° \approx 12\,426\,\text{m}^2.$$

Finalement : $CD \approx 111{,}5$ m.

7. On utilise les relations :

$$\frac{CA}{\sin 64°} = \frac{AB}{\sin 44°};\ \frac{CH}{CA} = \sin 63°.$$

On obtient ainsi : $CH \approx 267$ m.

QUADRILATÈRES REMARQUABLES (P. 210)

1. a) On sait que $AI = IC = CD = DA$; en outre, le triangle IBC est équilatéral. Donc l'angle $\hat{I}$ vaut 60°, et le triangle AID est également équilatéral. Par suite, l'angle $\hat{A}$ mesure 60°. Les côtés AD et IC sont parallèles et de même longueur, ce qui montre que $AICD$ est un parallélogramme, d'où AI parallèle à CD, ou encore AB parallèle à CD. Ainsi, $ABCD$ est un trapèze.

b) Construction : il suffit de dessiner les triangles équilatéraux AID et IBC.

2. a) La hauteur est celle d'un triangle de base 25 mm, dont les autres côtés sont 15 mm et 20 mm. Comme $25^2 = 20^2 + 15^2$, ce triangle est rectangle.
b) La hauteur du triangle issue du sommet de l'angle droit est :

$$h = \frac{20 \times 15}{25} = 12\,\text{mm}.$$

D'où l'aire du trapèze :

$$12 \times \frac{50 + 75}{2} = 750\,\text{mm}^2.$$

3. a) Le trapèze est isocèle.

$$\left(\frac{1}{2}\right)^2 + \left(\frac{L}{2}\right)^2 = 1^2.$$

La grande base est donc : $L=\sqrt{3}$.

La distance d du centre à la petite base est : $\frac{1}{2}\sqrt{3}$.

L'aire du trapèze s'en déduit :

$$\frac{1}{2}\left(1+\sqrt{3}\right)^2=2+\sqrt{3}.$$

b) La distance des milieux des côtés non parallèles est la demi-somme des bases,

soit : $$\frac{1}{2}\left(1+\sqrt{3}\right).$$

Les diagonales du quadrilatère dont les sommets sont les milieux des côtés du trapèze sont perpendiculaires et elles ont la même longueur. Ce quadrilatère est un carré, d'aire :

$$\frac{1}{4}\left(1+\sqrt{3}\right)^2=1+\frac{\sqrt{3}}{2}.$$

4. Aire du terrain :

$$\frac{168\,750}{18\,000}=9{,}375 \text{ ares.}$$

Hauteur réelle :

$$h=\frac{937{,}5}{62{,}5}=15 \text{ m.}$$

Sur le plan cadastral : $\frac{1\,500}{2\,500}=0{,}6$ cm.

5. a) $AC=240\sqrt{3}\approx 416$ mm; $BD=240$ mm.

b) Carré. $AC=240\sqrt{2}\approx 339$ mm.

c) $\frac{1}{4}BD^2=240^2-90^2=49\,500$;

$BD\approx 445$ mm.

$\sin\frac{\hat{D}}{2}=\frac{1}{2}\frac{AC}{AD}=0{,}375$; $\hat{D}\approx 44°\,3'$.

POLYGONES RÉGULIERS (P. 214)

1. a) Périmètre : $16\times 0{,}4\sin\pi/8\approx 2{,}45$ m. Aire : $4\times 0{,}16\sin\pi/4\approx 0{,}45\ \text{m}^2$.

b) Superficie de la bordure : 476 cm^2 environ.

c) Sensiblement 490 cm^2 ; différence entre les deux calculs : 14 cm^2 environ.

2. a) 3° 36'. **b)** Diamètre intérieur du panier : 10 cm. **c)** $d\approx 5{,}3$ mm ; $d'\approx 2{,}1$ mm.

3. a) $\alpha_1+\alpha_2+\alpha_3=20°$; 360/20 = 18 : il y a dans la rosace 18 triangles de chaque sorte.

b) Périmètre de la rosace :

$$720\left(\sin\frac{\pi}{30}+\sin\frac{\pi}{72}+\sin\frac{\pi}{120}\right)=125{,}5\text{cm.}$$

Aire de la rosace :

$$3\,600\left(\sin\frac{\pi}{15}+\sin\frac{\pi}{36}+\sin\frac{\pi}{60}\right)=1\,250\ \text{cm}^2.$$

Aire du cercle : $20^2\pi\approx 1\,256{,}64\ \text{cm}^2$.
Surface non utilisée : 0,5%.

4. a) Aire de C : $50^2\pi\approx 7\,854\ \text{cm}^2$. L'aire du polygone à 6 côtés vaut $3\times 50^2\sin\pi/3\approx 6\,495\ \text{cm}^2$; polygone à 10 côtés : $5\times 50^2\sin\pi/35\approx 7\,347\ \text{cm}^2$; polygone à 100 côtés : $50\times 50^2\sin\pi/50\approx 7\,848\ \text{cm}^2$; polygone à n côtés : $n/2\times 2\,500\sin 2\pi/n$.

b) 7 854 × 99 % = 7 775,46 ; l'aire du polygone est supérieure à 99 % de celle de C si :

$$2\,500\,\frac{n}{2}\sin\frac{2\pi}{n}\geqslant 7\,775{,}46$$

c'est-à-dire si $n\geqslant 26$.

CUBE ET PARALLÉLÉPIPÈDE RECTANGLE. MESURE DES VOLUMES (P. 220)

1. a) 1 an, 10 mois et 17 jours.

b) 308 jours.

2. Aire du lac : $5\times 10^9\ \text{m}^2$; évaporation pour un mètre carré en une seconde :

$$\frac{6\times 10^9}{365\times 24\times 60\times 60\times 5\times 10^9}$$
$$=3{,}8\times 10^{-8}\ \text{m}^3=3{,}8\times 10^{-2}\ \text{cm}^3.$$

3. $72\times 48+2\times 72\times 36+2\times 48\times 36$ $=12\,096\ \text{cm}^2$, soit environ 1,21 m^2.

4. Largeur : $\frac{236-140}{8\times 2}=6$ m ;
hauteur : $\frac{140}{2\times 6+2\times 8}=5$ m.

5. Nombre de mètres carrés peints :

$$\frac{34\,200}{150}=228\ \text{m}^2\ ;$$

aire du plafond : $12{,}6\times 7{,}4=93{,}24\ \text{m}^2$;
aire des murs : $228-93{,}24=134{,}76\ \text{m}^2$;

hauteur : $$\frac{134{,}76}{2\times 12{,}6+2\times 7{,}4}=3{,}37\text{ m.}$$

6. Aire : $30{,}5 \times 21 + 2 \times 30{,}5 \times 5{,}5 + 2 \times 21 \times 5{,}5 = 1\,207$ cm^2 ; mesures intérieures L'/H'/P' : $29{,}9 \times 4{,}9 \times 20{,}4$; d'où la capacité : $29{,}9 \times 4{,}9 \times 20{,}4 = 2\,989$ cm^3, soit environ 3 litres.

7. a) 11,5 cl. **b)** 1,98 cl. **c)** 30 cl. **d)** 0,9 cl.

8. a) Volume maximal : $180 \times 24 \times 22 = 95\,040$ m^3 ; minimal : $180 \times 24 \times 5 = 21\,600$ m^3. **b)** 15 m de hauteur représentent $15 \times 180 \times 24 = 64\,800$ m^3 ; $64\,800/35 = 1\,851{,}4$ s soit 30 min 52 s. **c)** 43 min 12 s.

9. Consommation horaire d'air (compte tenu du maître) :
$3\,600 \times 4 \times 50 = 720\,000$ L $= 720$ m^3 ; volume de la salle : $9 \times 12 \times 5 = 540$ m^3 ; $(7 \times 720)/540 \approx 9{,}33$. Il faudra renouveler l'air un peu plus de 9 fois.

10. Soit t le temps pendant lequel seule la première fontaine fonctionne :

$$t + \frac{3}{7}t = 500, \text{ d'où } t = 500\left(1 + \frac{3}{7}\right) = 350 \text{ s.}$$

La contenance du bassin s'en déduit :

$$2 \times 350 \times 3 = 2\,100 \text{ L.}$$

PRISME ET PYRAMIDE (P. 228)

1. Aire du trapèze :

$$23 \times \frac{42 + 28}{2} = 805 \text{ m}^2.$$

On a utilisé $6\,930/75 = 92{,}4$ m^3 de sable. L'épaisseur de la couche est donc : $92{,}4/805 = 0{,}115$ m $= 11{,}5$ cm.

2. Aire de la base :

$$3 \times \frac{270}{10} = 81 \text{ m}^2\,;$$

côté de la base : 9 m.

3. a) 179 m. **b)** 213 m. **c)** 53 075 m^2. **d)** 82 476 m^2. **e)** 119 %. **f)** $2{,}42 \times 10^6$ m^3.

4. Volume :

$$\frac{137}{3}\left(53\,075 + 100 + \sqrt{53\,075 \times 100}\right)$$
$$\approx 2{,}53 \times 10^6 \text{ m}^3.$$

Aire latérale :

$$4 \times 179 \times \frac{230{,}38 + 10}{2} \approx 86\,056 \text{ m}^2.$$

5. $\dfrac{42{,}7 \times 10^6}{2{,}53 \times 10^6} \approx 17$ fois.

6. a) Le théorème de Pythagore fournit les hauteurs des faces. Grande face : 286 mm ; petite face : 305 mm. L'aire latérale est 0,49 m^2. L'aire totale est 0,57 m^2. (Noter que l'aire du fond est le quart de celle du rectangle limité par les bords.) **b)** 46,6 dm^3.

CYLINDRE ET CÔNE DE RÉVOLUTION (P. 235)

1. Capacité : $\pi \times 0{,}375^2 \times 60\,000 \approx 26\,500$ m^3 ; aire latérale :
$2\pi \times 0{,}375 \times 60\,000 \approx 141\,300$ m^2.

2. $2 \times 2\pi \times 22 \times 2{,}5 \approx 691$ cm^2.

3. a) $2\pi \times 5{,}3 \times (5{,}3 + 3) \approx 276$ cm^2.
b) Volume utile :
$\pi \times (5{,}3 - 0{,}3)^2 \times (3 - 2 \times 0{,}3) = 188$ cm^3.

4. Cinq cylindres.

5. a) rayon : $OB = \sin\frac{\pi}{6} \times 40 = 20$ cm ;

hauteur : $OA = \dfrac{20}{\tan\frac{\pi}{6}} \approx 34{,}6$ cm.

b) Calcul du volume d'un cône :

$$\frac{\pi}{3} \times 20^2 \times 34{,}6 \approx 14\,493 \text{ cm}^3 \approx 14{,}5 \text{ L.}$$

D'où le volume total : $2 \times 14{,}5 = 29$ L.

6. Aire : $\pi \times 9 \times '3{,}2 + 2{,}1) + \pi \times 2{,}1^2$
$\approx 162{,}42$ cm^2.

D'après le théorème de Pythagore, la hauteur vaut :

$$\sqrt{9^2 - 1{,}1^2} \approx 8{,}93 \text{ cm.}$$

Capacité du gobelet :

$$\frac{\pi}{3} \times 8{,}93 \times \left(3{,}2^2 + 2{,}1^2 + 3{,}2 \times 2{,}1\right)$$
$$\approx 200 \text{ cm}^3.$$

7. a) Volume total du crayon :

$\pi \times 0{,}3^2 \times 22 + \frac{\pi}{3} \times 0{,}3^2 \times 1 \approx 6{,}315$ cm^3.

Volume de la mine :

$\pi \times 0{,}1^2 \times 22 \approx 0{,}7$ cm^3.

b) Il reste après la première taille :

$\pi \times 0{,}3^2 \times 21 + \frac{\pi}{3} \times 0{,}3^2 \times 1 \approx 6{,}032$ cm^3.

Diminution de 4,5 % environ.
La diminution après la dixième taille est de 45 %. **c)** 12 fois.

8. 0,68 L ; 1,1 L ; 1,6 L ; 2,3 L ; 3,1 L.

SPHÈRE (P. 244)

1. a) 180 cm^3 ; **b)** 230 cm^3.

2. $\sqrt[3]{\frac{3}{4}\times\frac{212}{\pi}} \approx 3{,}7\,\text{cm}$;
$\sqrt[3]{\frac{3}{4}\times\frac{435}{\pi}} \approx 4{,}7\,\text{cm}$.

3. a) Volume utile :

$$\frac{4\pi}{3}\times\left(3{,}5-0{,}6\right)^3 \approx 102\,\text{cm}^3.$$

b) 369 cm^3.

4. a) 579,18 milles. **b)** 1 072,6 km.
c) 668,7 miles.

5. 47–50' 46''.

6. 9 min 21 s.

7. a) $OA + h$ = 3 cm ; or, OB = 3 cm et AB = 1,75 cm, d'où :

$$OA=\sqrt{3^2-1{,}75^2}\approx 2{,}44\,\text{cm}.$$

On en déduit que h = 0,56 cm.

b) Volume du cylindre :
$\pi \times 1{,}75^2 \times 4 \approx 38{,}485$ cm^3 ; volume du cône de révolution :

$$\frac{\pi}{3}\times 1{,}75^2\times 0{,}8 \approx 2{,}566\,\text{cm}^3\ ;$$

volume de la sphère :

$$\frac{4}{3}\pi\, 3^3 \approx 113{,}097\,\text{cm}^3\ ;$$

volume du segment sphérique :

$$\frac{\pi}{3}\times 0{,}56^2\times\left(3\times 1{,}75-0{,}56\right)\approx 1{,}540\,\text{cm}^3.$$

Le volume total vaut donc :
38,485 + 2,566 + 113,097 – 1,540 ≈ 153 cm^3.

MESURE DES MASSES (P. 249)

1. a) 7,3 g/m^2. **b)** 73 g/m^2.

2. a) 2,94 m^2. **b)** 17,6 kg.

3. 87 camions.

4. a) 720 g. **b)** 6,95 mm ; 6,4 mm.

5. a) 1 040 g. **b)** 5,5 mm ; 5 mm.

6. a) 38 m^3. **b)** 12 berlingots. **c)** 3,125 L/h.

7. Volume d'or correspondant à 1 g : 51,8 mm^3 ;
surface recouvrable : 6 480 cm^2.

8. a) 95 000 t. **b)** 17,5 m ; 17,9 m.

9. a) Le volume est : $0{,}10 \times 10^{-4} \times 52 \approx 5{,}2 \times 10^{-4}$ cm^3. La masse d'or est :

$$\frac{22}{24}\times 19{,}3\times 5{,}2\times 10^{-4} \approx 9{,}2\times 10^{-3}\,\text{g} = 9{,}2\,\text{mg}.$$

b) 0,61 F.

10. a) 2 009 m. **b)** 28 g. **c)** 357 g/m^2. **d)** 144 m^3.

MESURE DES FORCES (P. 262)

1. Consommation annuelle par m^3 d'air : 110/9=12,22 L.
Pour 690 m^3 :
690 × 12,22 ≈ 8 432 L.

2. Par définition : $V + v/v$ =7,2. Il en découle que :

$$v=\frac{1}{6{,}2}V=\frac{1}{6{,}2}\times\frac{\pi}{4}\times 7{,}5^2\times 7{,}7\approx 55\,\text{cm}^3.$$

3. a) 734,5 kWh ; 855 kWh ; 976 kWh.
b) 427 kWh ; 511 kWh ; 586 kWh.
c) 588 kWh ; 684 kWh ; 781 kWh ;
342 kWh ; 409 kWh ; 469 kWh.

4. a) 3 000 N.
b) 60 bar = 6 MPa.

PÉRIMÈTRES ET AIRES

carré

$P = 4a$

$\mathscr{A} = a^2$

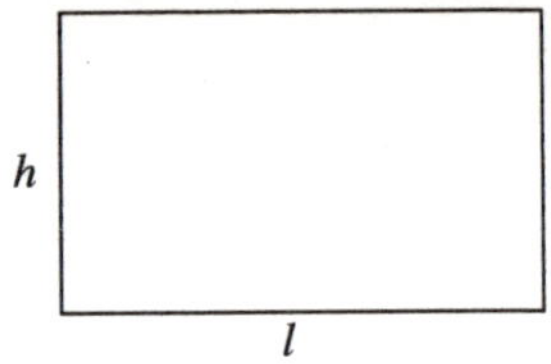

rectangle

$P = 2(l + h)$

$\mathscr{A} = lh$

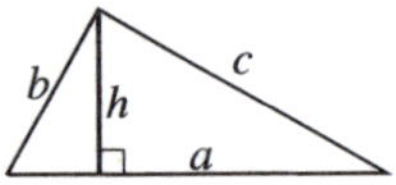

triangle

$P = 2p = a + b + c$

$\mathscr{A} = \frac{1}{2}\,ah = \frac{1}{2}\,bc \sin \hat{A}$

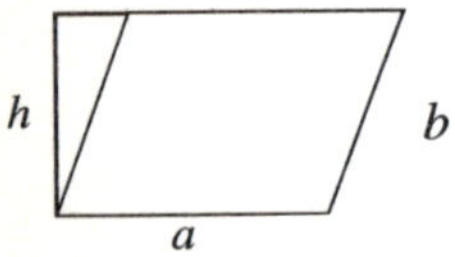

parallélogramme

$P = 2(a + b)$

$\mathscr{A} = ah = ab \sin \hat{A}$

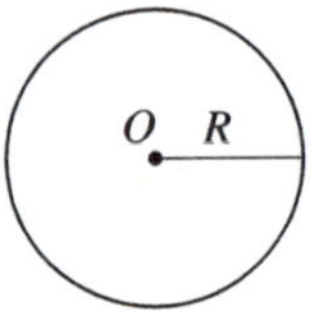

cercle

$P = 2\pi R$

$\mathscr{A} = \pi R^2$

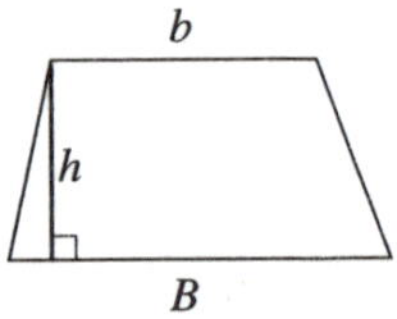

trapèze

$\mathscr{A} = h\,\frac{B + b}{2}$

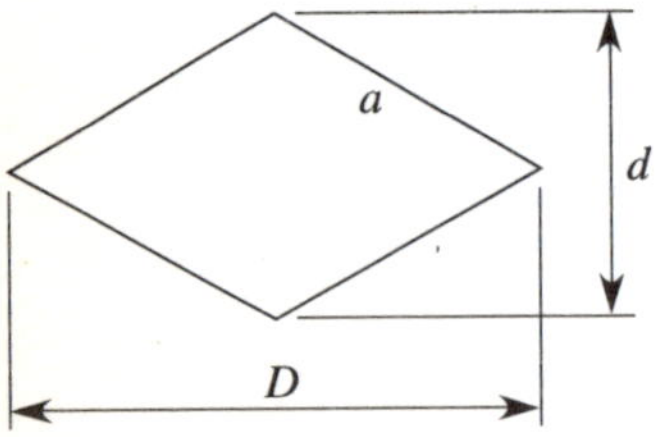

losange

$P = 4a$

$\mathscr{A} = \frac{1}{2}\,Dd$

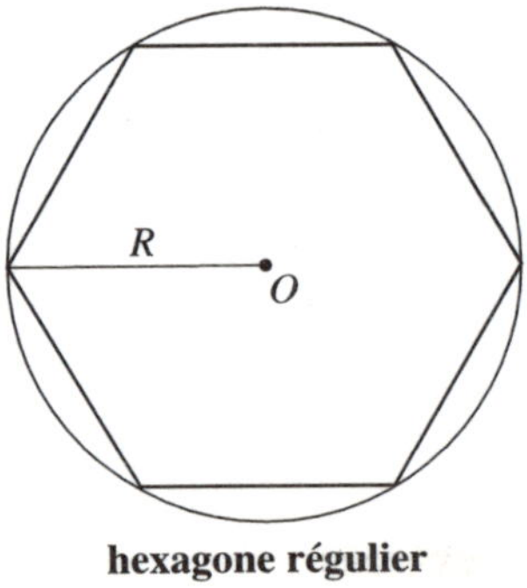

hexagone régulier

$P = 6R$

$\mathscr{A} = \frac{3R^2\sqrt{3}}{2}$

AIRES ET VOLUMES

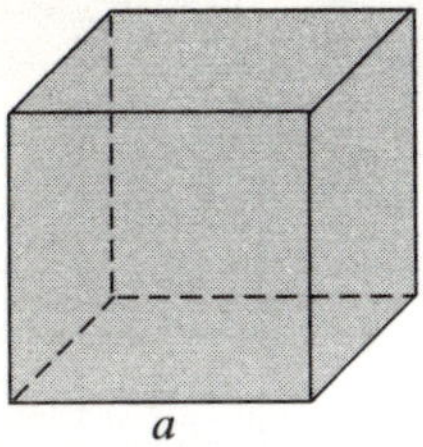

cube

$\mathscr{A} = 6a^2$

$V = a^3$

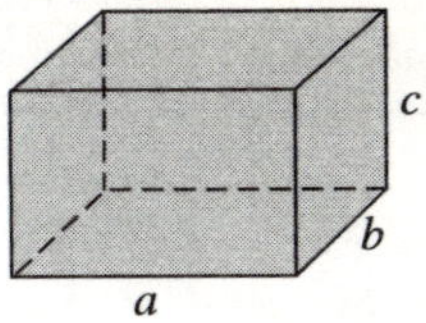

parallélépipède rectangle

$\mathscr{A} = 2(bc + ca + ab)$

$V = abc$

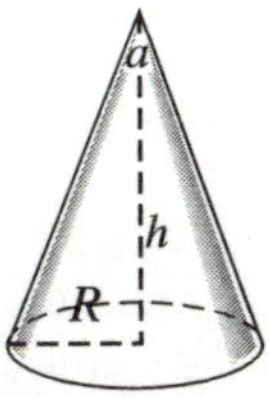

cône de révolution

aire latérale $= \pi Ra$

$V = \frac{1}{3}\pi R^2 h$

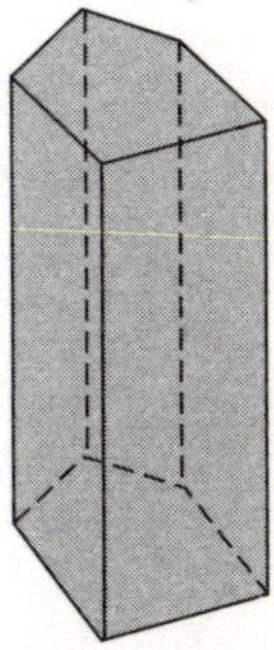

prisme droit

$\mathscr{A} = ph$

p = périmètre de la base

$V = Bh$

B = aire de la base

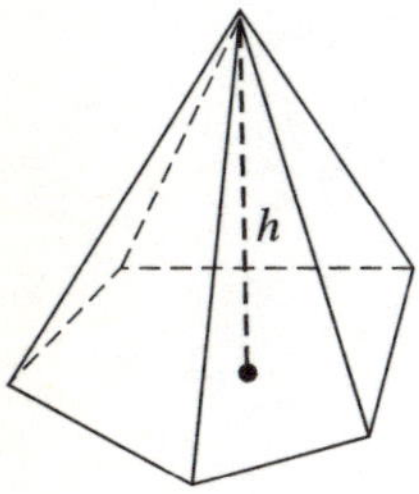

pyramide

$V = \frac{1}{3}hB$

B = aire de la base

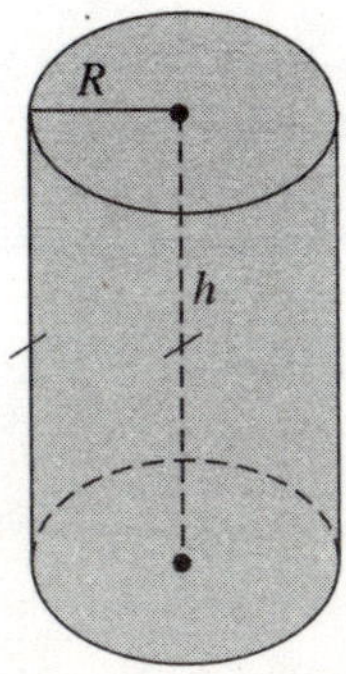

cylindre de révolution

aire latérale $= 2\pi Rh$

$V = \pi R^2 h$

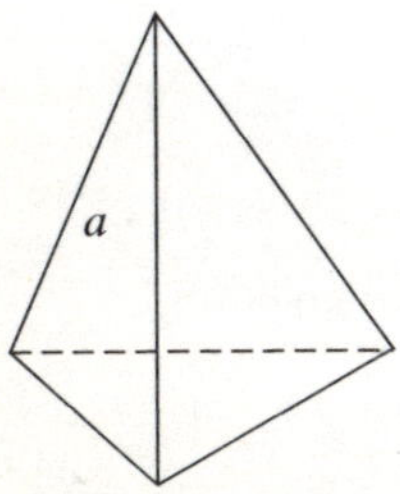

tétraèdre régulier

$\mathscr{A} = a^2\sqrt{3}$

$V = \frac{a^3\sqrt{2}}{12}$

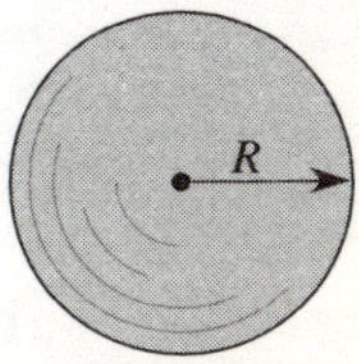

sphère

$\mathscr{A} = 4\pi R^2$

$V = \frac{4}{3}\pi R^3$

UNITÉS DE MESURE

Facteur par lequel l'unité est multipliée	Préfixe	Symbole	Facteur par lequel l'unité est multipliée	Préfixe	Symbole
10	déca	da	10^{-1}	déci	d
10^2	hecto	h	10^{-2}	centi	c
10^3	kilo	k	10^{-3}	milli	m
10^6	méga	M	10^{-6}	micro	μ
10^9	giga	G	10^{-9}	nano	n
10^{12}	téra	T	10^{-12}	pico	p
10^{15}	peta	P	10^{-15}	femto	f
10^{18}	exa	E	10^{-18}	atto	a

Longueur

MÈTRE	m	
unité astronomique	UA	1 UA = 1,495 978 70 × 10^{11} m
année de lumière	a.l.	1 a.l. = 9,460 5 × 10^{15} m = 63 242 UA
mille marin		1 mille marin = 1 852 m
mile	mile	1 mile = 1 609,344 m
pouce	in	1 in = 2,54 cm
pied	ft	1 ft = 12 in = 3,048 × 10^{-1} m

Superficie

MÈTRE CARRÉ	m^2	
are	a	1 a = 1 dam^2 = 100 m^2

Volume

MÈTRE CUBE	m^3	
litre	L	1 L = 1 dm^3 = 10^{-3} m^3
STÈRE	st	1 st = 1 m^3
gallon (US)	gal	1 gal = 3,785 41 × 10^{-3} m^3
baril (US)		1 baril = 42 gal = 1,589 87 × 10^{-1} m^3

Temps

SECONDE	s	
minute	min	1 min = 60 s
heure	h	1 h = 60 min = 3 600 s
jour	d, j	1 j = 24 h = 1 440 min = 86 400 s

Fréquence

HERTZ	Hz	

Vitesse

MÈTRE PAR SECONDE	m/s	
kilomètre par heure	km/h	1 km/h = 1/3,6 m/s
nœud	kt	1 kt = 5,144 44 × 10^{-1} m/s

Angle

RADIAN	rad	
tour	tr	$1 \text{ tr} = 2\pi \text{ rad} = 6{,}283\ 185 \text{ rad}$
degré	°	$1° = \frac{\pi}{180} \text{ rad} = 0{,}017\ 453\ 3 \text{ rad}$
minute	'	$1' = \frac{1°}{60} = \frac{\pi}{10\ 800} \text{ rad} = 2{,}909 \times 10^{-4} \text{ rad}$
seconde	"	$1'' = \frac{1'}{60} = \frac{\pi}{648\ 000} \text{ rad} = 4{,}848 \times 10^{-6} \text{ rad}$
grade	gon	$1 \text{ gon} = \frac{\pi}{200} \text{ rad} = 0{,}015\ 708\ 0 \text{ rad}$

Masse

KILOGRAMME	kg	
gramme	g	$1 \text{ g} = 10^{-3} \text{ kg}$
carat métrique		$2 \times 10^{-4} \text{ kg} = 0{,}2 \text{ g}$
QUINTAL	q	$1 \text{ q} = 100 \text{ kg}$

Accélération

MÈTRE PAR SECONDE CARRÉE	m/s^2	

Force

NEWTON	N	$1 \text{ N} = 1 \text{ m} \cdot \text{kg/s}^2$
KILOGRAMME-FORCE	kgf	$1 \text{ kgf} = 9{,}806\ 65 \text{ N}$
DYNE	dyn	$1 \text{ dyn} = 10^{-5} \text{ N}$

Énergie, travail

JOULE	J	$1 \text{ J} = 1 \text{ N} \cdot \text{m} = 1 \text{ m}^2 \cdot \text{kg/s}^2$
wattheure	Wh	$1 \text{ Wh} = 3{,}6 \times 10^3 \text{ J}$
ERG	ERG	$1 \text{ erg} = 10^{-7} \text{ J}$
CALORIE	cal	$1 \text{ cal} = 4{,}184 \text{ J}$
THERMIE	th	$1 \text{ th} = 10^6 \text{ cal}$

Puissance

WATT	W	$1 \text{ W} = 1 \text{ J/s} = 1 \text{ m}^2 \cdot \text{kg/s}^3$
CHEVAL-VAPEUR	ch	$1 \text{ ch} = 75 \text{ kgm/s} = 7{,}355 \times 10^2 \text{ W}$

Pression

PASCAL	Pa	$1 \text{ Pa} = 1 \text{ N/m}^2 = 1 \text{ m}^{-1} \cdot \text{kg/s}^2$
bar	bar	$1 \text{ bar} = 10^5 \text{ Pa}$
KILOGRAMME-FORCE PAR CENTIMÈTRE CARRÉ	kgf/cm^2	$1 \text{ kgf/cm}^2 = 98\ 065{,}5 \text{ Pa}$
ATMOSPHÈRE	atm	$1 \text{ atm} = 101\ 325 \text{ Pa}$

Les GRANDES CAPITALES représentent les unités de base.
Les PETITES CAPITALES représentent les unités interdites.
Les *lettres italiques* représentent les unités anglo-saxonnes.

PUISSANCES, RACINES ET INVERSES

n	n^2	n^3	$\sqrt{n}$	$\sqrt[3]{n}$	$1/n$
1	1	1	1,000 0	1,000 0	1,000 00
2	4	8	1,414 2	1,259 9	0,500 00
3	9	27	1,732 1	1,442 2	0,333 33
4	16	64	2,000 0	1,587 4	0,250 00
5	**25**	**125**	**2,236 1**	**1,710 0**	**0,200 00**
6	36	216	2,449 5	1,817 1	0,166 67
7	49	343	2,645 8	1,912 9	0,142 86
8	64	512	2,828 4	2,000 0	0,125 00
9	81	729	3,000 0	2,080 1	0,111 11
10	**100**	**1 000**	**3,162 3**	**2,154 4**	**0,100 00**
11	121	1 331	3,316 6	2,224 0	0,090 91
12	144	1 728	3,464 1	2,289 4	0,083 33
13	169	2 197	3,605 6	2,351 3	0,076 92
14	196	2 744	3,741 7	2,410 1	0,071 43
15	**225**	**3 375**	**3,873 0**	**2,466 2**	**0,066 67**
16	256	4 096	4,000 0	2,519 8	0,062 50
17	289	4 913	4,123 1	2,571 3	0,058 82
18	324	5 832	4,242 6	2,620 7	0,055 56
19	361	6 859	4 358 9	2,668 4	0,052 63
20	**400**	**8 000**	**4,472 1**	**2,714 4**	**0,050 00**
21	441	9 261	4,582 6	2,758 9	0,047 62
22	484	10 648	4,690 4	2,802 0	0,045 45
23	529	12 167	4,795 8	2,843 9	0,043 48
24	576	13 824	4,899 0	2,884 5	0,041 67
25	**625**	**15 625**	**5,000 0**	**2,924 0**	**0,040 00**
26	676	17 576	5,099 0	2,962 5	0,038 46
27	729	19 683	5,196 2	3,000 0	0,037 04
28	784	21 952	5,291 5	3,036 6	0,035 71
29	841	24 389	5,385 2	3,072 3	0,034 48
30	**900**	**27 000**	**5,477 2**	**3,107 2**	**0,033 33**
31	961	29 791	5,567 8	3,141 4	0,032 26
32	1 024	32 768	5,656 9	3,174 8	0,031 25
33	1 089	35 937	5,744 6	3,207 5	0,030 30
34	1 156	39 304	5,831 0	3,239 6	0,029 41
35	**1 225**	**42 875**	**5,916 1**	**3,271 1**	**0,028 57**
36	1 296	46 656	6,000 0	3,301 9	0,027 78
37	1 369	50 653	6,082 8	3,332 2	0,027 03
38	1 444	54 872	6,164 4	3,362 0	0,026 32
39	1 521	59 319	6,245 0	3,391 2	0,025 64
40	**1 600**	**64 000**	**6,324 6**	**3,420 0**	**0,025 00**
41	1 681	68 921	6,403 1	3,448 2	0,024 39
42	1 764	74 088	6,480 7	3,476 0	0,023 81
43	1 849	79 507	6,557 4	3,503 4	0,023 26
44	1 936	85 184	6,633 2	3,530 3	0,022 73
45	**2 025**	**91 125**	**6,708 2**	**3,556 9**	**0,022 22**
46	2 116	97 336	6,782 3	3,583 0	0,021 74
47	2 209	103 823	6,855 7	3,608 8	0,021 28
48	2 304	110 592	6,928 2	3,634 2	0,020 83
49	2 401	117 649	7,000 0	3,659 3	0,020 41
50	**2 500**	**125 000**	**7,071 1**	**3,684 0**	**0,020 00**

TABLE TRIGONOMÉTRIQUE DE DEGRÉ EN DEGRÉ

Degrés	Sinus	Tangentes	Cotangentes	Cosinus	
1	0,017 5	0,017 5	57,290 0	0,999 9	**89**
2	0,034 9	0,034 9	28,636 3	0,999 4	**88**
3	0,052 3	0,052 4	19,081 1	0,998 6	**87**
4	0,069 8	0,069 9	14,300 7	0,997 6	**86**
5	0,087 2	0,087 5	11,430 1	0,996 2	**85**
6	0,104 5	0,105 1	9,514 4	0,994 5	**84**
7	0,121 9	0,122 8	8,144 3	0,992 5	**83**
8	0,139 2	0,140 5	7,115 4	0,990 3	**82**
9	0,156 4	0,158 4	6,313 8	0,987 7	**81**
10	0,173 6	0,176 3	5,671 3	0,984 8	**80**
11	0,190 8	0,194 4	5,144 6	0,981 6	**79**
12	0,207 9	0,212 6	4,704 6	0,978 1	**78**
13	0,225 0	0,230 9	4,331 5	0,974 4	**77**
14	0,241 9	0,249 3	4,010 8	0,970 3	**76**
15	0,258 8	0,267 9	3,732 1	0,965 9	**75**
16	0,275 6	0,286 7	3,487 4	0,961 3	**74**
17	0,292 4	0,305 7	3,270 9	0,956 3	**73**
18	0,309 0	0,324 9	3,077 7	0,951 1	**72**
19	0,325 6	0,344 3	2,904 2	0,945 5	**71**
20	0,342 0	0,364 0	2,747 5	0,939 7	**70**
21	0,358 4	0,383 9	2,605 1	0,933 6	**69**
22	0,374 6	0,404 0	2,475 1	0,927 2	**68**
23	0,390 7	0,424 5	2,355 9	0,920 5	**67**
24	0,406 7	0,445 2	2,246 0	0,913 5	**66**
25	0,422 6	0,466 3	2,144 5	0,906 3	**65**
26	0,438 4	0,487 7	2,050 3	0,898 8	**64**
27	0,454 0	0,509 5	1,962 6	0,891 0	**63**
28	0,469 5	0,531 7	1,880 7	0,882 9	**62**
29	0,484 8	0,554 3	1,804 0	0,874 6	**61**
30	0,500 0	0,577 4	1,732 1	0,866 0	**60**
31	0,515 0	0,600 9	1,664 3	0,857 2	**59**
32	0,529 9	0,624 9	1,600 3	0,848 0	**58**
33	0,544 6	0,649 4	1,539 9	0,838 7	**57**
34	0,559 2	0,674 5	1,482 6	0,829 0	**56**
35	0,573 6	0,700 2	1,428 1	0,819 2	**55**
36	0,587 8	0,726 5	1,376 4	0,809 0	**54**
37	0,601 8	0,753 6	1,327 0	0,798 6	**53**
38	0,615 7	0,781 3	1,279 9	0,788 0	**52**
39	0,629 3	0,809 8	1,234 9	0,777 1	**51**
40	0,642 8	0,839 1	1,191 8	0,766 0	**50**
41	0,656 1	0,869 3	1,150 4	0,754 7	**49**
42	0,669 1	0,900 4	1,110 6	0,743 1	**48**
43	0,682 0	0,932 5	1,072 4	0,731 4	**47**
44	0,694 7	0,965 7	1,035 5	0,719 3	**46**
45	0,707 1	1,000 0	1,000 0	0,707 1	**45**
	Cosinus	**Cotangentes**	**Tangentes**	**Sinus**	**Degrés**

INDEX ALPHABÉTIQUE

E

F

G, H

I

J, K, L

M

N

O

P

Q, R

S

T

U, V

W, Y, Z

TABLE DES MATIÈRES

ARITHMÉTIQUE ET ARITHMÉTIQUE COMMERCIALE

GÉOMÉTRIE ET MESURES

Achevé d'imprimer par Rotolito Lombarda (Italie)
Dépôt Légal 4536-07/95
Collection 59 - Edition 01
16/6783/1